The Nail Art

김영옥 · 김신희 · 정연자 공저

JN442835

도서출판 예림

집필진

정연자

- 건국대학교 일반대학원 이학 박사 졸업
- 건국대학교 일반대학원 의상학과 석사 졸업
- 건국대학교 대학원 뷰티디자인학과 석사 졸업
- 건국대학교 뷰티디자인 학과 교수

김영옥

- 한성대학교 예술대학원 뷰티예술학과 석사 졸업
- 정화예술대학 미용예술학과 외래교수
- 호원대학교 미용예술학과 외래교수
- 한국네일디자인협회 부수석 부회장

김신희

- 건국대학교 일반대학원 뷰티디자인학과 박사 과정
- 건국대학교 디자인대학원 뷰티디자인학과 석사 졸업
- 세경대학교 뷰티아트과 겸임교수
- 한국네일예술교류협회 이사

머리말 _ PREFACE

뷰티 산업은 국가 신 성장 산업으로 발전을 거듭하고 있으며 네일아트는 중요한 부분을 차지하고 있다. 더욱이 네일아트가 사회적인 관심과 수요가 증가하면서 네일리스트의 활동 역시 확대되고 있다. 무엇보다도 중요한 것은 건강한 네일 관리와 함께 이에 따른 아름다움의 창조가 요구되고 있다.

네일아트의 활성화에 따라 더욱 세분화, 전문화 교육이 요구되어지며 본 교재는 이에 따라 네일아트의 기초 교육에 필요한 부분을 다루었고 한 학기 강의 내용에 맞게 구성하였다.

구성은 네일아트의 전반적인 이해부터 실기까지 다루었으며 Lesson 04로 정리하였다.

Lesson 01- chapter 1. 네일아트의 기초, chapter 2. 손과 발의 해부학, chapter 3. 소독과 미생물학, chapter 4. 네일 살롱의 고객관리, Lesson 02- chapter 1. 네일 관리의 재료 및 도구, chapter 2. 네일 관리의 기본 테크닉, Lesson 03- chapter 1. 매니큐어, chapter 2. 페디큐어, chapter 3. 인조네일 아트, chapter 4. 인조네일 관리, chapter 5. 왁싱, Lesson 04- chapter 1. 아트, chapter 2. 네일 갤러리로 구분하여 구성하였다.

본 교재는 15강을 기준으로 1. 네일아트의 기초, 2. 습식 매니큐어, 3. 페디큐어, 4. 네일 랩, 5. 프렌치 팁, 6. 레귤러 팁, 7. 팁 위드 랩, 8. 실크 익스텐션, 9. 아크릴릭 원톤 스컬프처, 10. 인조네일 보수 및 제거, 11. 왁싱, 12. 응용 네일아트 Ⅰ, 13. 응용 네일아트Ⅱ로 구성하여 12강과 13강은 아트 부분으로 네일아트 수업에 대한 흥미로움을 갖게 하는데 도움을 주고자 하였다.

본 네일아트 교과 교육을 통하여 네일아트에 대한 체계적이고 전문적인 교육이 이루어 졌으면 하는 바램과 다양한 시각과 방법으로 네일아트의 창의적인 디자인을 위한 교재를 위해 앞으로 더욱 연구하고자 한다.

이론편, 실기편, 아트편을 단계별로 서술하여 알기 쉽게 준비하였으며 앞으로 네일아트 분야가 더욱 성장하기를 기원한다.

끝으로 책이 발행되기까지 많은 도움을 주신 미란, 은혜, 민영, 지연, 이은종 사진작가님에게 고마움을 전하며 이 책의 출간을 위해 많은 도움을 주시고 애써 주신 도서 출판 예림 석종환 사장님과 편집부 직원에게 감사의 인사를 드린다.

2013년 2월 저자 일동

Contents

Lesson 01. 이론편

Contents

Lesson 03. 실기편

Lesson 04. 아트편

chapter 1. 아트

chapter 2. 네일 갤러리

참고문헌

Lesson 1

chapter 01.

네일아트의 기초

1. 네일아트의 전반적인 이해

1) 네일 관리의 개념

네일은 손 · 발톱을 지칭하는 말로 손 · 발끝을 덮고 있는 사각 모양에 네일 케어, 마사지, 인조 네일, 일러스트, 컬러(color) 바르기를 모두 포함한 아름다운 손 · 발 관리를 의미한다. 네일 케어는 라틴어에서 유래된 손을 의미하는 마누스(Mamus:hand)와 관리를 의미하는 큐라(Cura:care)에서 파생된 단어이며, 매니큐어 Pedis(foot)와 Cura(care)의 합성어인 패디큐어로 나뉜다. 손과 손톱, 발과 발톱을 다듬고 칠하여 마사지함으로써 건강하고 깨끗한 관리와 아름답게 만들어주는 테크닉을 말한다. 또한 각질 제거, 팩 등 손과 발에 관련된 모든 시술 과정이 포함되며 미용 목적 외에 치료의 개념도 포함한 손과 손톱, 발과 발톱의 총괄적인 손질 및 관리를 말한다.

2) 네일 관리의 종류

습식 매니큐어
Water Manicure

손을 미지근한 물에 10분 · 15분 정도 불린 후 네일 케어와 컬러를 시술한다.
= **레귤러 매니큐어** Regular Manicure

건식 매니큐어
Dry Manicure

물 대신 큐티클 리무버를 사용하여 큐티클을 불려준 후 네일 케어와 컬러를 시술한다.

프렌치 매니큐어
French Manicure

손톱에 자연적인 색상을 풀 코트(Full Coat)로 바르고 손톱 끝부분에 유색, 또는 흰색 컬러를 바르는 방법으로 자연스럽고 우아한 특징이 있고 여름에 가장 시원해 보이는 효과가 있다.

파라핀 매니큐어
Paraffin Manicure

파라핀을 녹여서 손에 씌워 주어 보습, 혈액 순환에 도움을 주는 방법으로 겨울철에 건조하고 갈라진 손과 손톱에 더욱 효과적이며 통증 완화에도 도움이 된다.

핫 크림 매니큐어
Hot Cream Manicure

핸드 로션을 워머기에 따뜻하게 데워서 손을 담궈 주는 방법으로 겨울철에 건조하고 갈라진 손과 손톱에 더욱 효과적이다.

인조 네일
Artificiality Nail

기술과 예술성을 요하는 인조 손톱과 아트로 손톱이 짧거나 손톱 길이 연장을 위한 인조 네일을 시술해 주어 튼튼함과 견고성을 높일 수 있다. 랩핑(Wrapping), 팁(Tip), 실크 익스텐션(Silk Extension), 아크릴릭 스컬프처(Acrylic Sculptured), UV 젤(UV Gel)이 시술 되어지고 있다.

네일아트 디자인
Nail Art Desing

네일 관리와 더불어 손톱 위에 창조적인 그림이나 오브제 등 다양한 네일 재료를 이용 하여 여러가지 문양을 표현해내는 기법인 네일아트 디자인(Nail Art Desing)이 있다. 네일아트는 손톱 위에 창조성, 독창성, 예술성, 대중성 등을 요하는 표현 예술로서 컬러, 스티커, 사진, 스트라이프 테이핑, 콘페티, 구슬, 스톤, 아크릴릭, 에어브러시, 포크아트, UV 젤 등 다양한 네일 재료로 여러가지 문양을 표현해내는 기법으로 고객의 만족도를 더욱 높일 수 있는 아이템이다.

2. 네일아트의 유래

매니큐어는 처음 시작으로부터 5000년에 걸쳐 변화하여 왔으며 고대 문명 초기부터 손톱은 건강미의 상징이었고, 여성에게는 붉고 선홍색을 띤 길고 아름다운 손이 유행이었으며, 남성에게는 젊고 힘찬 용맹의 상징이었다. 이처럼 손톱에 붉은 물을 들이게 된 데에는 여러가지 사연이 있으며, 계급과 신분의 차이가 그 대표적이지만 또 한편으로는 건강미와 주술적 의미를 나타내는 수단으로도 사용했다. 최초의 매니큐어는 B.C 3000년 이집트와 중국의 귀족층에서 누렸던 것으로 기록되어 있다.

1) 고대 이집트

- 매니큐어는 B.C 3000년 이집트 귀족층에서 누렸던 것으로 기록되어 있다.
- 관목에서 나오는 헤나(Henna)의 붉은 오렌지색으로 손톱을 염색하였다.
- 클레오파트라는 아름다움과 종교적인 이유로 그녀의 손톱과 손가락 끝, 손바닥까지 짙은색으로 물들였다고 한다.
- 왕과 왕비와 같이 신분이 높은 층은 진한 적색으로 물들이고 신분이 낮을수록 옅은 색상으로 물들여 손톱 색상을 통해 신분과 지위를 확인할 수 있었다.
- 미이라의 손톱에도 색상을 칠하거나 태양신에게 바치는 제사에도 사용하였다고 한다.
- 왕비의 무덤에서 금속 오렌지 우드 스틱이 발견되었다.

2) 중국

- 특권층의 신분, 건강미, 주술적 의미로 사용되었다.
- 중국은 상류층 여자와 남자들의 경우 부의 상징으로 손톱을 길렀다.
- BC 3000년경 입술 연지를 만드는 '홍화'(紅化)를 손톱에도 두껍게 발랐는데 이를 '조홍'(潮紅)이라 하였다.
- 벌꿀, 아라비아 고무나무의 수액, 밀랍, 계란 흰자위, 아교 등을 이용해 시대별로 다양한 색상의 손톱 용액을 만들어 사용했다.
- 당나라 현종 황제(719~756)의 황후인 양귀비는 손톱에 물을 즐겨 들였다.
- B.C 600년 중국의 귀족들은 금색과 은색으로 색을 칠하였다.

- 5세기에 들어와 중국 명나라 밍(Ming)왕조는 흑색과 적색을 손톱에 칠하여 상류층의 신분 과시와 미적 감각을 동시에 만족시켰다.
- 17세기 중국의 상류층에서는 부를 상징하기 위해 5인치 정도로 손톱을 길게 하고 다녔다. 깨지고 손상되는 것을 막고 보호하기 위하여 정교한 보석으로 치장한 금이나 대나무를 이용하여 장식하였다.
- 2000년부터 네일 시장이 형성되었으며 2004년 9백만 달러를 돌파하였고 상해를 중심으로 대중화되고 있다.

3) 중세 시대

- 손톱에 색을 입히는 일은 더 이상 여성들만의 것이 아니었다.
- 15세기에 들어와 유럽과 아시아에 걸쳐 수많은 전쟁이 일어나면서 전쟁에 나가는 군지휘관들이 염료를 사용하여 입술과 손톱에 같은 색을 칠함으로 용맹을 과시하며 승리를 기원했다.
- 17세기 섬세하고 화려한 치장으로 빠지지 않는 인도의 상류층 여성들도 손톱의 뿌리(nail root)부분에 문신 바늘로 색소를 주입하여 상류층임을 과시했다고 한다.
- 17세기 프랑스의 베르사유 궁전에서는 문을 노크하는 것이 예의에 어긋나는 행동이라 여겨져서 한손만 손톱을 길게 길러서 문을 두드리는 대신 부드럽고 조심스럽게 긁는 것이 에티켓이었다고 한다.
- 19세기 동안에 유행했던 손톱의 모양은 개암나무 열매모양이다. 이것은 끝부분이 좀 더 포인트 된 오벌(oval)모양이다.
- 19세기초에는 영국의 상류층 여성들은 그들의 손톱에 섬세한 장미빛 손톱 파우더를 사용하였다고 한다.

4) 미국

- 1919년 미국의 한 화학출판사는 손톱과 손가락을 잘 관리하고 청결하게 하는 것이 중요하다는 것과 손톱의 상태로 전체적인 컨디션을 평가할 수 있는 자료를 종합해 책으로 출판하였으며, 헐리우드 여배우 사이에서 크게 유행하였다.

- 1923년 매니큐어가 다양한 컬러의 상품으로 대중화되면서 락카가 등장하고 이로 인해 페인팅의 기술이 발전하게 되었다. 락카는 미국의 자동차 헨리포드가 차의 색깔을 빨리 입히고 말리는 기술을 연구하던 끝에 개발되었다.
- 1970년대 초반 유대인에 의해 네일아트가 확산되어 대중화되었다.
- 1993년 초기 시장이 형성되었다. (뉴욕 네일 산업의 메카)
- 뉴욕 교포 여성들의 주 업종으로 각광받고 있는 네일업은 한인 종사자들의 동포사회 최대 업계로 자리잡고 있다.
- 1994년 주정부의 네일업 종사자의 라이센스화를 통해 전문적으로 인정받아 업계의 존재가 대외적으로 확고하게 굳혀졌다.
- 2001년 수입 4천만달러를 돌파하였다.
- 면허취득은 고졸, 검정고시 합격자, 면허가 있는 미용학교에서 250시간 수업 받은 자로 17세 이상 도덕적 결함이 없고 전염성 병균이 없으면 응시 가능하며 최근에는 한국어로도 응시가 가능하다.

■ 서양 네일의 변천사

1800년	일반인에게 점점 대중화 된 시기로, 손톱끝이 뾰족한 아몬드형 네일이 유행하였다. 붉은색 기름을 바르고 샤미스(chamois:염소나 양의 부드러운 가죽)로 광택을 내기도 하였으며 이는 네일 컬러의 기원이라 할 수 있다.
1830년	유럽의 발 전문 의사 시트가 치과에서 사용되던 기구와 도구에서 착안한 오렌지 우드 스틱을 네일 관리에 사용하기 시작했다.
1885년	폴리시의 필름 형성제인 니트로셀룰로즈가 개발되었다.
1892년	발 전문의 시트의 조카에 의해 유럽에서 매니큐어가 본격적으로 발전하여 여성들의 새로운 직업으로 미국에 도입되었다.
1900년	도구를 이용한 케어가 시작되었으며 메탈 파일, 가위를 이용하여 네일 관리를 행하기 시작했고 크림이나 가루로 네일에 광을 주거나 낙타 털을 이용한 붓으로 폴리시를 바르고 광을 내기도 했다. 유럽에서 네일 관리가 본격적으로 시작되었다.
1910년	폴리시 제조회사 플라워가 뉴욕시에 세워지고 금속파일, 사포로 된 파일이 제작 되었다.

1917년	보그 잡지에 Dr.코로니가 도구를 사용하지 않고 행하는 네일 홈 케어를 제시했다. 방수, 광택유지의 중요성이 절실히 필요하였다.
1919년	연한 폴리시가 유행하여 연분홍색 폴리시를 최초로 특허 받았다.
1920년	프랑스의 패션디자이너 코코 샤넬은 짧은 손톱도 매력적임을 보여주었다.
1925년	네일 폴리시 시장이 활발하게 움직였으며, 색상은 투명한 계통의 자연색이 주조를 이루었고 일반 상점에서 폴리시를 구입할 수 있었다. 손톱의 중앙에만 바르고 반원과 양쪽 가장자리는 폴리시를 바르지 않았다.
1927년	프렌치 매니큐어에 사용되는 흰색 컬러와 큐티클 크림, 큐티클 리무버가 제조되었다.
1930년	제나 연구팀에 의해 전기기구를 이용하여 손톱 광택을 내는 기구들과 네일 폴리시 리무버, 큐티클 오일, 워머 로션 등이 개발되었고 현대와 같은 네일 락카 제품들이 등장하였고 다양한 빨간색이 출시되었다.
1932년	다양한 색상의 네일 폴리시가 제조되었고 미국 레브론사에서 최초로 립스틱과 잘 어울리는 색상의 폴리시를 출시하였고 금색, 은색 폴리시도 출시되었다.
1935년	인조 손톱(팁)이 개발되었다.
1940년	여배우 리타헤어워드에 의해 네일 패션이 시작되었고 손톱의 길이가 길어졌으며 빨간색 네일 폴리시를 길고 뾰족한 모양으로 전체에 채워 바르는 것이 유행하였다. 남성들도 이발소에서 습식 매니큐어를 하기 시작하였다.
1948년	미국의 노린레호에 의해 매니큐어 작업에 기구를 사용하기 시작했다.
1950년	미국에서 손 건강관리 과학 기술로 표현하였고 짙은 색상보다 네일에 가까운 색상이 유행하여 자연적인 색상이 개발되었다.
1957년	헬렌 커리가 처음으로 네일 케어를 미용학교에서 가르치기 시작했고 네일 팁 사용이 급격히 늘었다. 당시 호일을 사용하여 시술한 패디 네일이라고 불렀던 아크릴릭 네일을 최초로 행하였으며 1957년 이후부터 패디큐어가 등장하였다.
1960년	실크나 린넨을 이용하여 약한 네일을 보강하기 시작하였다.
1967년	손 · 발을 아름답게 가꾸기 위한 트리트먼트가 시작되었다.
1970년	인조손톱 시술이 본격적으로 시작되었으며, 네일 팁과 아크릴릭 네일이 행해져 긴 네일로 아름다움을 표현했다. 현재 사용되고 있는 아크릴릭 제품은 치과에서 틀니를 만들 때 사용하던 재료에서 발전되었다. 네일 관리와 아트가 유행하기 시작했다.

1973년	미국의 네일 제조회사 ibd가 처음으로 손톱 전체를 붙이는 접착식 인조손톱을 개발하였다.
1974년	미국의 식약청에 의해 인체에 해를 끼친다고 메탈 메타이크릴레이드와 같은 아크릴릭 사용이 금지 되었다.
1975년	네일아트 협회의 결성으로 오를리 인터내셔널 회사가 컬러 리퀴드 화이버 랩, 릿지 필러, 프라이머, 베이스 코트 등을 제조하였다.
1976년	네모난 모양의 스퀘어 손톱이 유행하였으며 동시에 컬러, 아크릴릭, 화이버 랩이 등장함으로 네일아트가 미국에 정착하게 되었다.
1980년	미국에서 본격적인 산업으로 발전하였으며 손톱에 모양을 낼 수 있는 액세서리, 에씨, 오피아이, 스타 등의 브랜드가 유행했고 네일관리 전문 제품인 베이스 코트, 탑코트와 핸드 제품을 출시하였다.
1982년	미국의 매니큐어리스트인 타미테일러가 파우더, 프라이머, 리퀴드 등의 아크릴릭 네일 제품을 개발하였다.
1994년	독일에서 라이트 큐어드 젤 시스템이 등장하였고, 뉴욕 주에서는 네일 테크니션 면허 제도를 도입하였다.

5) 일본

- 건강미, 주술적 의미로 사용되었다.
- 봉선화 꽃과 괭이밥 잎의 방울을 이용하여 손톱에 바르는 손톱 미용이 신분이 고귀한 여성들 사이에서 행해졌다. 이것은 봉선화를 물들이는 것으로 평안시대부터 강호시대에 걸쳐 유행하게 되었다. 현재 구마모토와 오끼나와 지역에서는 아직도 부적의 의미로써 이 방법을 행하고 있다.
- 1940년 미국으로부터 네일 컬러가 들어오자 아름답다고 여겨왔던 벚꽃의 핑크빛 이미지를 뒤로하고 빨강과 핑크빛의 컬러를 선호하게 되었다.
- 1980년대 이후에는 일본에서도 여러 가지 색의 컬러가 상품화되어 대중화되었고 빨강, 핑크, 노랑, 흑백, 파랑색 등이 개발되었다.
- 1980년대 중반이 되자 네일 관리 전문 살롱도 등장하고 네일 컬러 이외의 손톱 제품과 용품도 수입되었으며, 도쿄를 중심으로 네일아트 전문 기관이 생기게 되었다.

- 현재 일본 네일 시장의 현황에서는 세계적으로 유명한 네일리스트들을 보유하고 있으며 미용업계는 토털뷰티케어 추세이다.
- 여성과 학생들 사이에 손톱 손질과 아트에 대한 관심이 점점 높아지고 있으며 스톤, 파츠 등 시각 효과가 높은 스톤 아트가 빠르게 대중화되고 있다.

6) 한국

- 한국의 네일아트의 역사는 고려시대(918년~1392년) 때부터 시작하였으며 부녀자와 처녀들 사이에서 염지갑화(染指甲化)라고 하는 봉선화 물들이기 풍습이 이뤄졌으며 현재까지 행하여지고 있다.
- 건강미, 주술적 의미로 사용되었다.
- 1988년 네일 산업이 급성장하게 되었으며, 서울 이태원에 주한 미군 가족을 대상으로 하는 네일 샵 조이너스가 처음으로 출연하였다.
- 1992년 네일은 인기스타들에 의해 대중화되었고 NIA가 창립되어 더욱 본격화되면서 발전되었다.
- 1996년 미국 키스사 제품이 국내에 수입 소개되었고 압구정동 백화점에 네일 코너가 입점하면서(쎄씨 네일, 할리우드 네일) 일반인에게 알려지기 시작하였다.
- 1997년 일본의 학원(나카소네 사치고재팬)이 한국에 분교를 설립하고 10월, 국내에 한국네일협회를 설립하였으며 미국 네일사가 한국 독점 계약 체결로(크리에이티브) 제품 대중화에 기여하게 되었다.
- 1998년 민간 자격시험 제도가 도입 시행되었으며 본격적으로 단독 네일샵이 오픈되기 시작하였고 네일전문업체, 네일전문학원, 미용학교, 대학에서 본격적으로 체계적인 네일 교육이 시작되었다. 국제 네일 조직 연맹에 가입하고 각종 국제 대회를 유치, 세계 대회에서 우리나라 네일리스트들의 입상을 통하여 세계가 인정하는 기술력 보유국으로 성장을 하고 있다.
- 2013년 현재는 네일 아티스트들의 증가로 보편화된 미용 분야가 되었고 네일 케어와 네일 보강, 디자인이 전문적인 기술과 제품의 다양화와 더불어 소비자들에게 다양한 서비스를 제공하고 있다.

7) 시대별 유행 손톱

시대		모양과 컬러	내용
고대	이집트		루비색상, 붉은색과 오렌지색, 낮은 계급여성 – 엷은 색상 왕과 왕비는 손과 발톱에 루비색상과, 헤나로 물을 들임
	중국		금, 은색, 대나무 부목사용 / 아몬드형의 긴 손톱
중세	15C 중국		흑색, 적색 / 아몬드형의 긴 손톱
	17C 인도		붉은 갈색 / 손톱 뿌리 부분에 문신
근대	1800년대		광택, 빨간 기름 / 끝이 뾰족한 아몬드형, 붉은 기름, 광택
	1900년대		빨강, 투명한 자연색/ 손톱 중앙에만 컬러 바름
	1930년대		적자색 / 짧은 전체 코트
	1940년대		주홍색, 빨간색/ 긴 손톱 유행 전체 코트
현대	1950년대		빨간색, 핑크색 / 타원형 모양, 립스틱과 손톱컬러 매치
	1960년대		흰색 펄, 파스텔컬러 / 짧은 손톱의 라운드 모양, 내츄럴, 아크릴릭
	1970년대		빨강, 흑장미색, 브라운, 회색, 블루톤 / 짧은 손톱의 스퀘어 모양, 프렌치, 아크릴릭
	1980년대		베이지, 산호색, 주홍색, 빨강, 네온, 글리터 / 각진 긴 스퀘어 모양, 아크릴릭 사용
	1990년대		레드, 누드, 핑크, 검정색, 컬러베이스에 마카칠 유행 / 개성화, 다양화로 스톤, 프렌치, 에어브러시 유행, 마카 일러스트 유행
	2000년대		검정, 내츄럴 색상 / 내츄럴, 일러스트레이션, 네일 길이 짧게 한 화려한 디자인, 셀프 네일 유행
	2010년대		포인트 컬러 / 길이는 적당하게 컬러는 다섯 손가락 중 한 곳만 포인트, 젤 네일 유행, 스티커 네일 유행

■ 시대별 유행 손톱 모양

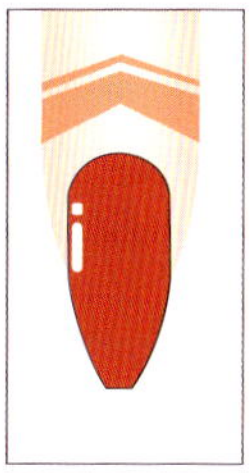
이집트

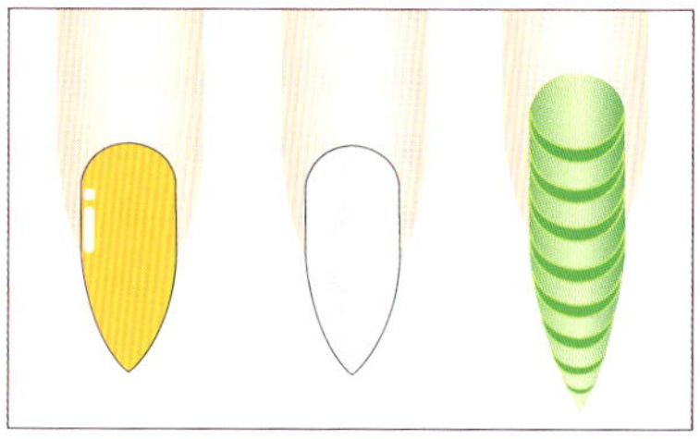
중국

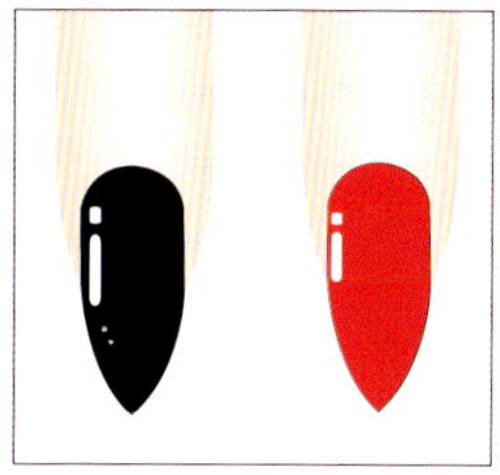
15C 중국

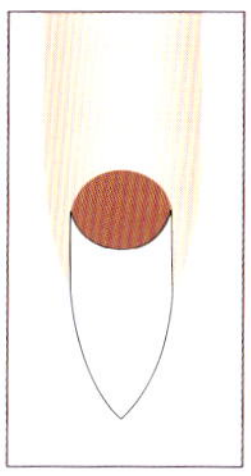
17c 인도

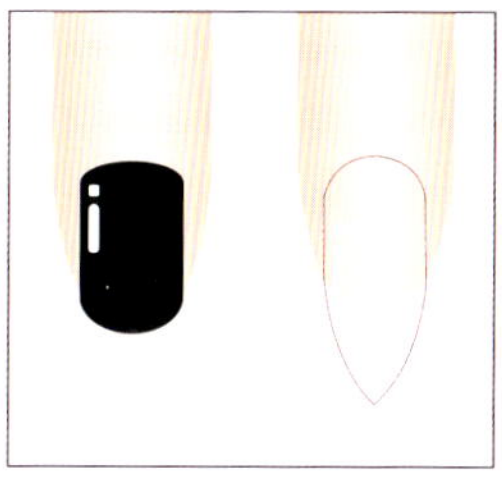
중세(남 · 여)

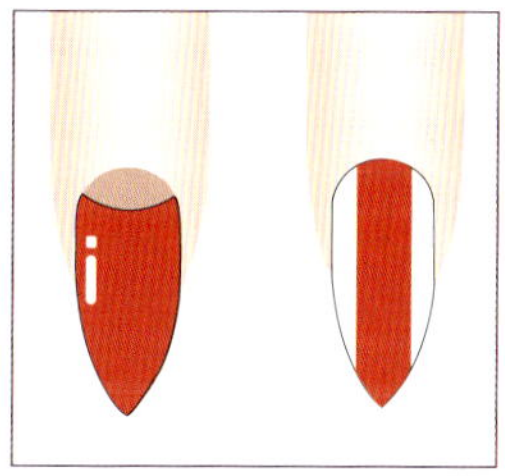
1920년대

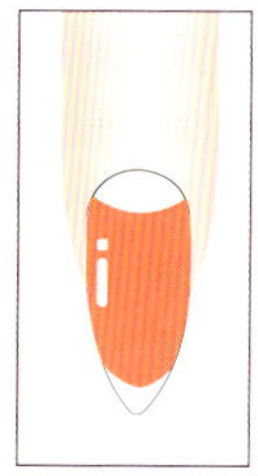
1930년대

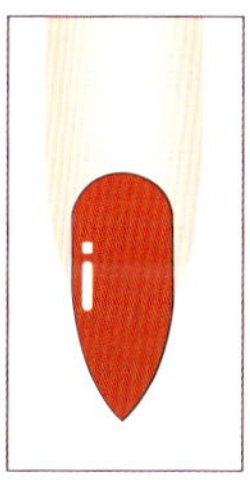
1940년대

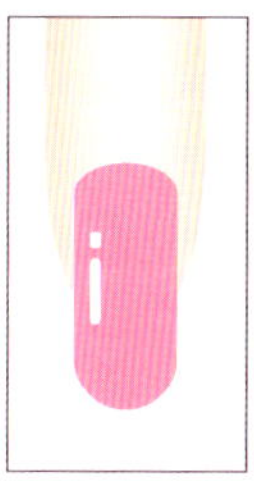
1950년대

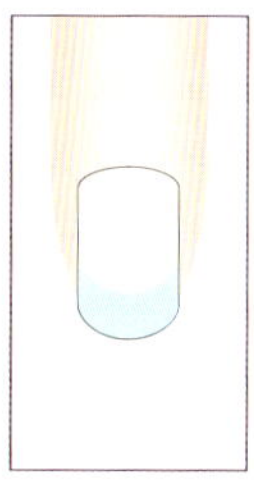
1960년대

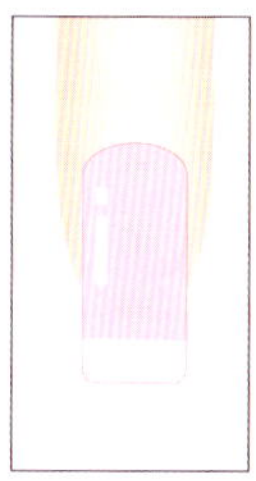
1970년대

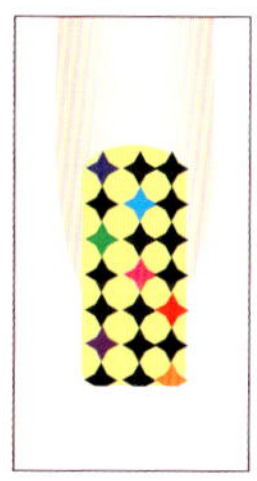
1980년대

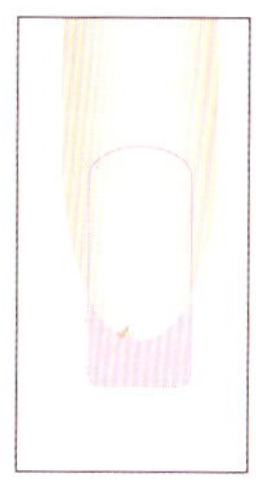
1990년대

2000년대

2010년대

3. 네일 구조와 특성

1) 손톱의 구조

손톱은 케라틴이라는 단백질로 구성되어 있고 손톱은 오닉스(Onyx)라고 하며 인체의 건강상태를 나타내는 한 부분으로 피부의 부속기관으로 피부의 연장이라 할 수 있다. 손톱의 가치는 주로 기능적인 면이나 미용적인 면에서 중요한 역할을 한다. 노동조건이나 건강상태, 청결도에 따라 손톱의 상태가 달라지므로 손톱을 보아 그 사람의 상태를 짐작할 수 있다. 건강상태가 나빠지면 손톱에 그 영향을 미쳐 비정상 손톱이나 불완전하게 성장한 손톱이 되는 경우가 있다. 균형이 잡힌 식사와 적당한 일광(칼슘의 흡수에 관여한다)은 손톱의 상태를 향상시켜 준다.

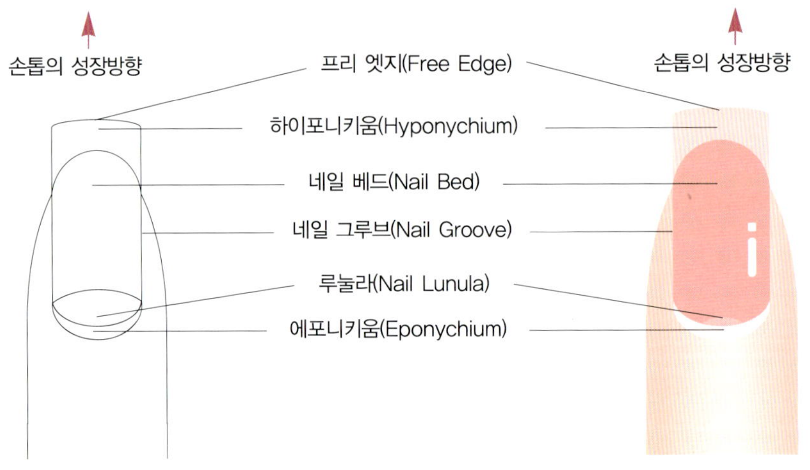

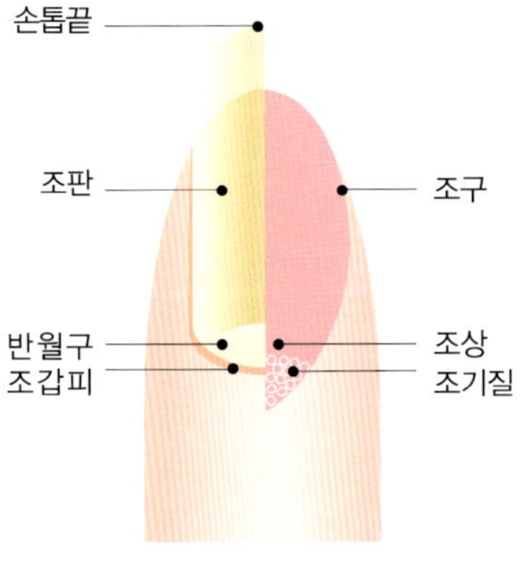

(1) 손톱 자체

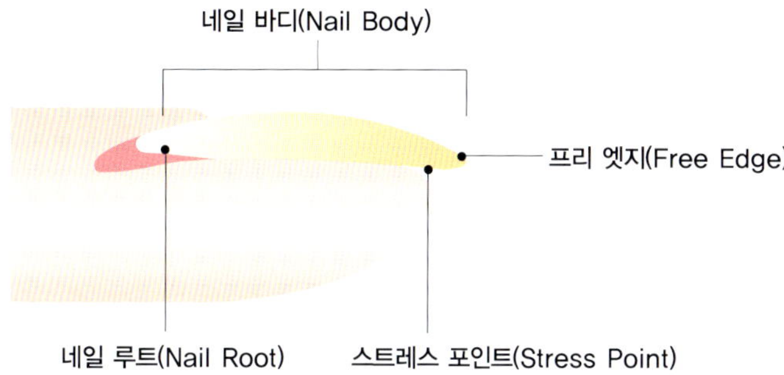

❶ **네일 바디(조체, Nail Body)** 손톱의 본체이며 조판(Nail Plate)이라고도 하고 조상(Nail Bed)을 보호하는 역할을 하며 죽은 단백질로 신경과 혈관이 없다.

❷ **프리 엣지(자유연, Free Edge)** 손톱의 끝부분으로 피부와 떨어져서 자라나는 부분을 말한다.

❸ **네일 루트(조근, Nail Root)** 손톱의 성장이 시작되는 곳으로 세포 조직을 형성한다.

❹ **스트레스 포인트(Stress Point)** 네일 바디가 바디에서 떨어져 나가기 시작하는 양 옆 끝의 포인트로 가장 부서지기 쉽고 금이 가기 쉬운 곳이다.

(2) 손톱 밑

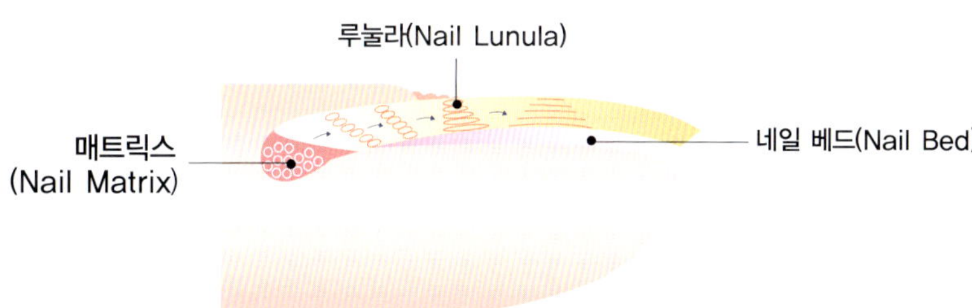

❶ **네일 베드(조상, Nail Bed)** 조체 밑의 피부를 말한다. 지각 신경과 모세혈관이 있고 신진대사와 수분 공급을 한다.

❷ **매트릭스(조모, Nail Matrix)** 조근 아래에 위치하며 손톱의 세포를 생성하고 손톱 성장을 조정한다. 이 부분에 이상이 생기면 손톱의 변형을 가져온다.

❸ **루눌라(반월, Nail Lunula)** 조체와 조모, 조근을 연결해 주는 유백색의 반달 모양을 일컫는다.

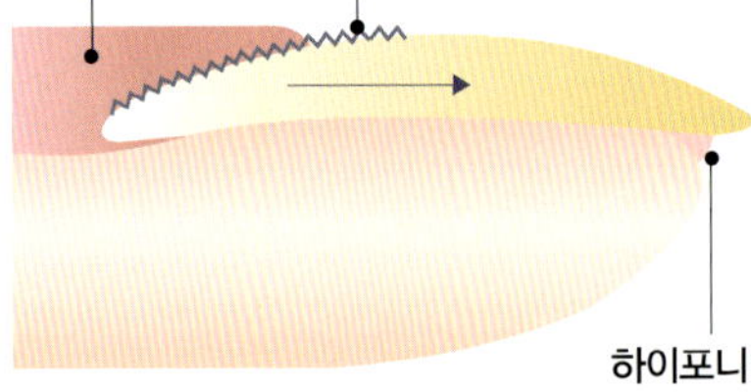

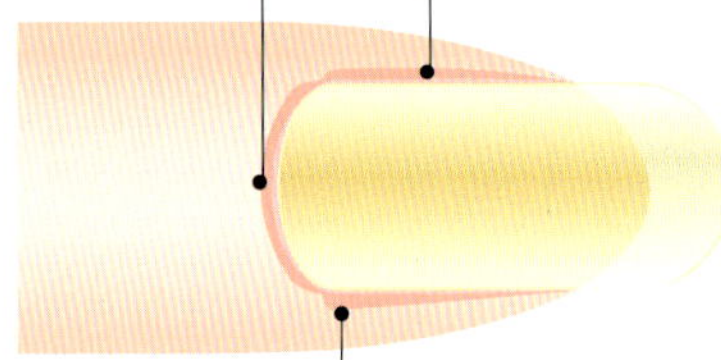

(3) 손톱 주변의 피부

❶ **큐티클(조소피, Cuticle)** 손톱 주위를 덮고 있는 신경이 없는 피부이다.

❷ **에포니키움(조상피, Eponychium)** 큐티클 밑의 얇은 막의 피부이다.

❸ **하이포니키움(하조피, Hyponychium)** 자유연 밑의 피부이다.

❹ **네일 폴드(조주름, Nail Fold)** 네일 루트가 묻혀 있는 손톱의 베이스에 피부가 접혀 있는 것이다.

❺ **네일 그루브(조구, Nail Groove)** 조근 양쪽면의 움푹 패인 곳이다.

❻ **네일 월(조벽, Nail Wall)** 조구 위에 있는 양측의 피부이다.

2) 손톱의 성장

- 손톱의 성장은 조모(Matrix)에서 시작되며 조근(Root)은 손톱의 심장부이다.
- 조모(Matrix)에 위험이 가해지면 기형 및 성장이 멈추기도 한다.
- 손톱은 하루에 약 0.1mm정도 자라며 한달에 약 3~5mm정도 자란다.
- 손톱이 빠졌다 완전히 자라는데 5~6개월이 걸린다.
- 날씨가 따뜻하거나 젊으면 손톱이 빨리 자란다.
- 남자의 손톱이 여자보다 빨리 자란다.
- 직업이 피아니스트, 타이핑리스트일 경우 빨리 자란다.
- 임신 중 이거나 흡연을 하는 사람은 손톱이 늦게 자란다.
- 중지 손톱이 가장 빨리, 엄지 손톱이 가장 늦게, 발톱은 손톱의 1/2속도로 왼손잡이는 왼손의 손톱이 빨리 자란다.

3) 손톱의 특징

- 손톱은 아미노산과 시스테인이 많이 포함되어 있다.
- 손톱은 단백질과 케라틴으로 만들어졌다.
- 손톱은 12~18%의 수분을 함유하고 있다.
- 손톱의 경도는 손톱에 함유된 수분의 양과 단백질, 케라틴 조성에 따라 다르다.
- 네일 베드의 모세혈관으로부터 산소를 공급받는다.
- 네일 바디는 산소를 필요로 하지 않으나 큐티클과 네일 루트는 산소를 필요로 한다.
- 손톱은 단백질로 구성되어 있으나 비타민 미네랄이 부족하면 이상 현상이 생긴다.
- 지각 신경이 집중되어 있는 반투명의 각질판이다.

4) 손톱의 역할

- 작은 물건들을 집을 때, 물건을 들어올릴 때 사용한다.
- 방어와 공격의 기능이 있다.
- 장식적인 기능이 있다.
- 손끝을 보호하며 무엇을 긁을 경우 사용된다.

5) 건강한 손톱

- 핑크색을 띠며 부드럽고 광택이 있어야 한다.
- 네일 베드에 강하게 부착되어 있어야 한다.
- 투명하고 단단하면서도 탄력이 있어야 한다.
- 수분을 약 12~18% 정도 함유해야 한다.
- 세균 등에 감염되지 않아야 한다.
- 둥근 아치 모양을 형성해야 한다.
- 네일 베드가 결이 없이 매끄러워야 한다.
- 손톱을 누르면 보통 3초안에 원래의 색으로 돌아온다.

4. 손톱의 질병

손톱의 색과 형태를 통해 개인의 건강상태를 파악할 수 있는데, 이는 손톱의 질병이 몸의 불균형이나 손톱의 손상으로 나타나기 때문이다.

1) 시술할 수 있는 손 · 발톱

곤봉형 손톱 Clubbed Nail 손톱이 푸르스름한 빛을 띄거나 손끝을 따라 손톱이 둥글게 덮어져 있다. 폐질환, 간질환, 혈관계 질환, 결핵, 심장질환, 암

테리 손톱 Terrys Nail 손가락 끝쪽의 1~2㎜를 제외한 모든 부분이 윤기가 없고 손톱 반달이 없어지며 회백색으로 변한다. 간경화증, 심부전증, 영양부족, 빈혈, 전신질환

황색 손톱 Yellow Nail 증후군 손톱이 노랗게 변한다. 늑막염, 부비동염 등 호흡기 병

멍든 손톱(혈종), 헤마토마 Hematomt Nail 네일 베드의 손상으로 피가 응결된 상태로 인조 네일을 시술을 해서는 안되며 손톱이 떨어져 나갈 수 있다.

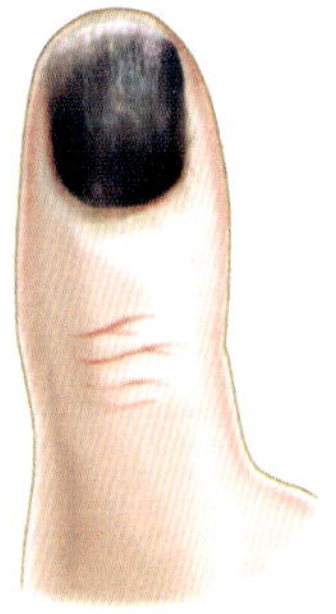

고랑 파진 손톱, 휘로우 네일 Furrow / Corru Gaitons 세로, 가로로 긴 골이 생기며 주름 잡힌 손톱이라고 한다. 세로줄은 정상인에게도 나타날 수도 있다. 아연 결핍, 영양 부족, 빈혈, 순환기 질환, 유전, 위장병, 임신, 고열, 홍역, 신경성

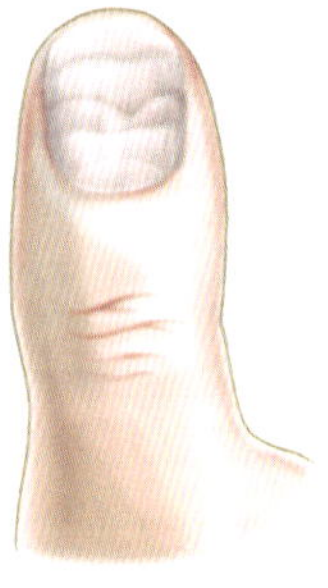

오목형성 손톱 Pitted Nai 손톱에 물결무늬가 생기거나 움푹 파인 모양의 점선이 나타나거나 이유도 모르게 생기는 현상이다. 건선, 관절염 초기, 원형탈모

반반 손톱 Half And half 손가락 끝쪽의 손톱 절반 정도가 갈색을 띤다. 신부전증

긴 손톱 Long Nail 손톱이 가늘고 길며 폭과 길이가 1:1.9 이상의 비율로 차이를 보인다. 뇌하수체, 저하증

손톱 마모증 Abrasion Nail 톱니바퀴 모양으로 손톱이 울퉁불퉁하게 손톱 끝이 잘 부서진다. 갑상선, 곰팡이, 집안일, 화학물질, 목수에게 많다.

조갑횡구증 Beau's Line 손톱 표면에 가로로 깊은 골이 파여져 손톱이 자라면서 점점 말린다. 중금속 중독(비소, 탈리움)

거스러미 손톱, 행 네일 Hang Nail 손톱 주위, 큐티클, 살이 너무 건조해서 거스러미가 일어난 상태이다. 합성세제, 화학제 사용으로 피부 건조, 큐티클 주위를 잡아떼거나 물어뜯는 버릇

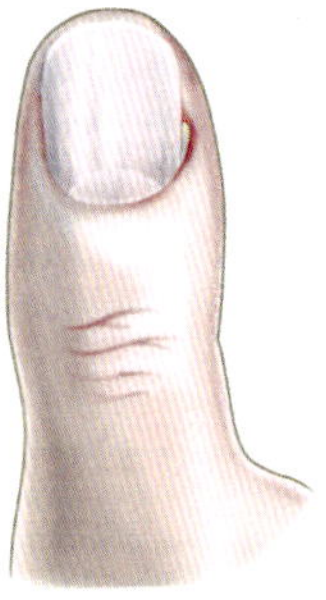

조각 출혈 Bleeding Scupt 손톱 아래쪽의 모세혈관 조직에 세로로 난 줄무늬가 나타난다. 모세혈관 출혈, 건선, 류마티스 관절염, 급성심내막염

보의 선 Beau's Line 손톱이 가로로 움푹한 선이 생기며 손톱의 성장이 멈추었다가 다시 자라기 시작해서 생기는 선이다. 손톱 외상, 전신 병으로 손톱 성장 멈춤

조백반증, 흰색반점, 루코니키아 Leuconychia 손톱에 흰 반점이 생기는 현상으로 저절로 생길수도 있으며 자연적으로 자라서 없어진다. 전신질환, 유전적 요인, 외상

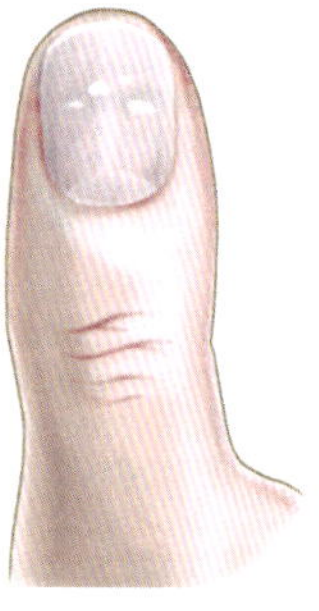

계란껍질 손톱 Eggshell Nail 손톱이 희고 얇으며 프리엣지 부분이 심하게 휘어져 있고 깨지거나 부서지기 쉽다. 영양상태 부적합, 내과적 질병, 신경계통 이상

모반 점, 검은 반점, 니버스 Neveus 멜라닌 색소가 손톱 표면에 착색되어 밤색이나 검은색의 얼룩이 생긴 것으로 성장에 따라 소멸된다. 멜라닌 색소 착색

조갑위축증, 오니코아트로피 Onychatro Phia 손톱이 부서져 없어지는 현상으로 손톱의 광택이 없어지고 오그라들며 떨어져 나간다. 메트릭스 손상, 내과적 질병, 강한 세제, 강한 푸셔

조내생증, 인그로운네일, 오니코크립토시스 Onychocryptosis 손톱, 발톱이 살을 파고 자라는 현상을 말하며, 발톱 모양은 스퀘어로 잘라 주고 파고 들어가는 부분에 솜을 끼워둔다. 잘못된 파일 방법, 작은 신발 착용

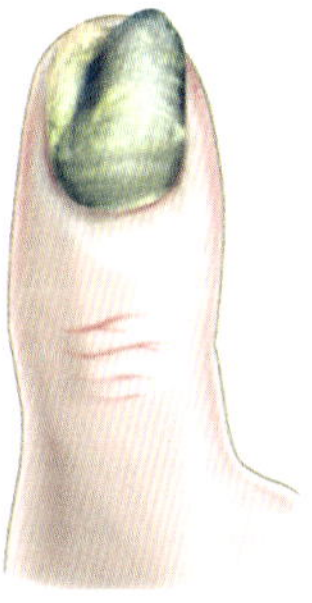

조갑비대증, 오니콕시스 Onychauxis 손톱, 발톱의 과잉 성장으로 손톱이 비정상적으로 두꺼워지는 현상이다. 유전, 질병, 작은 신발을 장시간 착용

교조증, 오니코파지 Onychophagy 습관적으로 손톱을 심하게 물어뜯는 현상이다. 심리적 불안감, 스트레스나 인조 손톱 시술, 매니큐어링

무른 손톱 Brittle Nail Syndrome 손톱이 얇아져 끝이 깨지거나 벗겨지는 현상으로 손톱 보강제를 사용하면 효과적이다. 영양 실조, 신체 노화, 질병

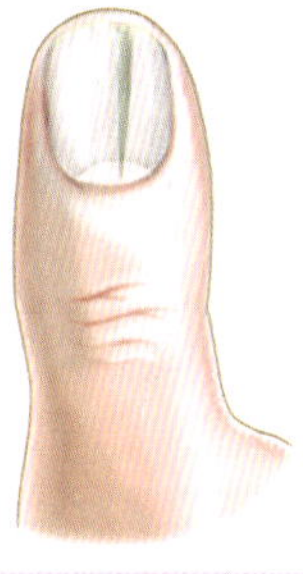

스푼형 조갑 Koilonychia 손톱이 숟가락 모양으로 함몰되는 증상으로 물러진다. 철분 결핍, 알칼리성 세제의 사용

조갑종렬증, 오니코렉시스 Onychorre Hexis 세로로 갈라지거나 부서지며 세로로 골이 파이는 현상으로, 리무버 사용 금지, 인조 손톱, 랩을 붙여 솔벤트가 닿는 것을 보호한다. 과다한 아세톤 사용, 큐티클 솔벤트 사용

조갑익상편, 표피조막, 테리지움 Ptery Gium 큐티클이 과잉 성장하여 손톱 위로 자라는 현상으로 핫 크림 매니큐어로 관리 해야 한다. 질이 떨어지는 네일 제품 사용으로 피부 손상, 건조

변색된 손톱, 청색조갑 Discolored Nails 구리가 몸에 축적되어 발생되는 웰슨병을 말하며 청색으로 변하는 현상으로 황색, 푸른색, 검푸른 색, 자색 등의 색상을 나타낸다. 혈액 순환이 원활하지 않을 때는 푸른빛, 빈혈, 영양 결핍시 창백한 하얀색이 나타난다. 금연, 규칙적인 운동, 약한 과산화수소로 표백한다. 컬러 사용으로 인한 변색, 빈혈이나 혈액 순환장애, 심장 상태가 좋지 않을 경우 발생, 구강 치료, 곰팡이 균 감염으로 변색

2) 시술할 수 없는 손 · 발톱

조갑염, 오니키아 Onychia 손톱 밑에 염증이 생겨 살이 붉어지거나 고름이 형성된다. 네일 도구 위생처리 불량으로 감염

조갑탈락증, 오니콥토시스 Onychoptosis 손 · 발톱의 일부분, 또는 전체가 주기적으로 탈락하는 현상이다. 매독, 고열, 당뇨, 약물 반응으로 인한 외상

화농성 육아종, 파이로제닉 그래뉴로마 Pyro Genic Granuloma 심한 염증 상태로 손톱 주위에 붉은 살이 자라 나온다. 비위생적인 도구 사용, 박테리아의 감염

조갑박리증, 오니코리시스 Onycholysis 손톱과 조체 사이에 틈이 생겨 점차 벌어지며 손톱이 부스러지는 현상이다. 내과적 질환(갑상선, 감염), 특정 약물 치료, 철 결핍성 빈혈, 매독, 다혈구혈증

조갑주위염, 파로니키아 Paronychia 손톱 주위의 조직이 박테리아에 감염되어 붉게 부풀고 염증과 고름을 동반한다. 비위생적인 도구를 사용, 큐티클을 과다하게 잘라냈을 때 발생한다.

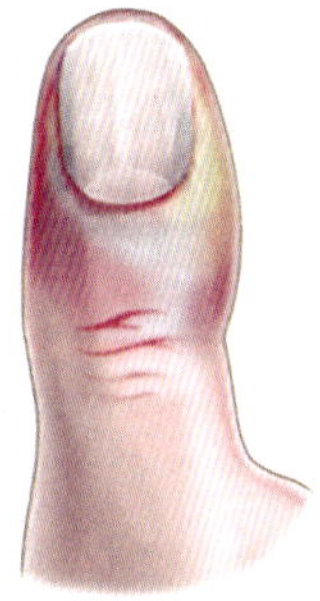

사상균증, 몰드 Mold 자연 네일과 인조 네일 사이로 습기가 스며들어 사상균이 서식하면서 발생한다. 자연 손톱에 발생되는 곰팡이로 손 · 발톱이 빠지기도 한다. 진균염증. 누런색으로 시작하여 황록색, 청록색, 검은색의 순서로 변한다.

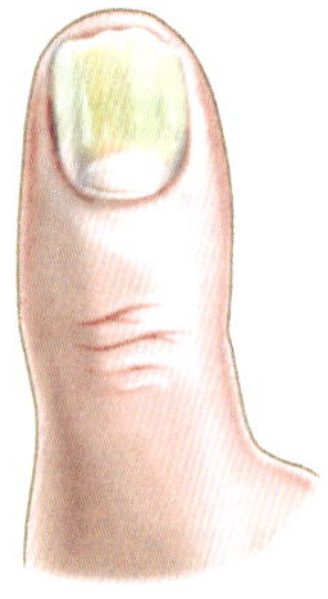

조갑진균증, 오니코마이코시스 Onychomy Cosis 희미한 패치가 생기거나 황색의 줄무늬가 생기고 프리엣지로 침투하여 뿌리로 퍼져나가며 감염된 부분은 떨어져 나가고 손톱이 불균형적으로 얇아져 네일 베드가 드러난다. 진균(식물성분) 감염

chapter 02. 손과 발의 해부학

손과 발의 해부학이란 손과 발의 피부, 뼈, 근육 등의 모양, 기능, 구조에 대하여 알아보는 것이다. 피부는 외부의 자극으로부터 보호해주는 역할을 하고 뼈는 손과 발의 형태를 지탱할 수 있는 지지대 역할을 하며 근육은 수축 · 이완이 가능하여 인체의 모양을 형성한다. 손톱은 피부의 부속물이며 손바닥, 팔꿈치, 발바닥, 무릎 등 두꺼운 피부로 덮여 있고 그 외에 신체 부위는 얇은 피부가 덮고 있다.

1. 손과 발 뼈의 구조

인체는 골격을 토대로 206개의 뼈(Bone)와 관절(Joint), 연골(Caritlage) 그리고 인대(Ligament)로 이루어져 있다. 한 손에는 총 27개의 뼈로 손목뼈(수근골) 8개, 손바닥뼈(중수골) 5개, 손가락뼈(수지골) 14개로 구성되어 있으며, 발의 뼈는 한 발이 26개의 뼈로 발목뼈(족근골) 7개, 발바닥뼈(중족골) 5개, 발가락뼈(족지골) 14개로 구성되어 있다.

1) 손의 뼈

손을 이루는 골격은 손목뼈(수근골), 손바닥뼈(중수골), 손가락뼈(수지골)로 구성되며 한 손에는 27개의 뼈로 구성되어 있다.

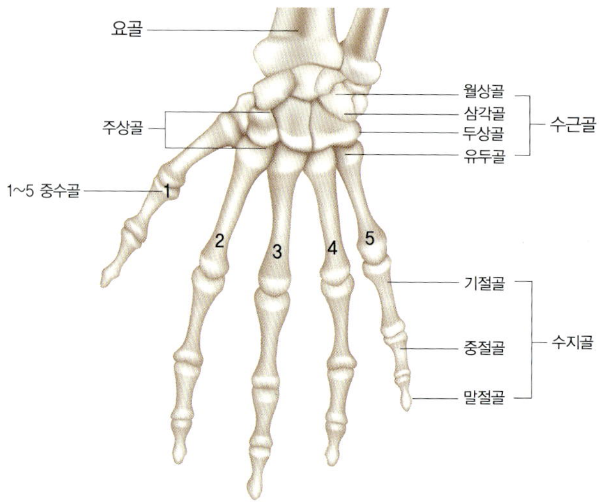

• **손목뼈**(Carpal Bones) 손목을 구성하는 뼈로 8개의 작고 다른 뼈들이 두 줄로 손목에 위치하고 있다.

• **손바닥뼈**(Metacarpal Bones) 손바닥을 이루는 5개의 가늘고 긴뼈로 손등에서 방사선으로 뻗어 있다.

• **손가락뼈**(Phalanges) 다섯 개의 손가락을 구성하는 뼈를 말하며, 엄지손가락(기절골, 말절골) 2개, 그 외 손가락은 (기절골, 말절골 그리고 중절골 3개씩) 총 14개의 뼈로 구성되어 있다.

2) 발의 뼈

발목을 구성하는 뼈는 발목뼈(족근골) 7개, 발바닥 뼈(중족골) 5개, 발가락뼈(족지골) 14개로 이루어져 있다.

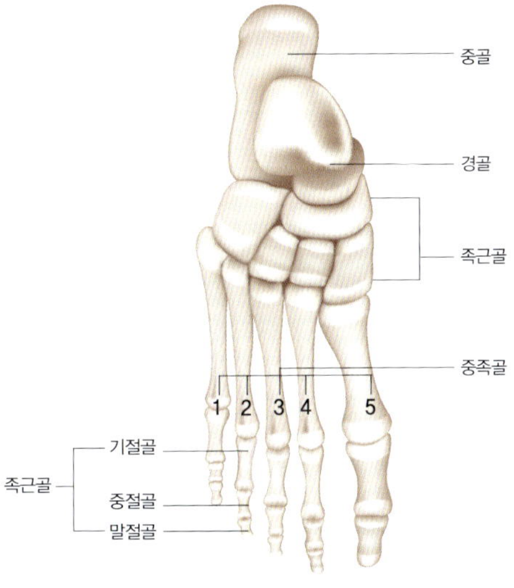

• **발목뼈**(Tarsals Bones) 몸의 무게를 지탱하는 발목은 7개의 뼈로 구성되어 있으며 3개의 근위족근골과 4개의 원위족근골로 이루어져 있다.

• **발허리뼈**(IMetatarsals Bones) 5개의 길고 가는 뼈로 각 발가락뼈와 연결되며 첫째 중족골은 걷거나 서 있을 때 체중을 지탱하기 위해 튼튼하고 크다.

• **발가락뼈**(Phalange Bones) 수지골과 같은 구조를 이루며 엄지발가락(기절골, 말절골) 2개, 그 외 발가락은(기절골, 말절골 그리고 중절골 3개씩) 총 14개의 뼈로 구성되어 있고 말절골 밑단에는 조면(medial longitudinal arch)이 있어 발톱이 부착되어 있다

2. 손과 발의 근육

1) 손의 근육

체중의 약 40~50%를 차지하는 근육은 대략 650개의 근육계로 수축 · 이완을 하는 섬유질 조직으로 운동을 수행하는 기능을 담당하고 인체의 모양을 형성한다. 손의 근육은 200여개 정도로 미약하게 발달되어 있고 세밀한 운동을 담당하며 외전근(Abductor), 내전근(Adductor), 대립근(Opponent)으로 나뉜다.

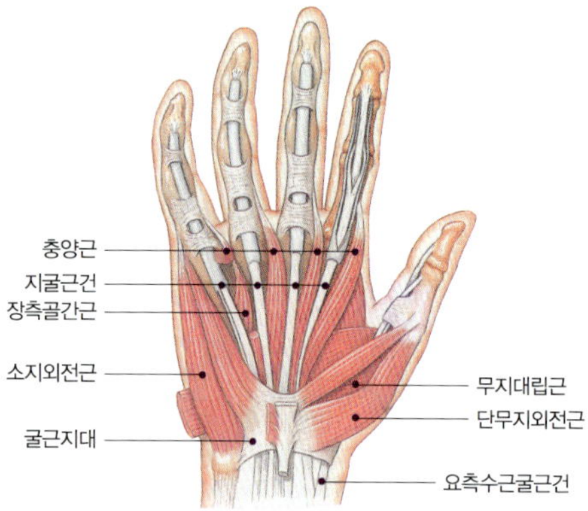

- **외전근(Abductor, 외향근)** 새끼손가락과 엄지손가락을 벌리는 작용을 한다.
- **내전근(Adductor, 내향근)** 손가락과 손가락이 서로 붙게 하거나 모으는 내향에 작용한다.
- **대립근(Opponent)** 엄지손가락을 손바닥 쪽으로 향하게 작용하여 물건을 잡을 수 있게 한다.

2) 팔의 근육

팔의 근육은 어깨의 관절을 덮고 있는 삼각형의 근육으로 팔을 올리고 내리고 돌리는 삼각근, 운동에 관여하는 상지대의 근육과 쇄골, 팔꿈치에 있는 상완과 손목, 손가락 운동에 관여하는 전완이 있다. 전완은 19개의 근육으로 되어 있으며, 회내근과 회외근은 전완에서만 볼 수 있는 특징이다.

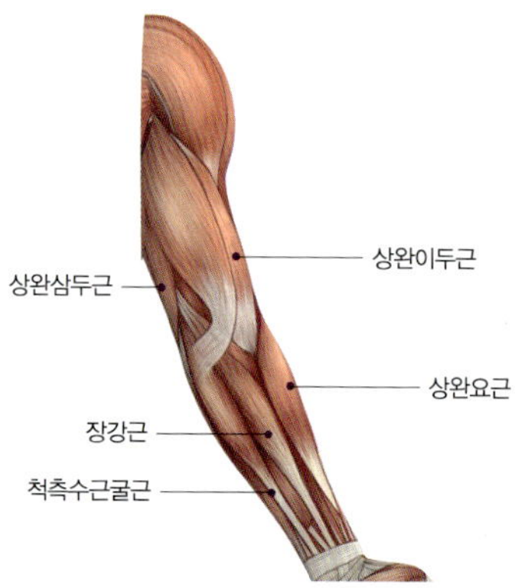

- **회내근(operator)** 안쪽으로 손을 회전시켜 손등이 위, 손바닥이 아래를 향하게 작용한다.
- **회외근(Supinator)** 바깥쪽으로 손을 회전시켜 손등이 아래, 손바닥이 위로 향하게 작용한다.
- **굴근(Flexor)** 손목과 손가락을 굽히는 내 · 외향에 작용한다.
- **신근(extensor)** 손목과 손가락을 곧게 펴거나 벌리는 작용을 한다.

3) 발의 근육

발의 근육은 발가락의 신전에 관여하는 2개의 작고 짧은 족배근(발등 근육, Dorsal Muscle of Foot)과 걷거나 서있을 때의 균형을 유지해주는 9개의 족척근(발바닥 근육, Plantar Muscle of foot)으로 구분된다.

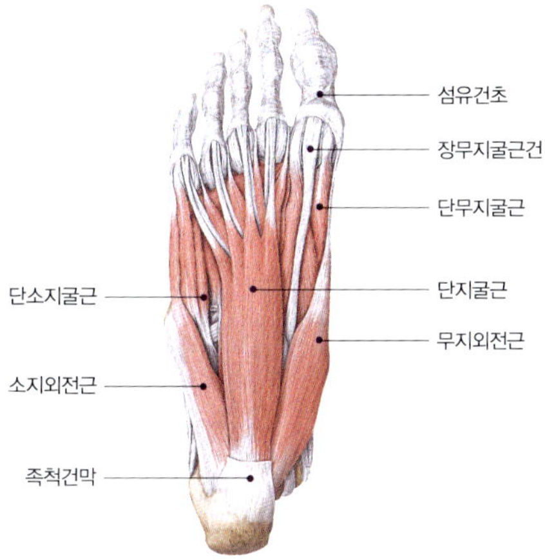

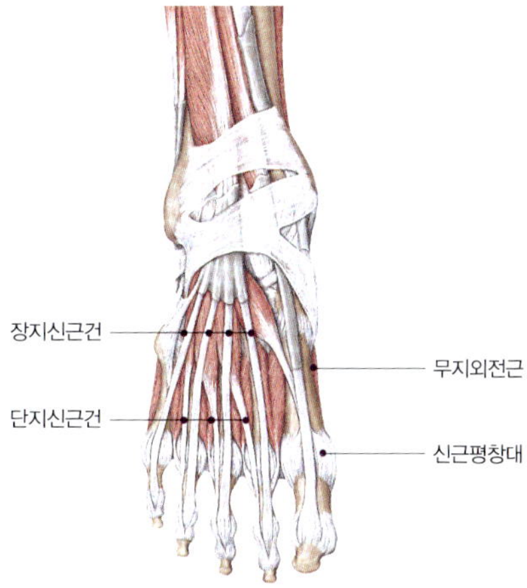

4) 다리의 근육

4개의 근으로 구성되어 발목의 운동과 발가락의 펴짐에 관여하는 전하퇴근(앞종아리 근육, Anterior crural muscles), 발목을 굽히거나 젖히는 작용에 관여하는 외측하퇴근(Lateral crural muscles), 종아리 근육과 발바닥, 무릎 관절에 관여하는 후하퇴근(Posterior crural muscles)으로 구분 된다.

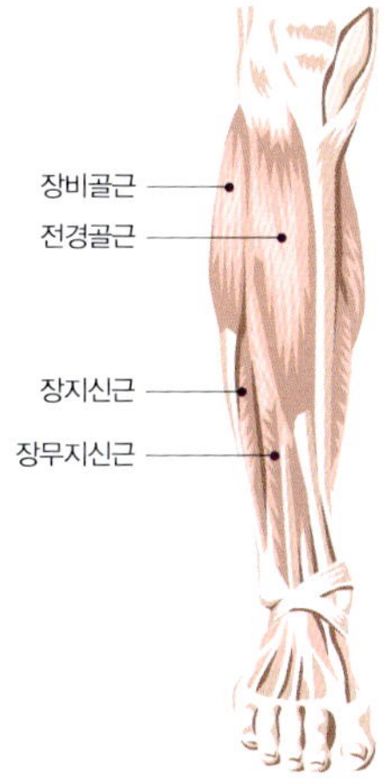

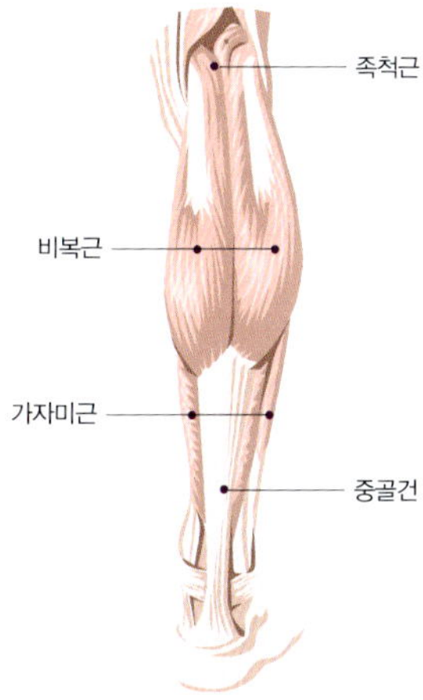

chapter 03. 소독과 미생물학

1. 소독의 정의

소독이란 감염을 일으킬 수 있는 병원균을 죽이거나 감염력을 없애는 것으로 지속소독법, 종말소독법, 예방소독법등이 있다. 세균이 인체 내에 침입하여 발육 · 증식하는 것을 감염이라 하며, 병원체의 매개물인 원인균을 죽이는 것을 살균이라 한다. 세균의 증식이나 발육을 억제시키는 것으로 환경을 불리하게 만들어 저지하는 것이 방부이고 물리적, 화학적 방법으로 병원성, 비병원성, 아포형성균등의 모든 균을 죽이는 것을 멸균이라 한다.

2. 소독의 조건

일반적 조건	• 방법이 간편하고 효과는 확실해야 하며 짧은 시간에 소독할 수 있어야 한다. • 인체에 해가 없어야 하고 약품이 변질되지 않아야 한다. • 대상물을 손상시키지 말아야 하며 대상물의 성질을 고려하여 적당한 소독법을 실시하여야 한다. • 소독 재료가 풍부하되 값이 저렴하고 경제적이어야 한다.
능률적 조건	• 소독 부분을 약품처리 함에 있어 접촉 부위를 충분히 해야 한다. • 수분, 온도, 농도, 작업시간을 고려해야 한다.

1) 소독약의 주의 사항

- 소독약 액은 사용 직전에 조제한다.
- 약품을 냉암소에 보관하고 다른 것과 구분해 둔다.
- 적당한 소독약이나 소독방법을 선정한다.
- 병원 미생물의 종류 저항성에 따라 그 방법, 시간을 고려한다.

2) 소독제

미생물들을 사멸시키기 위한 화학물질을 말하며, 포자형태의 세균은 죽이지 못한다. 4차암모니아화합물, 이소프로필 알코올, 염화벤잘크늄 등이 있다.

소독제는 박테리아를 죽이거나 성장을 저해시키며 액체의 형태로 되어 있고 소도구를 살균할 정도로 강하지는 못하지만 피부나 손톱에 사용해도 안전하며 살균제는 소독제보다는 강하며 피부에 사용할 수 없고 도구를 위생처리 및 살균하는데 사용한다.

3. 소독의 분류

건열과 습열 모두를 소독하고자 하는 일정 온도까지 높여 건조된 상태에서 균을 제거하는 방법으로 건열 멸균법과 습열 멸균법이 있다.

1) 물리적 소독(이학적 소독)

(1) 건열 멸균법

화염 멸균법	소독물을 20초이상 불꽃에 직접 접촉시켜 표면에 있는 미생물을 사멸시키는 방법 (도자기, 금속 등)이다.
건열 멸균법	140℃에서 4시간, 160~180℃에서 1~2시간 건열멸균기(Dry Oven)를 이용하여 미생물과 아포균을 사멸시키는 방법이다.

(2) 습열 멸균법(Wet Sterilization)

열의 전도가 빠른 끓는 물이나 증기를 이용하여 미생물을 멸균하는 방법이다.

① 저온 멸균(Pasteurization)

저온 소독이므로 영양성분의 파괴가 적고 변질과 부패를 방지하는 것으로 이 · 미용기구보다는 음식물에 더욱 효과적이다(결핵균, 콜레라균, 사상균 등).

- 우유 63℃ 30분(살모넬라균)
- 건조과실 72℃ 30분
- 포도주 55℃ 10분
- 아이스크림 80℃ 30분

② 자비소독

100℃의 끓는 물에 소독제를 넣어 20분 이상 끓여 세균을 사멸시키는 방법이다.

- 100℃에서 20분
- 중탄산나트륨 1~2%(금속부식방지), 붕소 1~2%, 석탄산 2~5%, 크레졸 2~5%를 첨가 (강한 살균력)
- 아포균, 간염바이러스, 원충류 등의 시스트에는 효과가 없다.

③ 고압증기멸균법

아포를 포함한 모든 균을 사멸시키는 방법으로 가장 널리 사용되는 멸균법이다.

- 10파운드 30분, 115.5℃
- 15파운드 20분, 121.5℃
- 20파운드 15분, 126.5℃
- 의류, 기구, 고무제품에 소독에 사용

④ 간헐멸균법

고압증기 멸균법에 의해 파괴되기 쉬운 물품을 멸균시 사용하는 방법이다.

- 100℃ 30~60분
- 코흐증기솥, 아놀드 멸균기
- 24시간의 간격을 두고 1일 3회 가열
- 아포균 사멸

(3) 자외선 멸균법

수술실, 무균실, 제약공장, 식품저장 창고 등에서 사용되며, 용기, 기구, 식품, 물, 공기 등을 살균하고 피부의 색소침착과 비타민D의 형성, 피부암유발, 구루병을 방지한다.

(4) 여과멸균법

바이러스는 세균여과기를 통과하기 때문에 가열하면 변질을 일으키는 약품이나 혈청 및 당, 효소 등을 바이러스 여과막에 걸러서 소독하는 방법이다.

2) 화학적 소독

약품을 통한 화학적 작용을 이용하여 미생물을 죽이는 방법으로 사용법이 간단하고 살균력이 강하며 표백, 부식력이 없으며 안전성과 용해성이 높고 경제적이고 사용 후 무취여야 한다. 네일 살롱에서 주로 사용하는 방법이다.

■ **화학적 소독**

석탄산(페놀)	소독력(살균력)의 지표가 되는 것으로 독성이 있어 인체에는 사용하지 않으며 의류, 오물, 용기, 고무제품에 사용하며 일반적으로 3% 농도로 손 소독시에는 2%의 농도로 사용한다.
승홍수	염화 제 2수은으로 독성이 강한 맹독성이며 살균력이 강하고 무색, 무취, 무미로 1000(0.1%)배의 농도로 사용하고 피부소독, 대장균, 포도상구균을 사멸시키는 데 쓰이며 금속부식의 단점이 있다.
알코올	단백질을 응고시켜 세균의 세포활동을 방해하고 인체에 무해하며 소독시 70%의 에탄올을 피부소독, 2차성 소독약품으로 사용한다. 세균, 결핵에 효과적이고 값이 싸며 휘발성으로 손, 피부, 기구 등을 소독한다.
크레졸	석탄산보다 2배의 소독력이 있으며 손소독 시 2%, 보통 3%의 농도로 소독력이 강하고 값이 싸다. 무색, 투명하고 물에서는 난용성이며 바이러스에 약하고 냄새가 강하며 의류, 침구, 실내, 가구, 고무제품, 배설물(2~3%)로 사용한다.
과산화수소	자극이 없어 구강이나 상처소독에 사용하고 2.5~3.5% 농도로 창상, 구내염, 지혈제로 사용된다.
생석회	백색의 분말로 산화칼슘을 98% 이상 포함하고 있으며 주로 화장실 소독에 사용하고 값이 싸서 넓은 장소의 대량살포에 쓰이며 독성이 작고 물소독 시 50:1로 12시간 방치, 배설물 소독시 30:1로 2시간 방치한다.
역성비누	침투력과 살균력은 강하나 세정력이 거의 없으며 수지소독, 식기, 기구소독(3%)에 적당하고 농도는 0.01%~0.1%로 사용한다.

4. 미생물

1) 미생물의 정의

사람의 육안으로는 볼 수 없으며 현미경을 통해서 볼 수 있는 0.1mm이하의 미세한 생물체의 총칭이며 세균, 진균, 리케차, 바이러스, 기생충 등이 있다.

2) 미생물의 분류

- 병원성 미생물: 미생물이 체내에 침입하여 병적 반응을 일으키는 것
- 비병원성 미생물: 병원균이 침입하여도 반응이 없는 미생물
- 유용 미생물(유산균): 간장, 된장 등을 만드는데 필요한 발효균이나 효모균

3) 미생물의 증식 요인

(1) 온도

병원성균이 증식하기 좋은 최적 온도는 28~38℃이다.

- 저온균: 15~20℃
- 중온균: 28~38℃
- 고온균: 50~65℃

(2) 수분

세균의 증식을 위해 약 40% 이상의 수분을 필요로 한다.

- 건조에 약한균: 수막염균, 임균
- 건조에 강한균: 효모, 곰팡이, 원충, 아포균, 결핵 등

(3) 수소이온농도(PH)

대부분의 세균은 Ph5.0~8.5에서 성장

(4) 산소

- 호기성균: 산소를 필요로 하며 결핵균, 백일해균, 디프테리아균 등
- 혐기성균: 산소를 필요로 하지 않으며 파상풍균, 보툴리누스균 등
- 통기성균: 산소의 유무와 관계없이 증식 가능한 것으로 살모넬라균, 포도상구균등

(5) 영양소

미생물이 증식하기 위한 에너지원을 말한다.(탄수화물, 단백질, 지방 등)

(6) 광선

직사광선에서는 몇 분, 수 시간 내에 사멸

4) 병원성 미생물의 분류

(1) 세균

① 구균: 둥근 형태의 균

- 포도상 구균: 다발모양의 구균으로 국수적인 감염과 화농성균의 원인균이다.
- 연쇄상 구균: 사슬모양의 구균으로 폐혈증, 류머티스, 편도선염의 원인균이다.
- 쌍구균: 쌍으로 자라는 균으로 폐렴구균, 수막구균 등

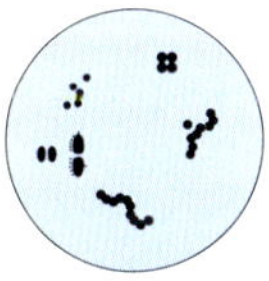
구균(Cocci)

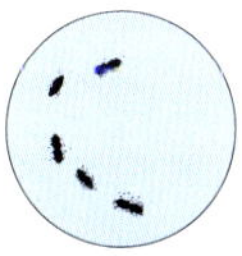
쌍구균

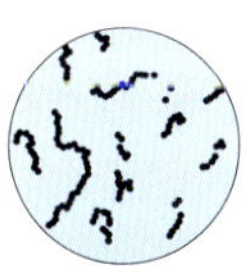
연쇄 상구균

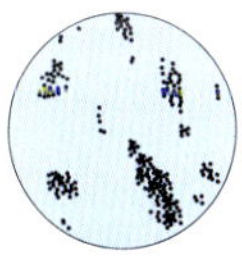
포도상구균

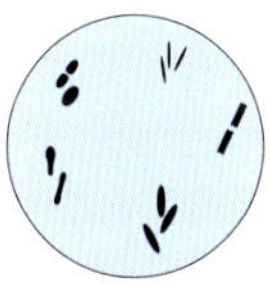
간균(Bacilli)

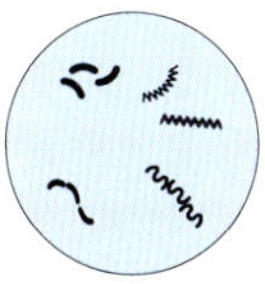
나선균(Spirlla)

② 간균

- 막대모양
- 포자, 아포를 형성하고 있다.
- 결핵균, 장티푸스균, 백일해균, 디프테리아균, 파상풍균, 탄저균 등

③ 나선균

- 나선형인 균을 총칭
- 입체적인 S자형의 곡선 모양
- 매독균, 콜레라균, 장염 비브리오균 등

• 세균의 특징

생활 환경이 악화되면 세균에 따라 아포를 형성하는데 이를 '포자'라고 하며 아포는 강한 내성을 지니고 있으며 고압증기 멸균법에 의해 사멸이 가능

(2) 바이러스(Virus)

- 여과성 병원체
- 열에 약하다.
- 살아 있는 세포 내에서만 증식이 가능
- 예방 접종이나 감염원을 피해 예방하는 것이 최선의 방법
- DNA 바이러스: 헤르페스 바이러스, B형간염 바이러스 등
- RNA 바이러스: 인플루엔자 바이러스, 코로나 바이러스 등

(3) 진균(사상균)

- 핵막을 가진 진핵생물
- 아포형성 식물로 곰팡이, 효모, 버섯 등
- 유용한 사상균(항생물질인 페니실린을 만듦)
- 무좀, 칸디다(진균증) 등의 피부병

(4) 리케차(Rickettsa)

- 세균과 바이러스의 중간 크기에 속함
- 척추동물, 곤충의 조직 속에서 번식
- 이, 모기, 진드기를 매개체로 발진성, 열성 질환을 일으킴
- 이분법으로 증식하며 스스로 물질대사와 복제 가능
- 발진티푸스, 발진열, 쯔쯔가무시병 등

(5) 스피로헤파

- 원생동물에 가까운 세균
- 매독, 재귀열, 서교증, 오일씨병 등

(6) 후천성 면역결핍증(AIDS)

10년의 잠복기를 거치며 살롱에서 소독되지 않은 도구를 통해 전염이 가능

- 병원 미생물: 바이러스 < 리케차 < 세균 < 스피로헤파

chapter 04. 네일 살롱의 고객관리

1. 위생 Hygiene

세균은 따뜻한 온도와 습도, 더러움 등에 의해 번식하며 위생은 가장 낮은 단계의 이물질 제거 작업이다. 부적절한 소독처리로 인한 감염을 방지하기 위해서 1회용 도구들과 기구들을 반드시 구분하여 철저한 소독과 관리를 하여 위생상태를 청결히 하여야 수많은 질환들을 예방할 수 있다.

1) 환경위생의 분류

(1) 산소(O_2)

- 공기는 산소의 중요 공급원
- 생물체의 호흡이나 물질의 산화연소 등에 필요한 기체이다.
- 공기 성분의 약 21%를 함유
- 공기 중에 산소량이 10%(호흡곤란), 7%이하(질식사)
- 성인 1일 산소소비량(520~650L정도)
- 1호흡마다 4~5%의 산소가 인체에서 소실
- 질소와 산소의 성분비율은 4:1

(2) 온도

- 인체온도의 정상범위는 36.1~37.2℃
- 평균 36.5℃
- 해상온도는 18±2℃C이다.

2) 군집독

밀폐된 공간에 인체에서 발산되는 열 때문에 실내온도가 상승되어 불쾌감, 두통, 현기증, 구토, 등을 일으키는 현상이다.

3) 먼지(진애)

- 꽃가루와 같은 유기성 먼지로 인한 알레르기
- 결막염, 기관지염, 궤양 등의 점막질환
- 산화아연의 증가로 인한 금속열
- 납, 수은, 망간에 의한 금속중독
- 규폐, 탄폐, 석면폐등의 진폐증
- 결핵, 인플루엔자 등의 전염병 등

4) 기습(습도): 일정 온도의 공기 중에 포함되어 있는 수분량

- 실내의 쾌적한 습도: 40~70%, 40% 이하는 건조(건강에 해로움), 건조 → 호흡기계 질병, 습하면 → 피부질환 발생
- 인체에 알맞은 습도는 65% 내외, 온도 18℃에서 65%, 20° C에서 60%일 때 쾌적함

(1) 기류

- 공기의 흐름을 말한다.
- 적당한 기류(신진대사를 원활)
- 0.1m/s → 무풍, 0.5m/s 이하→ 불감 기류
- 실외기류는 1m/s 내외
- 기압의 차와 기온의 차이에 의해 형성
- 기류의 강도를 풍속 (m/s)이라 한다.
- 실내기류는 0.2~0.3m/s

5) 감각온도(E · T)

- 기온, 기습, 기류의 3인자가 작용하여 이루어지는 체감을 기초로 얻어진 온도
- 쾌적하게 느끼는 감각온도는 67±4° F
- 여름철 쾌감온도: 64~79° F
- 겨울철 쾌감온도: 60~74° F

6) 불쾌지수

- 기온과 기습의 작용으로 인체가 느끼는 불쾌감을 숫자로 표시한 것
- 불쾌지수 70이면(10%가 불쾌감)
- 75에서는(50%가 불쾌감)
- 80에서는 (모든 사람이 불쾌감)
- 85이면 견딜 수 없는 상태가 됨

2. 네일 살롱의 위생과 안전

(1) 네일리스트의 자세와 역할

네일리스트의 직업적 측면에서 살펴보면 손 · 발톱의 미용, 서비스, 디자인을 하는 사람을 네일 아티스트(Nail Artist), 네일리스트(Naillist), 매니큐어리스트(Manicurist)라고 한다. 네일 시술을 받는 장소는 네일 샵(Nail Shop), 네일 살롱(Nail Salon), 네일 바(Nail Bar) 등 이라고 부른다. 네일리스트는 건강과 아름다움을 추구하는 사람의 심리를 파악하고 그것을 실제화시켜 새로운 것을 창출해내야 한다. 따라서 네일리스트는 균형과 조화의 감각을 지녀야 하며 끊임없이 자기 개발을 하면서 여러가지 디자인 문제에 광범위한 다양성을 적용할 수 있는 경험과 능력을 지니고 있어야 한다.

또한 어느 누구보다도 좋은 기호와 건전한 미학적 판단력이 있어야 하므로, 네일 문화에 대한 예술적 가치의 주류를 인식하고, 그것에 친숙해야 한다. 경우에 따라서는 이런 분야에 자신이 기여할 수 있어야 한다는 것을 뜻한다. 그리고 과학과 기술에 대한 감각, 창작력에 대한 감각, 인간에 대한 감각, 미래에 대한 감각과 미적인 감수성과 재능이 있어야 하며 지적인 능력도 있어야 한다. 네일리스트는 뷰티관련 헤어, 메이크업, 패션 등의 다른 분야의 전문가들과 협력하여 기획하고, 개발하여 토탈 코디네이션에 관심을 기울여야 한다. 또한 제품의 기능, 사용 및 고객들, 제품에 대한 대체 상품, 그리고 수요 요인의 변동에 관한 지식이 필요하다. 문제를 발견하고, 또 그것을 해결하는 것도 네일리스트의 몫이다. 교육 및 산업의 세분화, 전문화, 다양화에 따라 네일리스트 한사람이 모든 것을 해결하기에는 작업이 너무 광범위하다. 그러므로 이제는 한 개인보다는 팀으로 일을 해결해 나가야 한다. 이때 디자이너는 통합자로서의 역할도 해야 한다. 네일리스트는 사회의 한 구성원으로서 임무에 충실하기 위해서, 그 사회의 구성원들이 무엇을 필요로 하는가를 파악하고, 그들을 위해 봉사해야 한다는 가치관을 지녀야 한다. 네일리스트 모두는 다같이 연구하고 개발하여 건강하고 안전하며 풍요로운 세계를 만들도록 노력해야 한다. 따라서 사용자의 필요와 욕구(needs와 wants)를 충족시켜 주는 사회의 새로운 생활양식의 창출자라고 할 수 있다.

그러나 무엇보다도 중요한 네일리스트의 역할은 문제를 해결해 내는 일이다. 때때로 이제까지 파악하지 못했던 문제점들을 발견해내고, 그 문제를 정의하고 해결하고자 시도해야 하며 이것은 창조의 과정이라 할 수 있을 것이다.

(2) 네일리스트의 위생관리

- 난방 및 환기를 철저히 순환시킨다.
- 매일 유니폼을 깨끗이 세탁하여 입는다.
- 항상 손을 청결히 한다.
- 화학 제품 사용 후에는 반드시 손을 씻는다.
- 화학 제품이 눈에 들어가지 않도록 조심한다.
- 니퍼, 푸셔, 콘커터 등 철제기구는 항상 소독한다.
- 화학 제품에 이름을 표기한다.
- 1시간당 10분씩 눈의 피로를 풀어준다.
- 마스크, 고글을 착용한다.

(3) 기구 및 장비의 위생관리

- 가구나 기구들을 소독하여 청결히 관리한다.
- 타월은 깨끗해야 한다.
- 오렌지 우드 스틱, 파일, 샌딩, 면봉, 스파츌라 등 1회용 도구들은 1회만 사용 후 폐기한다.
- 화학 제품은 반드시 이름을 표기한 후 마개를 덮어 보관한다.
- 소독, 멸균된 화학 제품들은 건냉한 곳에 보관한다.
- 작업대 위에 흡입 시설을 설치하도록 한다.

(4) 네일 살롱의 안전관리

- 전기 사고가 나지 않도록 안전 관리 점검을 철저히 한다.
- 소화기를 비치한다.

- 외투나 물품 등을 보관할 수 있는 보관함을 설치한다.
- 콘센트에 많은 전기 기구를 사용하지 않는다.
- 환기를 자주 시켜 공기를 정화시킨다.
- 컬러를 닦아낸 솜은 뚜껑이 있는 용기에 버려야 한다.

3. 네일 살롱의 고객관리

네일 살롱에서의 고객 관리는 고객을 만족 시키는 방법이므로 기후, 환경, 성격, 생활습관, 건강상태, 취미, 좋아하는 색등을 고려하여 고객 관리 차트를 작성하여 회원 관리에 힘써야 하며 잡지, 세미나, 대회, 신제품 등 네일아트에 대한 전문적인 지식을 습득하여야 하고 이벤트 행사, 문자, 이메일 등으로 회원 관리에 노력을 기울여야 한다.

(1) 고객에 대한 자세

- 고객의 예약 시간을 반드시 지켜 청결하고 단정한 용모로 고객을 맞이 한다.
- 항상 친절하고 예의 바르게 고객을 맞이 한다.
- 시술할 내용을 미리 숙지하여 도구와 제품을 미리 준비하여 둔다.
- 고객의 심리 상태를 잘 파악하여 불쾌감을 주지 않도록 주의한다.
- 시술 전에 고객의 건강상태, 알레르기, 원하는 서비스 등을 진단한다.
- 문제점과 조언, 시술 내용 등을 고객 관리 차트에 기록한다.

(2) 고객 만족을 위한 전략

- 네일 서비스로 인한 고객 확보하기
- 고객 관리 차트 기록 유지 하기와 고객 카드 발급하기
- 네일 제품의 재고 조사 및 제품 주문하기
- 이메일, 문자 등으로 예약 접수, 확인하기
- 다양한 이벤트 행사하기
- 직원들 친절 교육과 세미나 등 교육하기

<table>
<tr><td colspan="3">고객 관리 차트</td><td>회원 No.</td><td></td></tr>
<tr><td>성명</td><td></td><td>핸드폰 번호</td><td colspan="2"></td></tr>
<tr><td>생년월일</td><td></td><td>결혼 유 · 무</td><td colspan="2"></td></tr>
<tr><td>이메일</td><td></td><td>좋아하는 컬러</td><td colspan="2"></td></tr>
<tr><td>주소</td><td colspan="4"></td></tr>
<tr><td colspan="5"></td></tr>
<tr><td colspan="5">〈고객 서비스 기록〉</td></tr>
<tr><td>월 / 일</td><td>시술내역</td><td colspan="3">특이사항</td></tr>
<tr><td></td><td></td><td colspan="3" rowspan="6"></td></tr>
<tr><td></td><td></td></tr>
<tr><td></td><td></td></tr>
<tr><td></td><td></td></tr>
<tr><td></td><td></td></tr>
<tr><td></td><td></td></tr>
<tr><td></td><td></td><td colspan="3">구매품</td></tr>
<tr><td></td><td></td><td colspan="3" rowspan="6"></td></tr>
<tr><td></td><td></td></tr>
<tr><td></td><td></td></tr>
<tr><td></td><td></td></tr>
<tr><td></td><td></td></tr>
<tr><td></td><td></td></tr>
</table>

Lesson 2

chapter 01. 네일아트의 재료 및 도구

1. 네일아트의 재료

1) 네일 재료

시술 시 사용되는 소모품을 재료라 하며 소독이 불가능하여 사용한 후에 버리고 다시 구입해야 되는 것들이다.

페이퍼 타월(Paper Towel) 종이 타월로 되어 있으며 손의 물기 제거, 책상 닦기, 양이 많은 글루를 덜어 낼 때, 컬러 용기의 입구를 닦을 때 사용한다.

큐티클 리무버(Cuticle Remover / Cuticle Solvent) 큐티클 오일보다 농도가 짙어 짧은 시간 안에 큐티클을 부드럽게 하는데 도움을 준다. 큐티클이 아주 딱딱한 사람에게 사용하면 좋다. 주성분은 글리세린(Glycerin), 소듐(Sodium), 물, 수산화칼륨이다.

띠너(Thinner) 폴리시가 굳었을 때 3~4방울의 띠너를 넣으면 폴리시를 묽게 만들 수 있다.

프라이머(Primer) 자연 손톱에 발라주는 것으로 단백질을 파괴 시켜 접착력을 강화하는 것이다.

네일 화이트너(Nail Whitner) 손톱의 프리엣지 부분을 희게 보이도록 하는 것이며 형태는 크림, 페이스트(치약형태), 연필 형태 등으로 되어 있고 주성분은 산화연, 디옥사이드, 티타늄이다.

향균 비누(Antiseptic) 손 · 발을 깨끗이 씻거나 곰팡이, 무좀 등을 방지한다. 성분은 세척제, 박테리아 살균제로 젤, 액체, 구슬형태의 모양이 있으며 미온수에 풀어서 사용한다.

폼(Form) 스컬프처 네일 시술 시 손톱 모양을 잡아 주는 틀이다.

네일 블리치(Nail Bleach) 20볼륨 과산화수소 또는 구연산을 함유하고 있어 누렇게 변색된 자연 네일에 효과적이다. 피부에 닿지 않게 네일 표면에만 바른다.

솜(Cotten) 컬러를 지우거나, 인조 손톱을 제거 할 때 사용한다.

안티셉틱(Anticeptic) 안티셉틱은 손과 손톱을 소독하는 청결제이다. 액상 타입과 젤 타입이 있다.

로션(Lotion) 손, 발 마사지를 할 때 사용하는 크림으로 피부에 유분을 제공한다.

지혈제(Styptic Liquid & Powder) 매니큐어 시술시 출혈을 멈추게 하는 액체로 된 지혈제이다. 지혈제는 액상과 분말가루 형태로 되어 있고 아드레날린, 젤라틴, 칼슘, 식염수 등의 수렴성 약제이다.

컬러 리무버(Color Remover) 아세톤(pure acetone)과 비아세톤(non acetone)이 있다. 컬러를 제거, 인조팁을 제거하는 데 쓰인다.

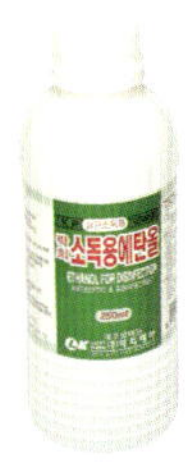

알코올(Alcohol) 70%농도의 알코올을 사용하며 손과 네일을 청결하게 해 줄 뿐만 아니라 테이블, 기구, 도구 등을 소독할 때 사용한다.

광파일(4Way / 3Way / 2Way Buffer) 거칠기가 다른 면으로 구성되어 있으며 네일 표면의 광택을 내는데 사용한다.

샤미스 버퍼(Smooth Buffer) 염소나 양의 부드러운 가죽으로 만든 광택을 내는 버퍼이다. 버핑 크림과 함께 사용한다.

샌딩 블럭(Sanding Block) 샌딩 버퍼라고도 하며 네일 표면을 매끄럽게 정리할 때 사용한다.

파일(File / Emery Board 에머리보드) 손톱의 모양을 잡아주거나 인조 네일 시술시 사용하며 소독이나 살균처리가 불가능하다. 파일의 거칠기의 정도는 그릿(grit)번호로 구분하며 번호가 높을 수록 부드러운 파일이다.

디스크 패드(Disc Pad / Round Pad) 파일링을 하고 난 뒤 먼지나 네일 밑에 생기는 거스러미를 제거할 때 사용한다.

글루(Glue) 인조 네일을 자연 네일에 접착시키거나 랩을 붙일 때 사용하는 액체 네일 전용 접착제이다.

젤 글루(Gel Glue) 글루보다 접착력이 뛰어나 랩이나 팁을 오래 유지시켜주며 주로 글루를 도포한 후 덧바른다.

글루 드라이어(Activator / Glue Dryer) 글루나 젤을 빨리 건조시켜 주는 촉매제 역할을 한다. 너무 가까이 뿌리면 뜨거워지므로 10~15cm 간격을 두고 뿌린다.

필러 파우더(Filler Powder) 랩이나 네일 팁을 튼튼하게 해주거나 네일 표면을 메울 때 또는 실크 익스텐션 시술시 사용한다.

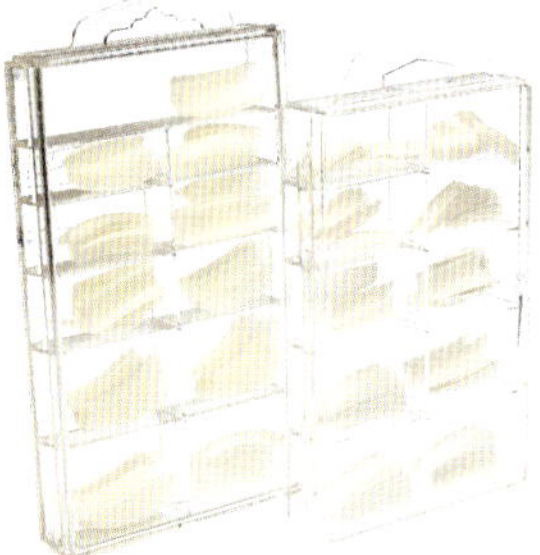

네일 팁(Nail Tip) 플라스틱, 아세테이트, 나일론 등의 소재로 된 인조 네일로 짧은 자연 네일 위에 접착하여 손톱의 길이를 늘릴 때 사용한다.

랩(Wrap) 자연 네일이 갈라지거나 찢어진 손톱을 보수할 때 사용하며 네일 팁을 붙인 후 쉽게 부러지는 것을 방지하기 위해 랩을 접착한다. 랩의 종류로는 실크, 린넨, 화이버 글래스, 페이퍼 랩이 있다.

큐티클 오일(Cuticle Oil) 큐티클 주위에 발라 큐티클이 갈라지는 것을 방지하고 큐티클과 네일에 유분과 수분을 공급해 주며 큐티클을 부드럽게 해준다. 성분은 비타민E, 조조바, 식물성 유지, 광물성 식물, 식물성 유지 기름이다.

손톱 보강제(Nail Strengthener / Hardner) 손톱이 찢어지거나 갈라지는 것을 방지하는 영양제이며 베이스 코트를 바르기 전에 사용한다. 푸로틴하드너(ProteinHardner), 포름알데히드 보강제(Formaldehyde Strengthener), 나일론 섬유(Nylon fiber)가 있다.

베이스 코트(Base Coat) 컬러 바르기 전에 손톱 표면에 발라주는 것으로 색상은 투명하다. 손톱 표면이 누렇게 착색되는 것을 방지하기 위해서 바르는 것뿐만 아니라 송진 성분이 들어 있어 컬러의 밀착력을 높인다. 성분은 송진, 레진, 니트로셀루로이드, 에틸 아세테이트, 부틸 아세테이트, 용해제, 이소푸로필 알코올, 포름 알데히드 등이다.

네일 컬러(Nail Color) 에나멜(enamel) 폴리시(polish), 락커(lacqeur)라고도 하며 다양한 색상이 있다. 니트로셀룰로오즈(Nitrocellulose)를 휘발성 용해액으로 용해 시킨것으로 휘발성이 강하다.

탑 코트(Top Coat) 또는 씰러(Sealer) 컬러 위에 바르는 것으로 광택을 주며 송진 성분이 있어 컬러가 쉽게 벗겨지는 것을 방지한다. 성분은 송진, 레진, 니트로셀루로이드, 용해제 알코올, 폴리에스터 등이다.

패디 스톤(Pedi Stone) 발바닥의 굳은 살 제거 후 피부를 부드럽게 만들어 주는 거친 파일이다.

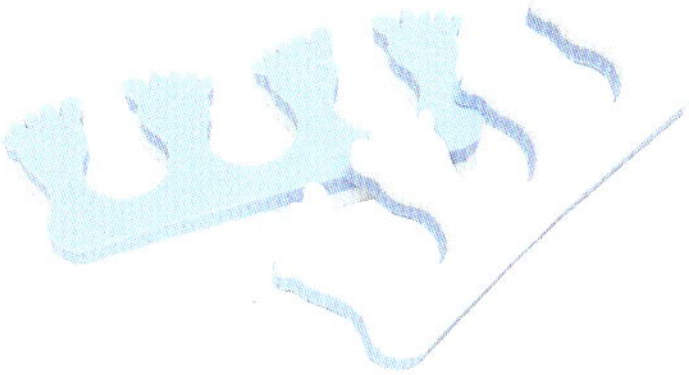

토우세퍼레이터(Toe Separators) 컬러를 바르기 전에 발가락에 끼워 피부에 컬러가 묻는 것을 방지하기 위해 사용하는 재료이다.

패디 파일(Pedi File) 발바닥의 굳은 살 제거 후 피부를 부드럽게 만들어 주는 부드러운 파일이다.

스파츌라(Spatula)
왁스를 덜어서 바르는데 사용하는 나무로 된 막대이다. 사용한 막대는 폐기처분한다.

무슬린 천(Muslin) 평직의 부드러운 면직물로 왁스를 떼어 낼 때 사용하는 광목천이다.

2) 네일 도구

매니큐어 시술을 하는 동안에 사용되는 것으로서 반드시 소독 처리를 해야 하는 것을 도구라 하며 지속적인 사용이 가능하다.

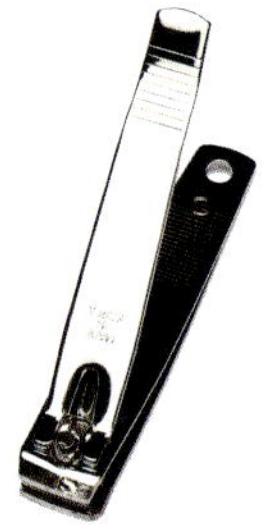

네일 클리퍼 (Nail Clipper) 네일의 길이를 자르는데 사용하며 일자형과 둥근형이 있다.

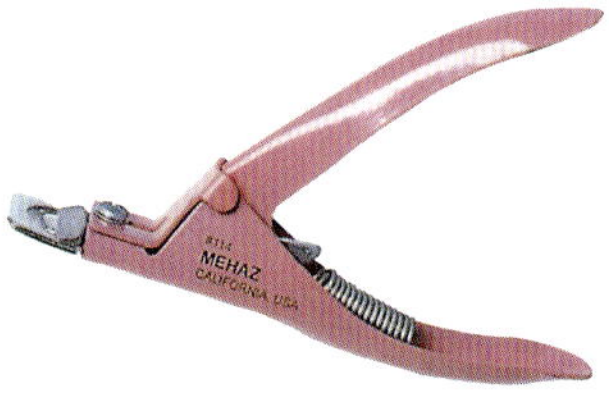

팁 커터 (Tip Cutter) 인조 네일을 자르는데 사용하며 자연 네일을 자를 때는 사용하지 않는다.

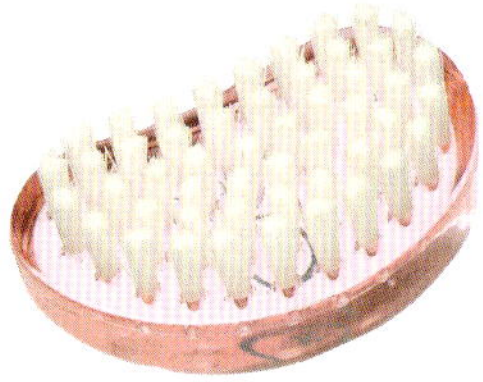

네일 브러시 (Nail Brush) 손톱을 파일링 후 위에서 아래로 먼지를 제거해 주는 브러시를 말한다.

랩 가위 (Warp Scissors / Silk Scissors) 천으로 만들어진 랩을 손톱 모양에 맞게 잘라 줄 때 사용하는 작은 가위로 실크, 린넨, 화이버 글래스등 랩을 자를 때 사용한다.

디스펜서 (Dispenser) 리무버를 필요한 만큼 덜어서 사용할 수 있는 편리한 펌프식 용기이다.

디펜디시 (Depend Dish) 아크릴릭 네일을 시술할 때 리퀴드를 소량씩 덜어 사용하는 유리용기이다.

메탈 푸셔(Metal Pusher) 큐티클을 밀어 올려줄 때 사용하며 각도는 45˚로 한다. 네일 주변 굳은 살이나 각질층을 밀어 올리는데 사용하며 세게 밀면 표면이 벗겨지거나 매트릭스가 상할 수 있으므로 주의한다.

스톤 푸셔(Stone Pusher) 메탈 푸셔 사용 후 네일 표면과 거스러미를 좀 더 깨끗하게 제거하고자 하는데 효과적이다.

메탈 파일(Metal File) 철제로 된 파일로 네일의 프리엣지를 매끄럽게 해주는데 사용되며 재사용이 가능하나 반드시 소독해야 한다.

오렌지 우드 스틱(Orange Wood Stick) 큐티클을 밀어 올리거나 네일 주위에 묻은 컬러를 제거할 때 등 다양하게 사용한다.

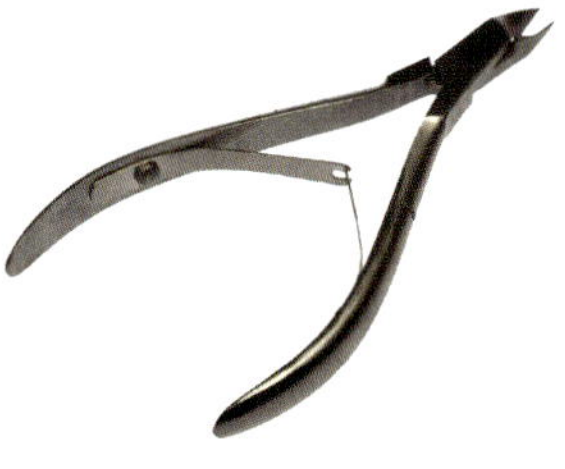

니퍼(Nipper) 손톱 주위의 거스러미나 큐티클을 잘라낼 때 사용한다. 스테인레스와 니켈, 코발트 등의 금속 도금 제품이 있으며 날의 길이 크기로는 1/2죠와 1/4죠(Jaw)가 있다.

콘 커터(Corn Cutter) 발바닥의 굳은 살을 제거할 때 사용하는 도구로 칼날이 있으므로 출혈을 조심해야 한다.

3) 네일 기구

한 번 구입을 하면 소모되지 않고 반영구적으로 오랜 기간 동안 사용 가능한 것을 기구라 한다.

솜 용기(Cotton Can) 청결한 솜을 보관하는 용기로서 반드시 뚜껑이 있어야 한다.

각탕기(Foot Bathtub) 패디큐어나 발 마사지 할 때의 피로를 풀어 주며 피부를 부드럽게 해주어 혈행을 좋게 해준다.

네일 테크니션 의자 네일 테크니션 의자는 안락한 것이 좋으며 가능하면 바퀴가 달린 것이 시술하기에 편리하며 천 보다는 레자로 된 것이 컬러가 묻었을 때 컬러 제거에 좋다.

고객 의자 네일 테크니션 의자와 같은 것이 좋으며 팔걸이가 있는 안락한 의자가 고객에게 편안함을 준다.

고객 쿠션(Cushion) 네일아트 시술 시 손목, 팔의 안락함, 등받이 등으로 사용된다.

재료 받침대(Supply Tray) 네일 시술 시 필요한 재료를 얹어 놓는 받침대

램프(Lamp) 눈을 보호하기 위해선 각도 조절이 가능한 램프가 있어야 하며 40와트 이상이어야 좋다. 백열전구보다 형광등이 시술하기 편리하다.

네일 테이블 재료를 보관할 수 있는 견고하고 청결한 서랍이 부착되어 있으며 화학제품에 손상되지 않고 쉽게 청소 가능한 호마이카 재질이 좋으며 고객과 네일 테크니션 사이의 간격이 너무 멀지 않은 테이블이 좋다.

컬러 드라이어(Color Dryer) 컬러를 빨리 건조 시키는 전기 기구이다.

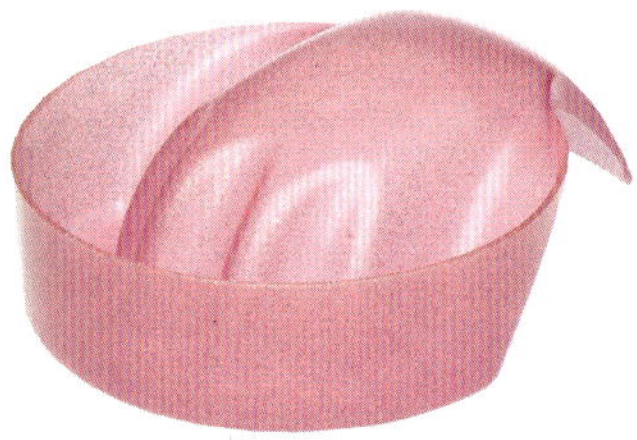

핑거볼(Finger Bowl) 습식 매니큐어 시술 시 고객의 자연 네일을 물에 담글 때 사용하며 보통 플라스틱, 유리, 도자기 등의 재질로 되어 있다.

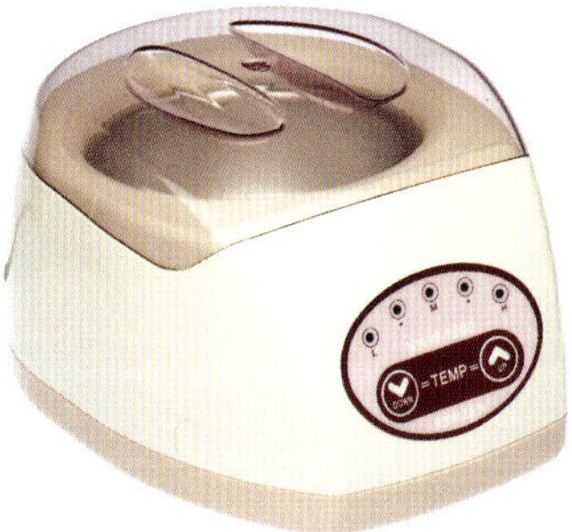

왁싱 워머(Waxing Warmer) 왁스를 예열시켜 데우는 전기 기계이다.

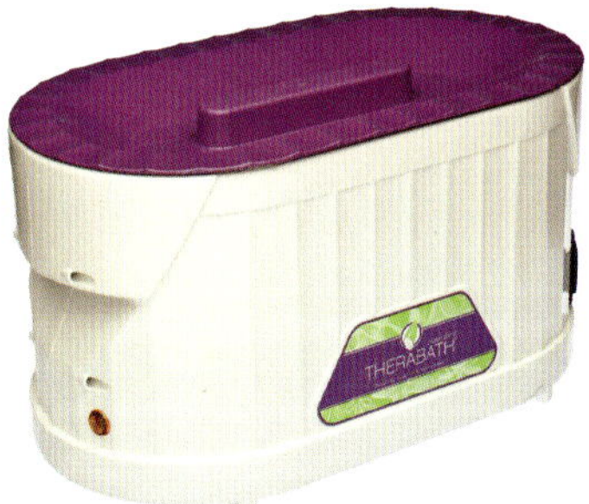

파라핀 워머(Paraffin Warmer) 파라핀 왁스를 녹여주는 전기 기계로 온도가 52~55° 가 유지되도록 온도 조절이 가능하고 왁스가 녹는 시간은 4시간이 소요된다.

습식 소독기(Wet Sanitizer) 네일 도구의 소독이나 살균을 위해 소독액을 담가두는 용기로 반드시 뚜껑이 있어야 한다. 액체가 오염되었을 시 즉시 교체해야 하며, 투명한 용기를 사용하여야 한다

패디 스파 기계(Pedi Spa Machine) 발 관리 시술 시 편안한 시술을 위해 설계된 의자로 등받이는 진동을 주어 피로를 풀어주고 스파에서는 바이브레이션 기능이 있다.

온장고(Heating Cabinet) 손을 닦거나 핫 타월을 만들기 위한 수건 저장고이다.

기구 소독기(Machine Sterilizer) 니퍼, 푸셔, 콘커터를 소독할 수 있는 전기 소독기이다.

chapter 02. 네일관리의 기본테크닉

1. 네일 관리의 기본 테크닉

1) 손톱의 형태

고객의 직업, 환경, 취향, 손 모양, 손 상태, 손가락 길이와 두께 등을 고려하여 고객이 원하는 손톱 모양으로 시술하여야 하며 손톱 모양에는 스퀘어, 라운드 스퀘어, 라운드, 오벌, 포인트 셰이프 모양 등 5가지의 종류가 있다.

(1) 스퀘어 셰이프(Square Shape)

파일 각도를 90°로 양쪽 모서리를 굴리지 않고 각을 그대로 살린 형태이다. 활동적인 직업을 가졌거나 손톱 끝을 많이 사용하는 고객들에게 적당하다. 다른 모양의 네일 보다 잘 부러지지 않으므로 약한 손톱에도 적절하다. 튼튼하긴 하지만 굵은 손가락엔 손가락이 짧아 보일 우려가 있어 어울리지 않는다. 타이핑리스트, 비서직, 컴퓨터 종사자에게 유리하다.

(2) 세미 스퀘어 셰이프(Semi Square Shape / Round Square Shape)

스퀘어 셰이프에서 양쪽 모서리를 약간 둥글게 다듬는 형태이다. 가장 이상적인 손톱 모양으로 스퀘어 셰이프의 장점과 라운드 셰이프의 장점을 모은 형태이며, 요즘 신세대들 사이에서 유행하는 세련된 손톱 모양이다.

(3) 라운드 셰이프(Round Shape)

가장 자연스런 형태로서 파일 각도를 45°로 모서리에서 중앙 쪽으로 둥글게 파일링 하는 형태로 약하고 부드러운 손톱에 적절하며 남녀노소 누구나 즐겨 하는 모양이다.

(4) 오벌 셰이프(Over Shape)

손톱 길이를 길게 해서 파일 각도를 15˚ 양 모서리를 더 많이 둥글게 처리하는 형태로 손가락 자체가 가늘고 멋지게 보이긴 하지만 약하고 파손되기 쉬운 단점이 있다. 손톱 옆면에서 쉽게 찢어질 염려가 있으나 여성에게 가장 아름답고 매력적인 손톱 모양이며 손이 많이 노출되는 직업의 여성들에게 좋다. 즉 교사, 연예인, 상담직, 영업 사원 등에게 좋다.

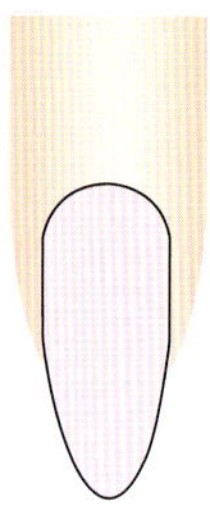

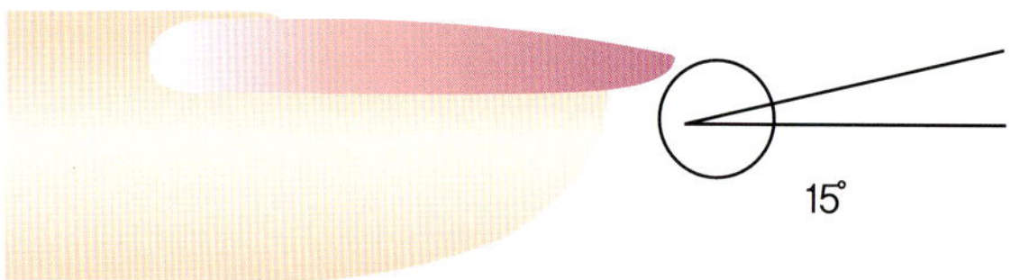

(5) 포인트 셰이프(Point Shape / Almond Shape)

파일 각도를 10˚ 정도 뉘여서 양쪽 모서리를 갈아 뾰족하게 만드는 형태이다. 감각적이고 강한 분위기로 손가락을 길고 가늘게 보이긴 하지만 부러지기 쉬운 단점이 있다. 개성이 강한 여성, 특정 직업의 여성 연출의 경우 사용된다.

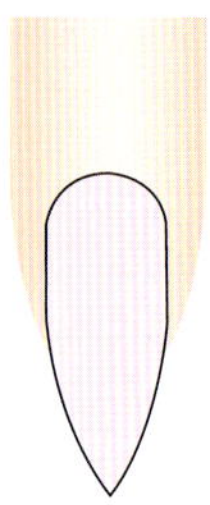

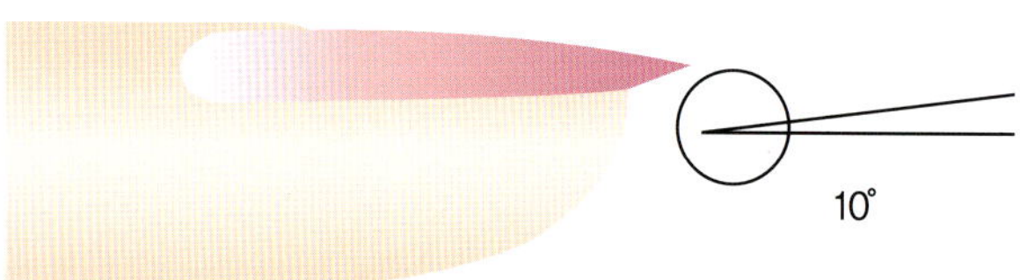

2. 파일 사용법

네일 작업에 있어서 가장 기본적인 것이 파일링이며 손톱의 모양과 길이조절, 손톱 표면을 다듬는데 사용하는 납작한 모양의 도구로 손톱 모양을 만들어 주고 매끄럽게 다듬어 준다. 파일의 한쪽 면에 엄지와 소지를 받치고 다른 면에 나머지 세 손가락을 얹어서 잡되, 파일 전체 길이의 1/3 정도 끝 쪽으로 잡고 한 방향으로만 사용해야 하며 좌우로 이동을 하면서 파일을 하거나 네일 클리퍼(손톱깎이)로 길이를 자르면 손톱에 손상이 생기게 된다. 파일은 손톱 모양을 만들어 주는일 외에도 인조 네일 시술 시 손톱 표면을 다듬는데도 사용한다.

1) 파일의 종류

파일(File), 에머리보드(Emery board), 아브라 시브(Abra-sive), 메시(Mesh)라고도 부르며 색상, 모양, 그릿(Grit)에 따라 분류하며 디자인 파일, 우드 파일, 바나나 파일, 블랙 파일, 지브라 파일, 쿠션 파일 등 일회용으로 사용하며 최근에는 물 등에 소독해서 다시 사용하는 철제 파일로 된 반영구적인 파일도 나오고 있다.

■ 파일의 종류

❶ 240그릿 샌딩파일 ❷ 180그릿 파일 ❸ 150그릿 파일 ❹ 100그릿 파일 ❺ 디자인 파일 ❻ 우드 파일 ❼ 철제 파일1, 2 ❽ 사각 패드 파일

■ 샌딩파일과 광파일

[샌딩파일]

[광파일]

60 그릿 파일: 표면이 가장 거칠다.

80 그릿 파일: 강하게 거칠다.

100 그릿 파일: 거칠며 손톱 모양을 만드는데 사용한다.

180 그릿 파일: 부드러우며 손톱 표면, 손톱 모양, 큐티클 주변정리 시 사용한다.

320 그릿 파일: 부드러우며 표면 정리(흠집)를 할 때 사용한다.

400 그릿 파일: 표면이 매우 부드럽다

4000 그릿 파일: 부드럽고 광택이 난다.

12000 그릿 파일: 매우 반짝이며 광택이 난다

2) 파일링 하는 방법

자연 손 · 발톱 모양을 잡아줄 때는 약간 부드러운 240그릿을 사용하거나 우드 파일을 사용한다. 인조 손톱은 100그릿, 180그릿, 150그릿을 순서대로 사용하고 화이트 샌딩을 사용하여 가로 세로 방향으로 매끄럽게 표면 정리를 해주고 4-Way 파일을 사용하여 광택을 내준다.

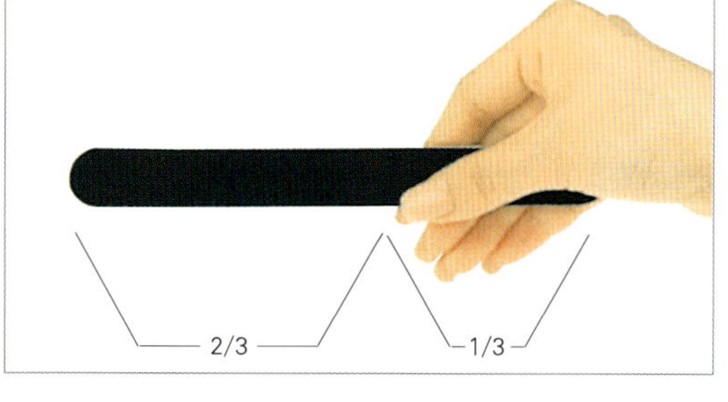

3) 파일링 하는 과정

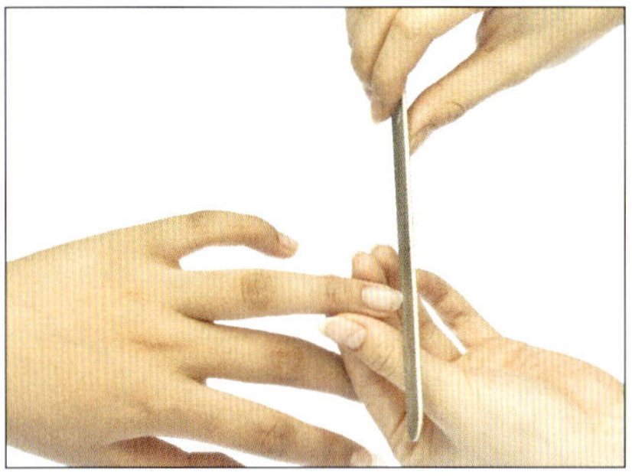

01 손톱 모양내기

우드 파일을 사용하여 손톱 길이를 파일링 한다. 파일은 가볍게 파일 3/1지점을 쥐고 한 방향으로 파일링 해야 한다.

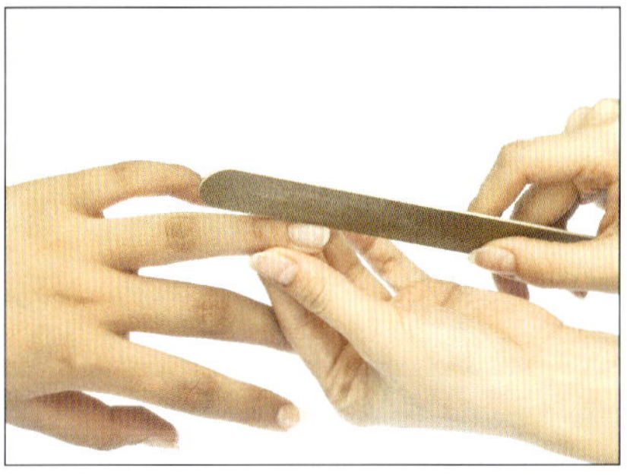

02 사이드 모양내기

직선으로 파일링하여 손톱 옆면도 정리해준다.

03 표면 정리하기

손톱에 울퉁불퉁한 표면을 정리하여 준다.

04 샌딩하기

우드 파일보다 더 부드러운 샌딩을 사용하여 손톱 전체를 매끄럽게 가로 세로 방향으로 표면을 정리한다.

3. 컬러링

컬러링이란, 네일 관리 후 손톱 위에 색상을 입혀 주는 과정으로 손톱에 광택이 있는 피막을 형성하여 손톱을 보호하고 색채를 부여하여 손톱을 아름답게 가꾸어주는 역할을 한다. 컬러링의 명칭은 네일 에나멜, 컬러, 네일 락카, 네일 폴리시라고 부른다. 좋은 컬러는 붓으로 칠하기 적당해야 하며 손톱에 얇고 균일한 피막을 형성 할 수 있어야 하고 색소가 균일하게 용해, 분사되어 얼룩이 지지 않아야 한다.

건조 속도가 3~5분 이내로 빨리 건조되어야 하고 일상 생활에서는 쉽게 벗겨지지 않아야 하며 제거할 때는 쉽게 지워져야 한다.

1) 컬러 바르는 방법

양 손바닥 사이에 컬러를 넣고 손바닥을 서로 비벼 잘 섞어 준다. 네일 컬러를 용기 입구에서 양을 조절한다. 바르고자 하는 손톱 사이즈에 맞는 양을 묻혀서 한쪽면을 덜어낸다. 손톱과 브러시의 각도는 45°가 가장 적당하다. 브러시에 컬러를 적절히 도포하여 한쪽 면을 깨끗이 쓸어 양을 조절해준다. 베이스 코트를 전체 얇게 바른 후 컬러를 2회에 걸쳐 발라 주고 그 위에 탑 코트를 발라 마무리 한다. 큐티클에 묻지 않도록 주의 하면서 최대한 큐티클 가까이 바르도록 한다. 손톱 주위의 피부나 큐티클에 묻었을 경우에는 오렌지 우드 스틱 끝에 솜을 얇게 감아 리무버를 묻힌 후 닦아낸다. 가능한 한 컬러를 얇게 바르는 것이 빨리 건조되고 색상이 오래 유지된다. 컬러를 건조시키는 방법에는 컬러 드라이어, 스프레이, 건조 액체(퀵커)가 사용되고 있다.

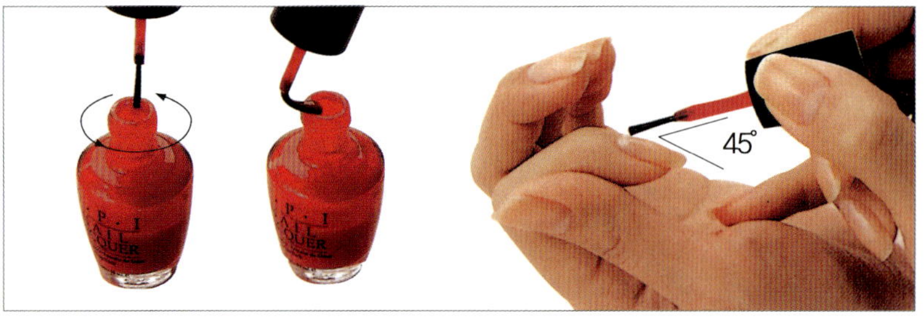

2) 컬러 전체 코트 바르는 순서

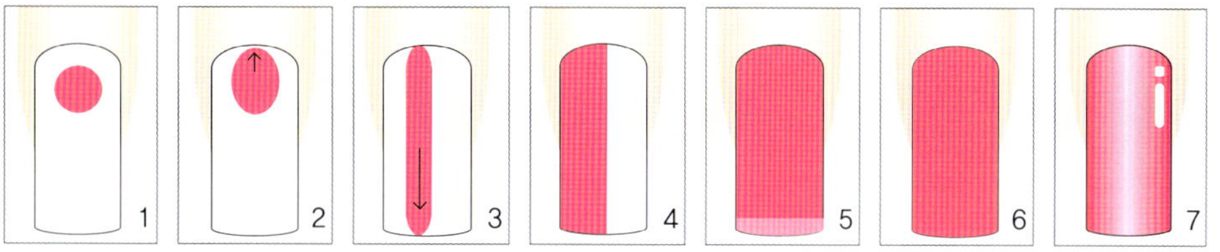

01 베이스 코트를 얇게 전체에 한번만 도포한다. 컬러를 큐티클 라인 아래 정중앙에 떨어뜨린다.
02 큐티클 라인으로 위로 밀어 올린다.
03 큐티클 라인에서 그대로 아래로 내려서 도포한다.
04 왼쪽 사이드를 완벽히 채워준다.
05 오른쪽 사이드는 반대편도 완벽히 채워준다.
06 프리엣지 밑 부분을 발라준다.
07 붓을 세워 얇게 다시 전체 도포한다. 탑 코트를 한번 도포해 광택이 나게 한다.

3) 컬러 전체코트 C자로 바르는 순서

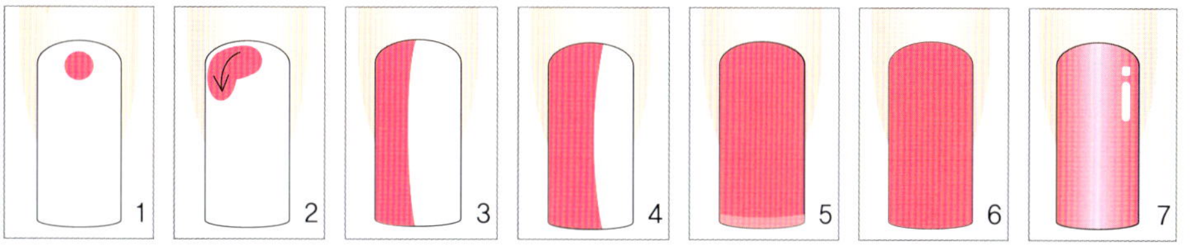

01 베이스 코트를 얇게 전체에 한번만 도포한다. 컬러를 큐티클 라인 아래 정중앙에 떨어뜨린 후 위로 밀어 올린다.
02 큐티클 라인에서 그대로 아래로 내려서 C자로 도포한다.
03 오른쪽 사이드를 완벽히 채워준다.
04 가운데도 C자로 채워준다.
05 왼쪽 사이드는 반대편도 완벽히 채워준다.
06 프리엣지 밑 부분을 발라준다.
07 붓을 세워 얇게 다시 전체 도포한다. 탑 코트를 한번 도포해 광택이 나게 한다.

4) 컬러링의 명칭

컬러는 바르는 방법에 따라 기본 5가지로 구분되어지며 70년대초는 손이 가늘어 보이도록 손톱 가운데만 칠해 주는 슬림 라인이 유행하였으나 현재는 전체 바르는 풀 코트나 손톱 끝에 바르는 프렌치 컬러링이 유행 하고 있다.

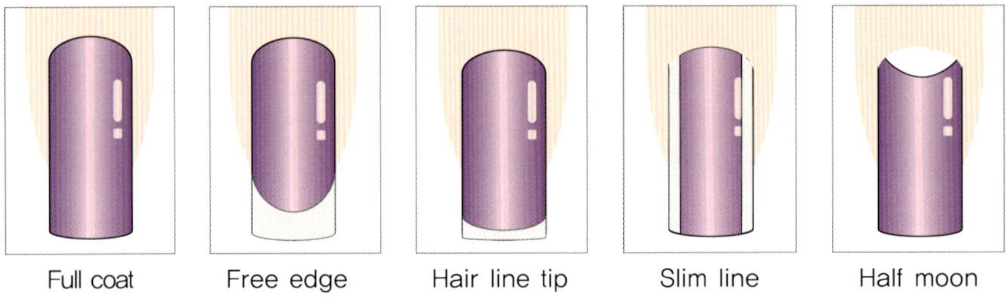

01 풀 코트(Full Coat) 손톱 전체를 꽉 채워 바르는 방법이다.

02 프리엣지(Free Edge) 색상의 벗겨짐을 방지하기 위해 프리엣지(손톱끝) 부분에 컬러를 바르지 않는 방법이다.

03 헤어 라인 팁(Hair Line Tip) 프리엣지와 같은 이유로 일단 풀 코트 한 뒤 1.5mm 닦아 주어 파손을 사전에 방지하는 방법이다.

04 슬림 라인 & 프리월(Slim Line / Free Wall) 손톱이 길고 가늘게 보이도록 하는 방법으로 손톱의 양쪽 옆면을 1.5mm 정도 남기고 바르는 방법이다.

05 하프 문 & 루눌라(Half Moon / Lunula) 손톱의 반달(루눌라) 부분을 남겨 놓고 바르는 방법이다.

5) 프렌치 바르는 4가지 모양

01 일자형(Straight) 손톱 모양이 스퀘어형 모양이며 손톱길이의 1/3되는 끝 부분을 컬러로 일자가 되게 발라준다.

02 반달형(Happy Face / Smileline) 손톱 모양이 라운드, 스퀘어, 오벌형 모양에 잘 어울린다. 손톱이 짧은 사람에게 시술하면 더 짧아 보이는 단점이 있다.

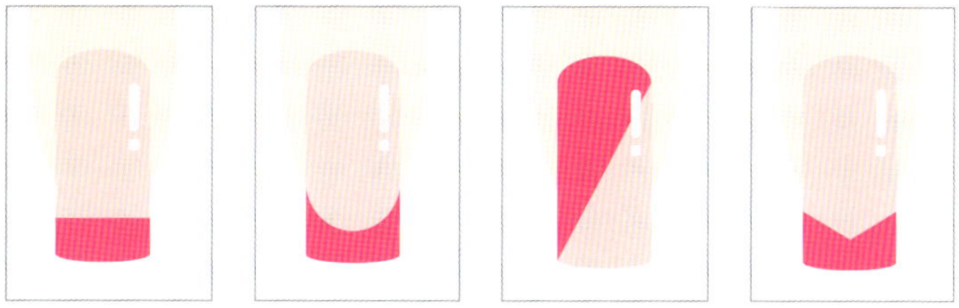

Straight Happy face Triahgle V type

03 **사선형(Triahgle / Slant Type)** 모든 형태의 손톱에 잘 어울리며 풀 코트 후 반쪽만 사선형태로 바르는 방법이다.

04 **V자형(V Type)** 스퀘어, 라운드형에 잘 어울리며 손톱 양옆에서 가운데를 향해 사선으로 바르는 방법이다.

6) 컬러 프렌치 코트 바르는 순서

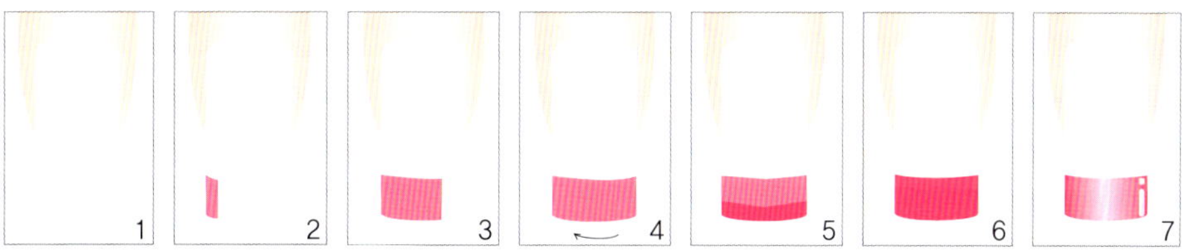

01 베이스 코트를 얇게 전체에 한번만 도포한다.

02 프리엣지 라인 왼쪽 옆에 컬러를 떨어뜨린다.

03 프리엣지 부분 중앙으로 3/2지점까지 선을 긋는다.

04 프리엣지 오른쪽 부분에서 왼쪽으로 살짝 그려준다.

05 붓을 세워 얇게 다시 프리엣지 끝 부분을 도포 한다.

06 프렌치 라인을 한번 더 그려준다.

07 탑 코트를 한번 도포해 광택이 나게 한다.

Lesson 3

chapter 01. 매니큐어 Manicure

매니큐어란, 손 · 발톱을 지칭하는 말로 손끝, 발끝을 덮고 있는 사각 모양에 네일 케어, 마사지, 인조 네일, 일러스트, 컬러 바르기를 모두 포함한 아름다운 손 · 발 관리를 의미한다. 매니큐어의 종류에는 레귤러 매니큐어인 습식 매니큐어, 건식 매니큐어, 프렌치 매니큐어, 건성피부를 위한 파라핀 매니큐어, 핫 크림 매니큐어 등으로 나눌 수 있다.

1. 습식 매니큐어 Water Manicure

습식 매니큐어는 손을 물에 불린 후 관리하는 방법으로 가장 기본적이며 보편화된 방법이다.

• **재료 및 도구**

알콜, 핸드 크림, 솜, 파일, 샌딩, 광파일, 오렌지 우드 스틱, 소독제, 리무버, 더스트 브러시, 타월, 소독 용기, 니퍼, 푸셔, 탑 코트, 베이스 코트, 지혈제, 오일, 네일 보강제, 유색 컬러, 손목 받침대, 사각 패드, 클리퍼, 핑거볼

(1) 사전 준비사항

• 테이블을 70%의 알콜로 닦아낸다.

• 재료정리 및 기구를 소독한다.

• 타월과 페이퍼 타월 준비

• 모델의 피부, 손톱의 이상 유무를 확인한다.

• 핑거볼에 항균 비누를 푼 미지근한 물을 담아둔다.

(2) 시술과정

■ 소독방법

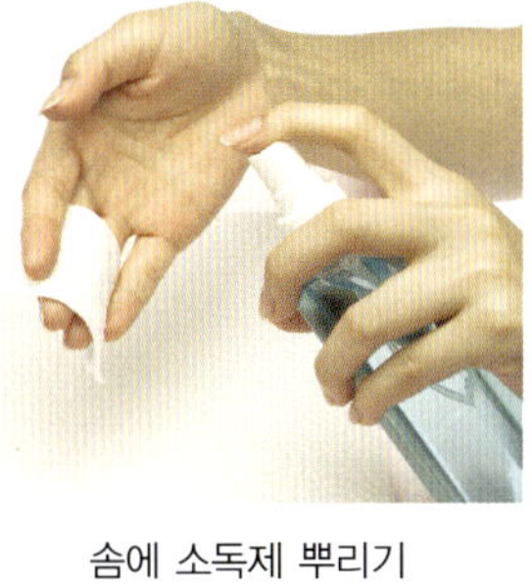

솜에 소독제 뿌리기

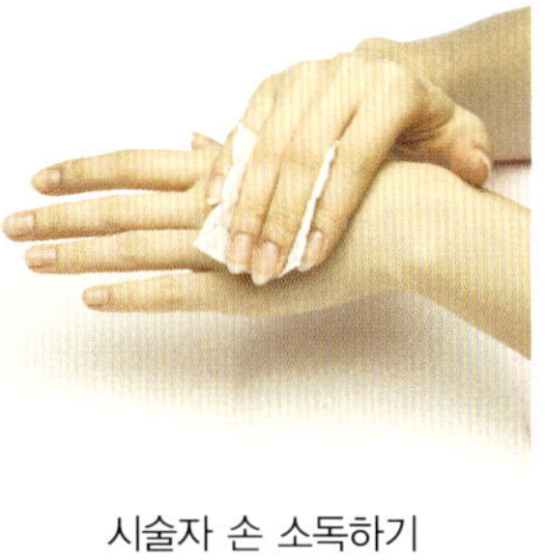

시술자 손 소독하기

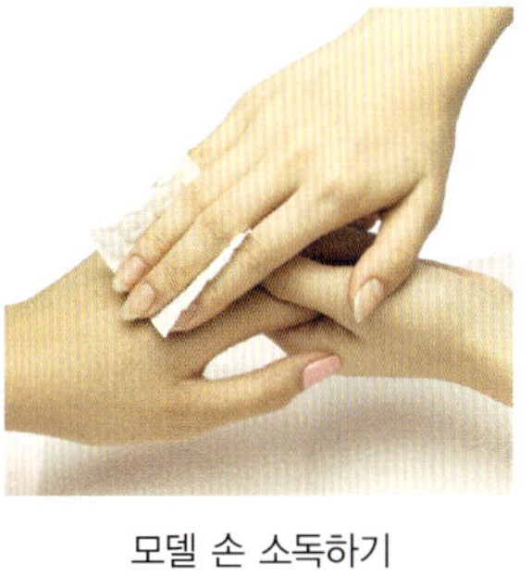

모델 손 소독하기

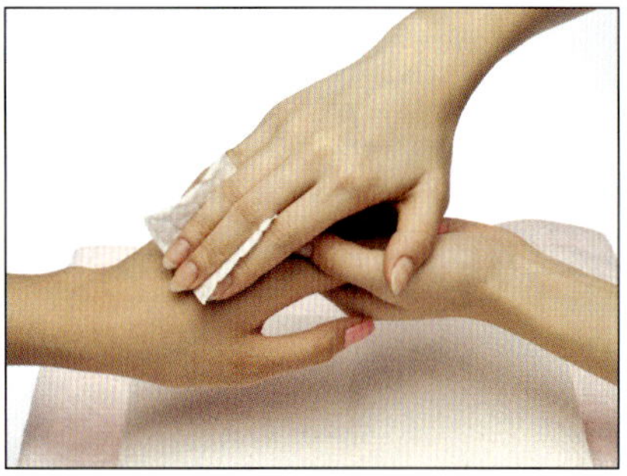

01 손 소독

안티셉틱을 이용하여 시술자와 고객 손을 소독한다.

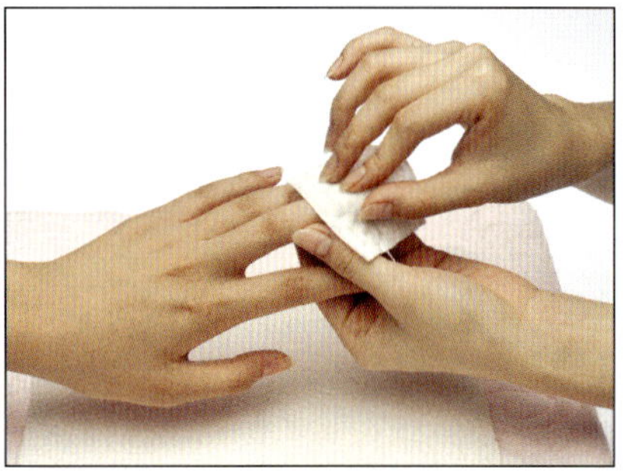

02 컬러 제거하기

컬러가 있을 경우 솜과 리무버를 이용하여 컬러를 제거한다.

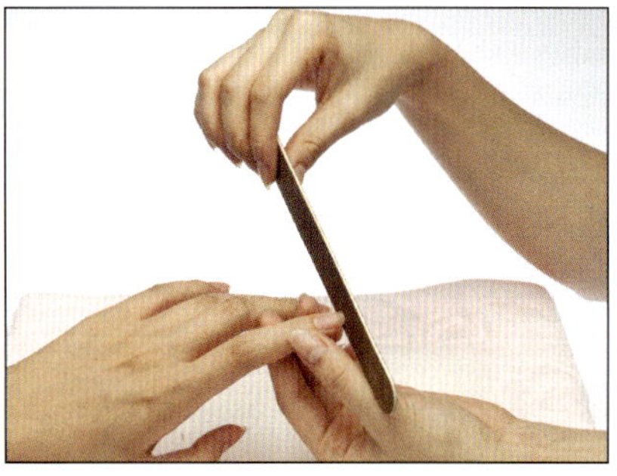

03 손톱 길이 조절하기

파일을 45도 각도로 하여 0.5~1mm정도의 손톱 길이로 파일링 한다.

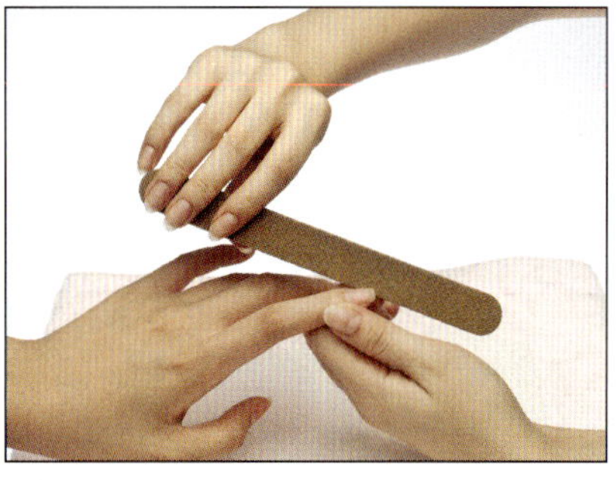

04 손톱 모양내기

모서리에서 중앙으로 파일링하여 둥글게 파일링한다.

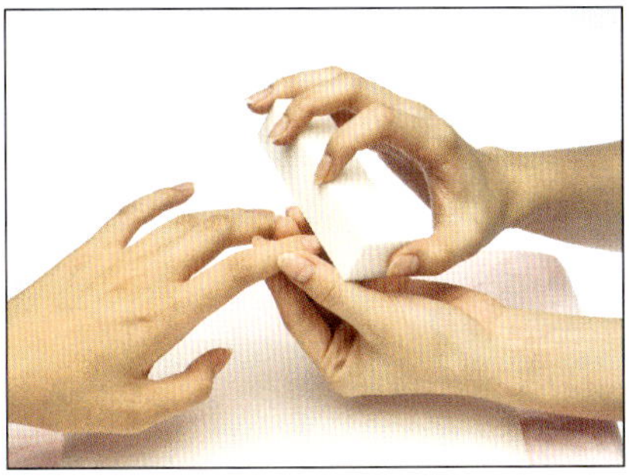

05 표면 샌딩하기

손톱 표면을 버핑하여 매끄럽게 해준다.

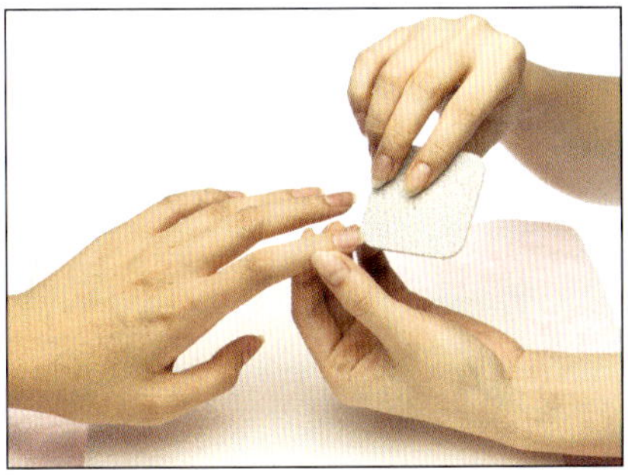

06 거스러미 제거하기

사각 패드와 더스트 브러시를 이용하여 피부와 손톱 안과 위의 먼지, 이물질 등을 깨끗이 털어내준다.

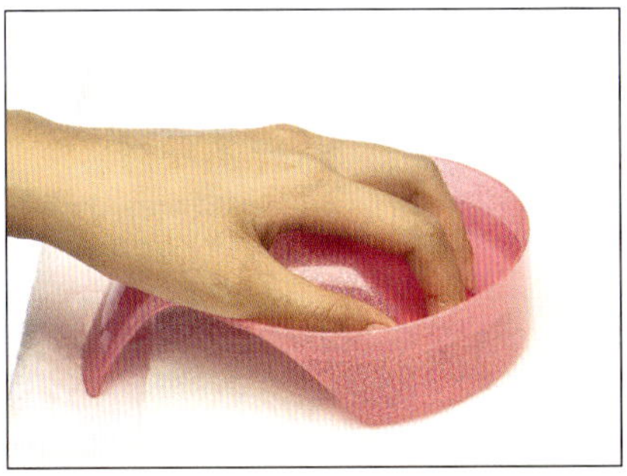

07 핑거볼에 손 불리기

미지근한 물에 향균 비누를 풀어 손을 5~15분 정도 담그고 불린다.

08 물기 제거하기

핑거볼에서 손을 꺼낸 후 페이퍼 타월을 이용하여 물기를 제거 한다.

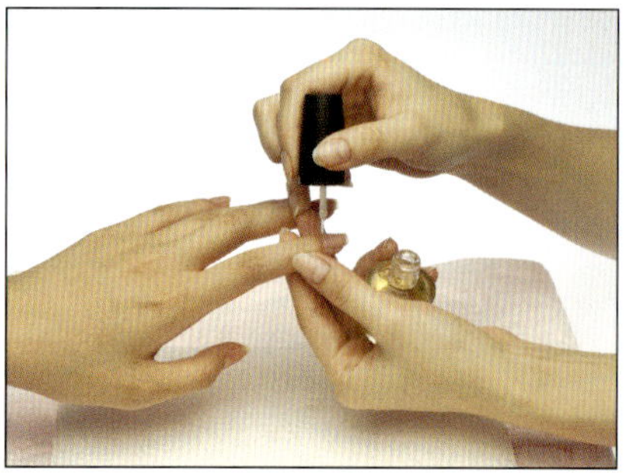

09 오일 바르기

큐티클을 유연하게 하기 위하여 큐티클 오일을 바른다.

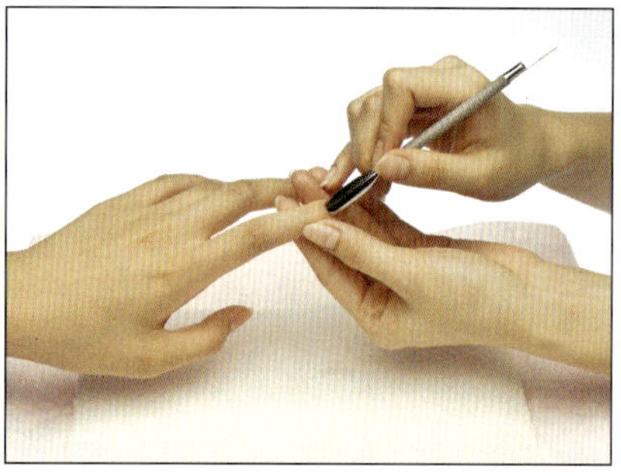

10 큐티클 밀기

푸셔를 45도 각도로 사용하여 조심스럽게 큐티클을 밀어 올린다. 너무 세게 밀면 손톱 표면이 긁혀서 손상을 입을 수도 있으니 주의 한다.

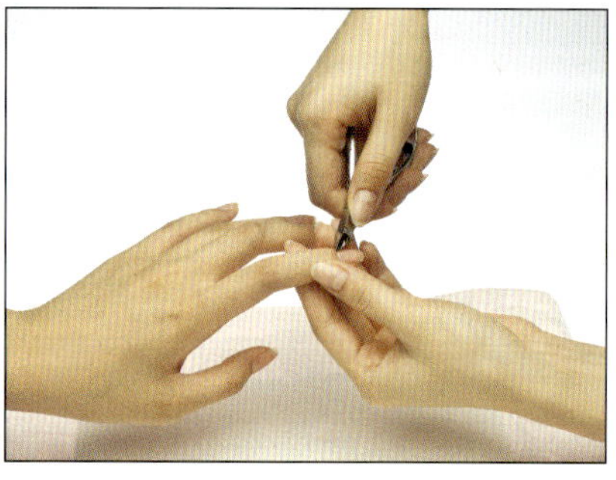

11 큐티클 정리하기

니퍼로 지저분한 큐티클을 제거해 준다.

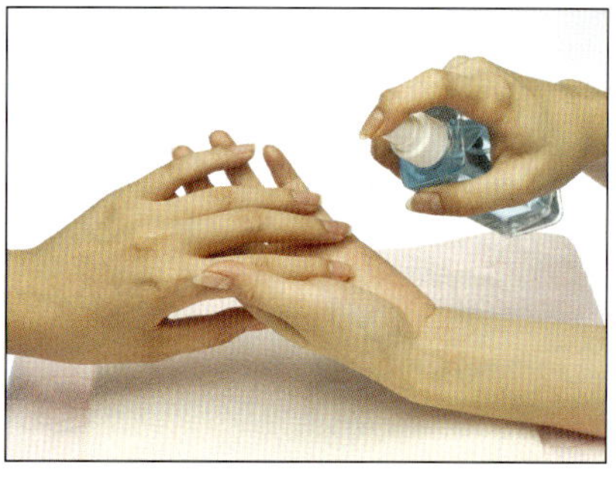

12 손 소독하기

예민해진 큐티클 주변에 세균 침투를 방지하기 위해 안티셉틱을 뿌려 소독해준다.

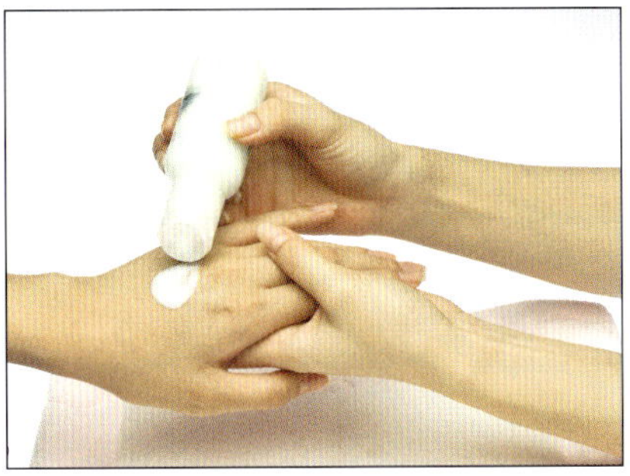

13 핸드 로션 도포하기

손 전체에 적당량의 로션을 매끄럽게 도포한다.

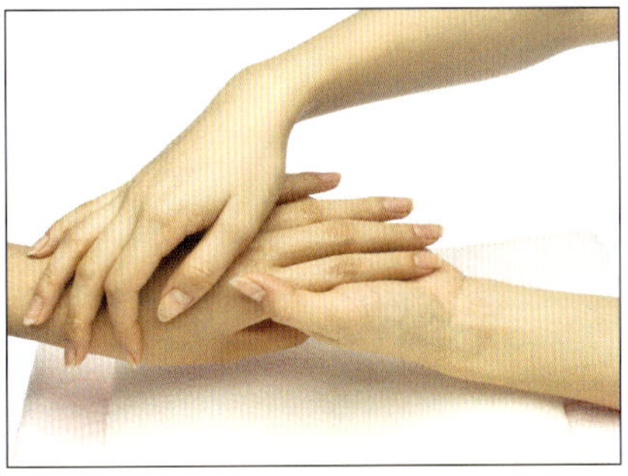

14 마사지하기

마사지 하여 피로와 혈액 순환을 촉진시켜준다.

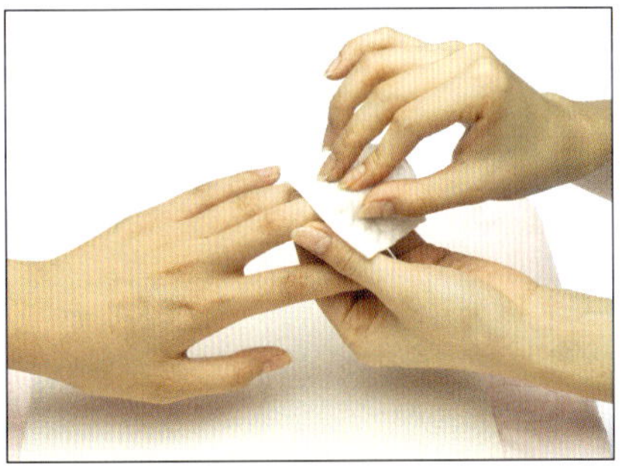

15 유분기 제거하기

솜과 리무버를 사용하여 손톱 위의 로션과 오일 등 유분기를 제거한다.

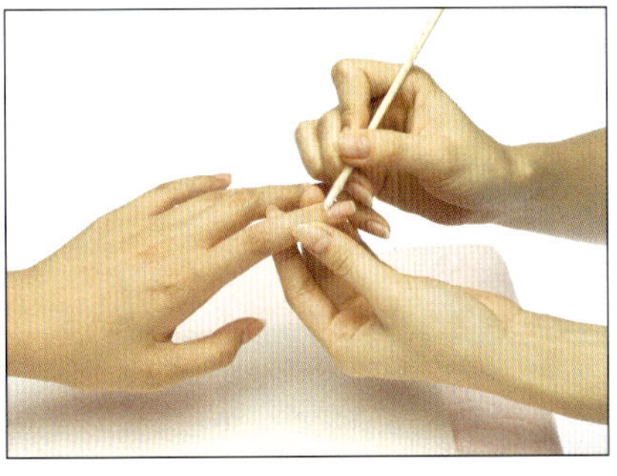

16 사이드 유분기 제거

솜과 오렌지 우드 스틱을 사용하여 사이드 부분과 손톱 밑의 유분기를 제거 한다.

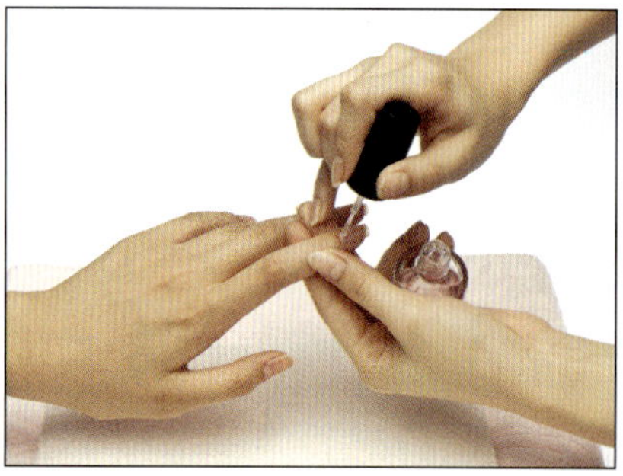

17 베이스 코트 바르기

컬러가 잘 밀착되도록 베이스 코트를 얇게 1회 바른다.

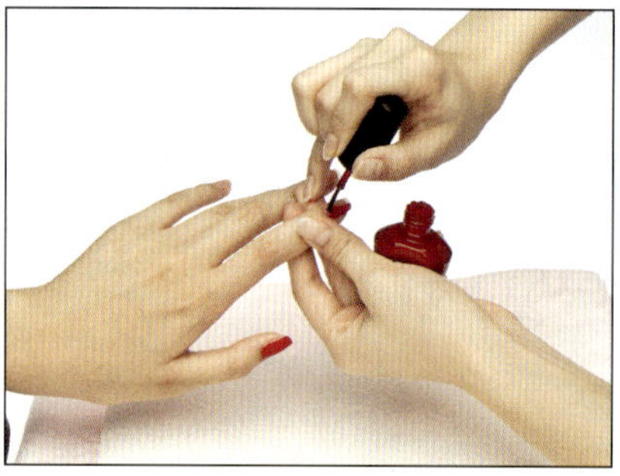

18 컬러 1회 바르기

컬러를 전체 코트로 얇게 바른다.

19 프리엣지 바르기

컬러를 1회 바른 후 프리엣지 부분도 발라준다.

20 컬러 2회 바르기

컬러를 전체 코트로 얇게 바른다.

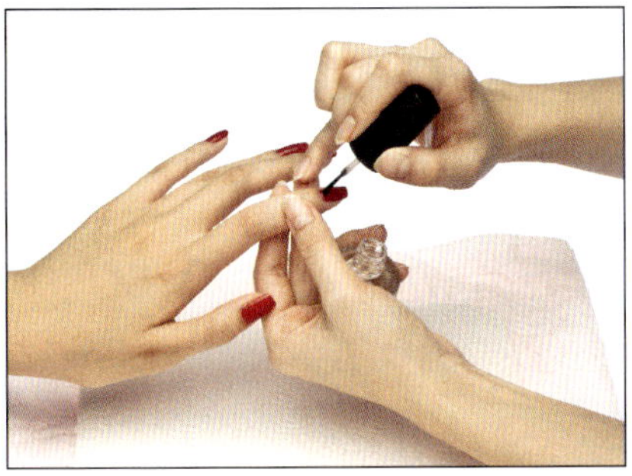

21 탑 코트 1회 바르기

광택 증가, 컬러가 오래 유지되도록 탑 코트를 1회 바른다.

22 컬러 건조하기

컬러 드라이어, 스프레이, 액체 퀵커 등으로 컬러를 건조해 준다.

2. 프렌치 매니큐어 French Manicure

프렌치 매니큐어는 자연적인 색상으로 풀 코트로 바른 후 프리엣지(자유연) 부분에 흰색 컬러를 바르는 방법으로 여름에는 시원해 보이는 효과가 있으며 자연스럽고 우아한 느낌이여서 결혼하는 신부들이 많이 선호를 하고 프렌치의 색과 모양이 변형되는 응용 프렌치도 있어 일반인에게도 많은 호응을 얻고 있다.

• 재료 및 도구

습식 매니큐어 재료, 베이스 코트, 연한 핑크색 컬러, 흰색 컬러, 탑 코트

(1) 시술 과정

01 습식 매니큐어

시술자와 모델의 손을 소독한 후 습식 매니큐어를 시술한다.

02 베이스 코트 바르기

컬러가 잘 밀착되도록 베이스 코트를 얇게 1회 바른다.

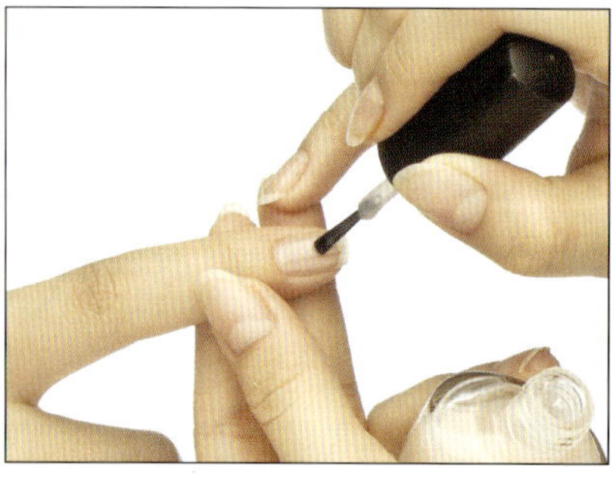

03 자연색 컬러 1회 바르기

컬러를 전체 코트로 얇게 바른다.

04 흰색 컬러 1회 바르기

흰색 컬러를 프리엣지 부분에 얇게 1회 바른다.

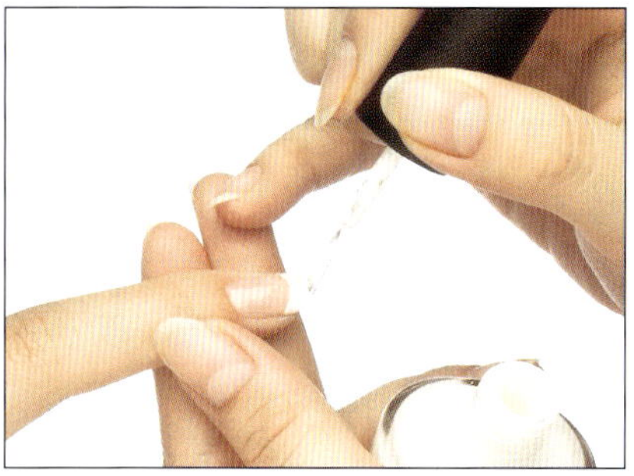

05 프리엣지 바르기

컬러를 1회 바른 후 프리엣지 끝 부분도 발라준다.

06 컬러 2회 바르기

흰색 컬러를 프리엣지 부분에 얇게 1회 바른다.

07 탑 코트 1회 바르기

광택 증가, 컬러가 오래 유지되도록 탑 코트를 1회 바른다.

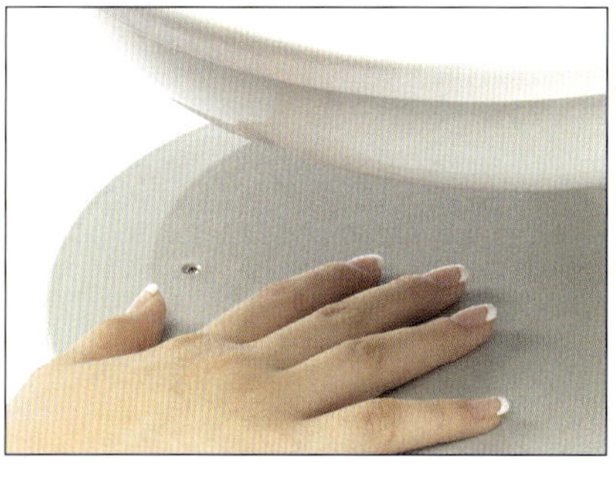

08 컬러 건조하기

컬러 드라이어, 스프레이, 액체 퀵커 등으로 컬러를 건조해 준다.

3. 파라핀 매니큐어 Paraffin Manicure

건조한 겨울철에 네일 살롱에서 유 · 수분 공급을 위해 고객에게 권하는 서비스가 파라핀 매니큐어이다. 파라핀은 따뜻한 열과 파라핀 액이 손에 막을 형성하여 촉촉함과 피부의 모공을 열리게 하여 그 속으로 영양과 보습을 공급해 준다. 파라핀 서비스로 인해 지속적인 보습과 촉촉한 피부를 유지하기 위해서는 일정 기간 동안 지속적으로 꾸준한 관리를 통해 효과를 볼 수 있으며 치료와 예방의 목적으로 사용된다.

(1) 파라핀의 효능

선천적으로 건성인 피부나 갈라진 네일을 가진 고객에게는 좋은 효과가 있으며 관절염증 감소, 수족 냉증, 피로 회복에 좋으며 풍부한 수분 요법으로 건조한 피부를 촉촉하고 부드럽게 해준다. 근육 이완 및 통증과 혈액 순환에 도움을 주며 노폐물 배설, 보습 성분, 영양 성분, 세포 재생 능력이 강화된다.

(2) 파라핀 사용 시 주의 사항

목욕 중에 사용하면 안되며 파라핀이 너무 차갑거나 뜨겁게 느껴지는 사람은 건강에 이상이 있는 사람이므로 사용하지 말아야 하며, 상처, 피부염증, 종양, 당뇨병이 있는 환자 등 피부가 찢어졌거나 데였거나, 습진, 빨갛게 부어오르는 등 혈관, 피부에 문제가 있는 고객에게는 시술하지 않는다.

파라핀 워머기는 평평한 바닥에 위치해야 하고 손 · 발에 사용하였던 파라핀은 염분이 많아 땀이 배어 있어 파라핀 워머기에 다시 넣어 사용하면 염분이 바닥을 부식 시킬 수 있으므로 자주 바닥을 청소해 주며 사용한 파라핀 액은 버린다.

(3) 사전 준비 사항

- 파라핀 왁스 온도는 52~57℃(125~135℉)되어야 하고, 녹이는데 약 6~8시간 소요되므로 미리 왁스 상태를 확인해야 한다.
- 비닐 장갑과 천 장갑을 준비하고 전기 장갑도 전기 코드를 연결해야 한다.
- 고객의 건강 상태를 체크한다.

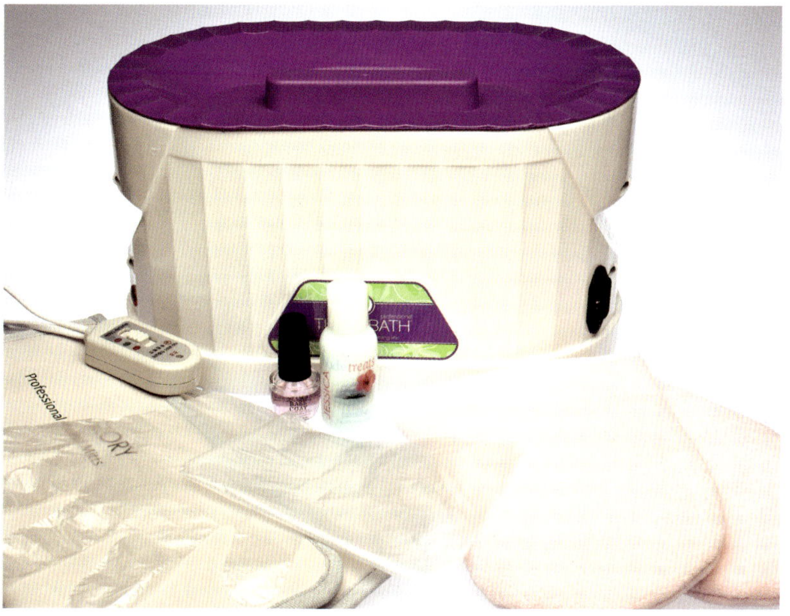

• **재료 및 도구**

파라핀 액, 파라핀 워머기, 베이스 코트, 핸드 로션, 전기 장갑, 비닐 봉투, 비닐 장갑, 파라핀 천 장갑, 습식 매니큐어 재료

- **습식 매니큐어 재료**: 케어와 컬러링을 할 수 있다.
- **파라핀 워머**: 파라핀을 녹여주는 기계이다.
- **파라핀**: 양초 성분인 고체 파라핀에 미용 성분이 첨가되어 향이 좋다.
- **타월 장갑 & 전기 장갑**: 열이 외부로 빠져 나가지 않도록 도와준다.
- **로션**: 피부에 유분을 제공하여 피부를 부드럽게 한다.
- **비닐 장갑**: 파라핀이 장갑에 묻는 것을 방지한다.
- **핫 타월**: 열을 전달하여 혈액 순환을 촉진시키고 부드럽게 닦아준다.

(4) 시술과정

01 습식 매니큐어 시술자와 모델의 손을 소독한 후 습식 매니큐어를 시술한다.

02 베이스 코트 바르기

손을 깨끗이 닦은 후 베이스 코트를 발라 완전 건조하여 파라핀에 담근다. 그렇지 않으면 파라핀 자체의 유분이 있어 컬러를 바르면 손톱 표면에 밀착되지 않고 들뜨게 된다.

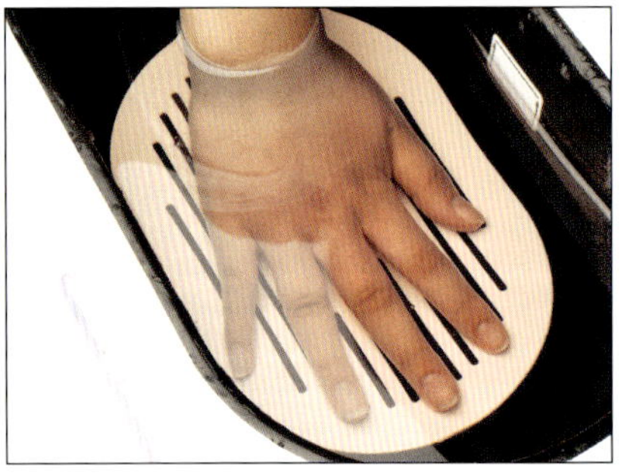

03 파라핀에 담그기

손에 로션이나 아로마 오일을 바르고 서서히 담갔다가 빼기를 3~5회 반복해야 외부의 온도와 차단되고 보온 효과를 통해 모공 속에 파라핀의 영양이 공급된다. 반복함에 따라 파라핀이 두텁게 손을 감싸게 된다.

04 비닐장갑 씌우기

파라핀이 장갑에 묻는 것을 방지하고 열이 외부로 빠져나가는 것을 방지 한다.

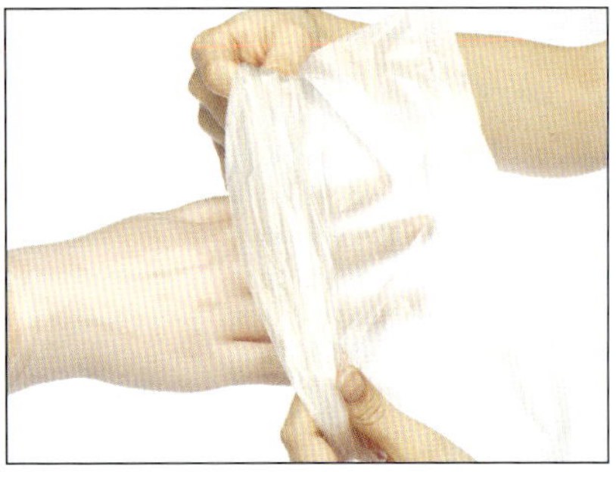

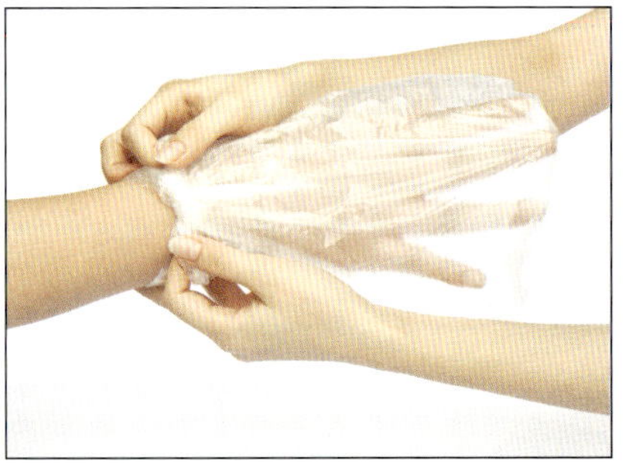

05 천 장갑 씌우기

천 장갑을 씌우거나 전기 장갑을 씌워준다. 10~15분정도 유지, 건성은 5분 더 유지하고 지성은 5분 일찍 제거 한다.

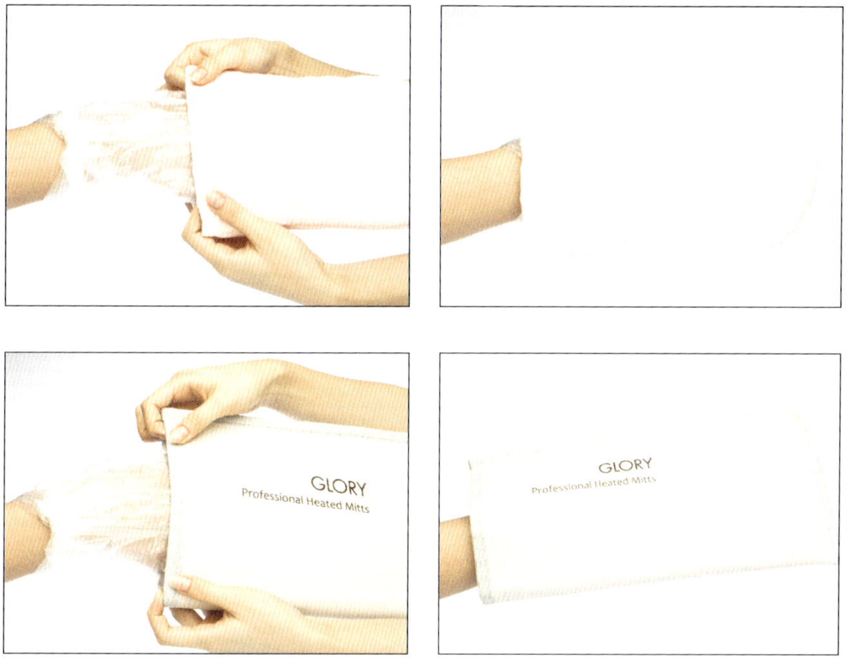

06 파라핀 벗기기

열이 식은 후 파라핀이 굳으면 파라핀 장갑을 벗긴 후 비닐 장갑과 파라핀 액을 동시에 벗겨낸다. 벗겨낸 파라핀은 버린다.

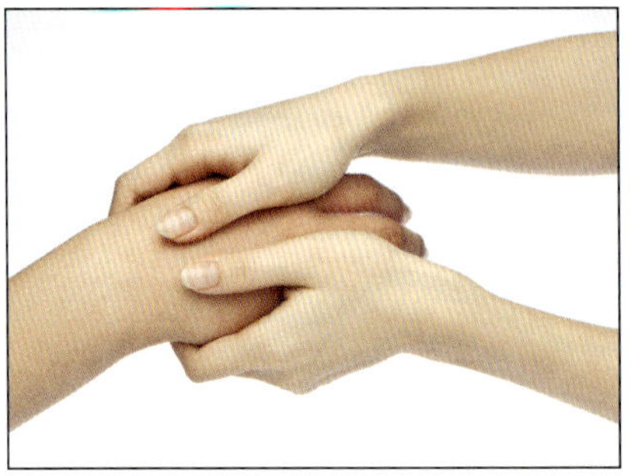

07 손 마사지

마사지하여 혈액 순환을 촉진시킨다.

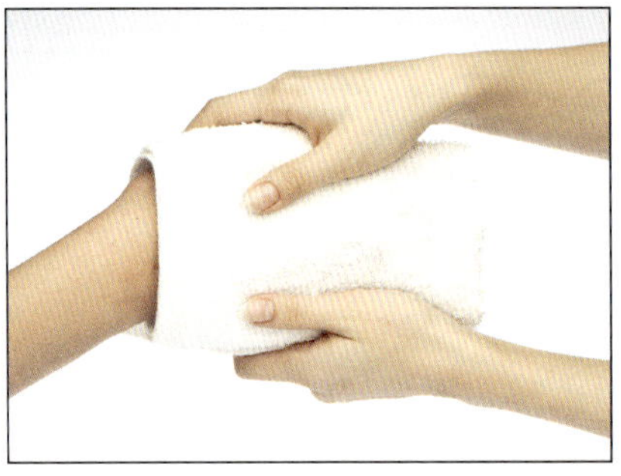

08 핫 타월 사용하기

모공을 열어 각질을 제거 하는데 효과적이다.

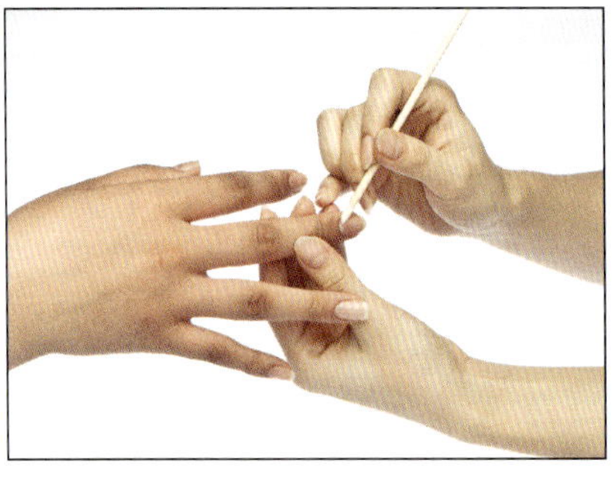

09 유분기 제거하기

솜과 리무버를 이용하여 베이스 코트와 유분기를 깨끗이 제거 한다.

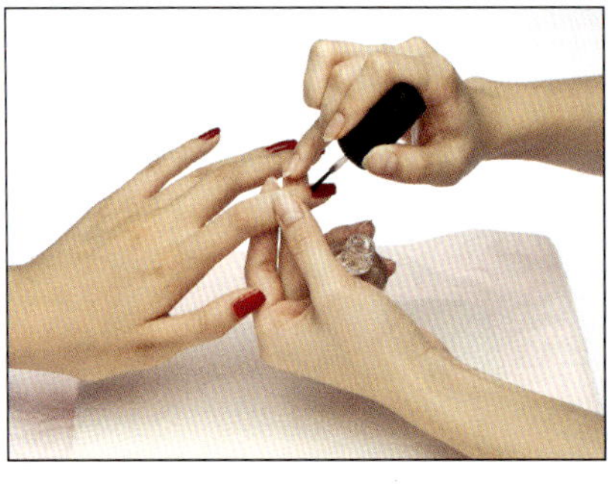

10 컬러 바르기 후 건조하기

베이스 코트 1회 바르기 – 컬러 2회 바르기 – 탑 코트 1회 바르기 – 건조하기

4. 손 마사지 Finger Massage

마사지란, 두드리고 마찰하고 어루만지는 행위이며 그리스어의 Massin에서 유래 되었으며 피부에 적당한 자극을 주어 피부와 근육의 신진대사를 활발히 하는 방법으로 탄력성과 유연성을 준다. 손등은 인체의 뒷면이고 손바닥은 인체의 앞면으로 내장의 기능이 나빠졌을 때는 손바닥 색이 나빠지고 탄력이 감소한다. 손바닥과 손가락을 자극해주면 혈액 순환과 피부미용에도 좋은 효과가 있다.

마사지로 혈액 순환이 갑자기 빨라지는 경우 위험할 수 있는 고혈압, 심장병, 중풍 환자들은 마사지를 피해야 하며 관절염이 있는 고객은 조심히 마사지해야 한다.

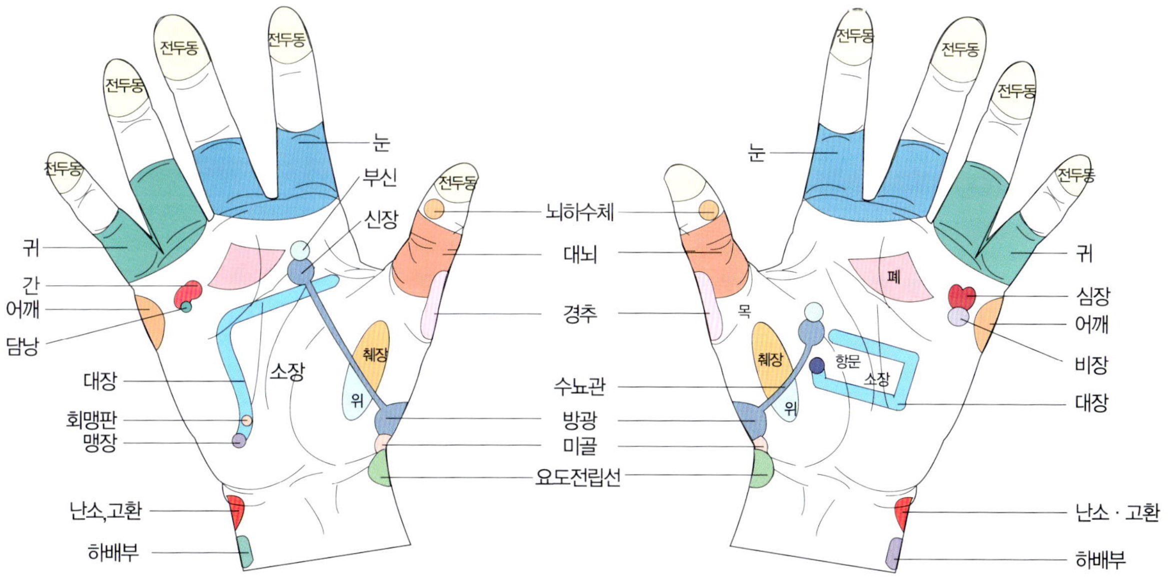

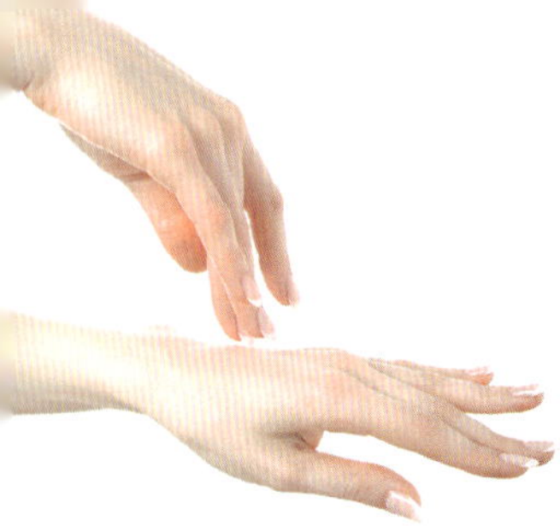

(1) 시술과정

• **재료 및 도구** 습식 매니큐어 재료, 핸드 로션, 핫 타월

01 습식 매니큐어

습식 매니큐어 1~15번 과정을 시술한 다음 컬러를 발라준다.(p82~p86 참고)

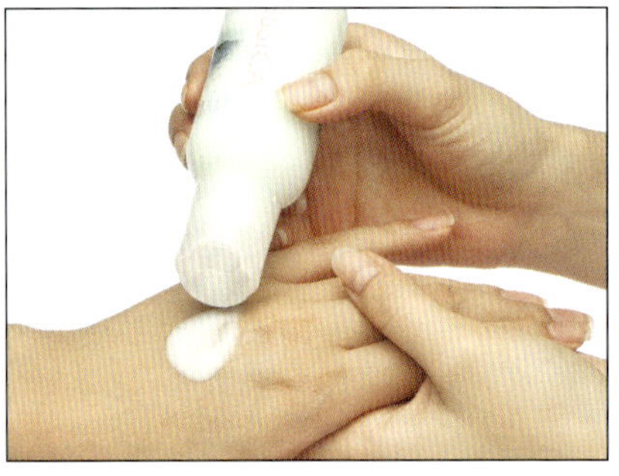

02 로션바르기

로션을 바른 후 부드럽게 쓰다듬는다.

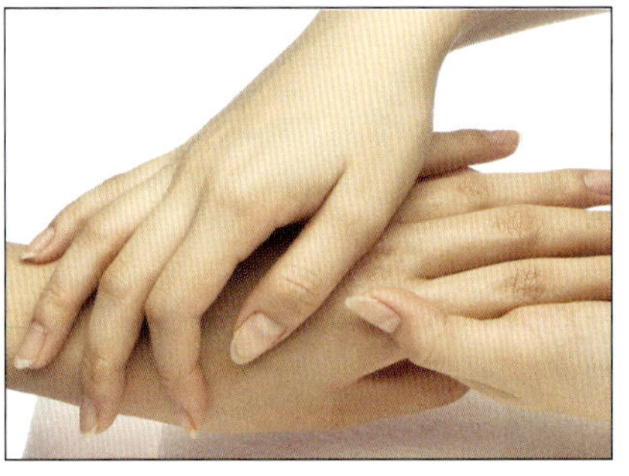

03 손등 쓰다듬기

시술자의 양손으로 손등을 쓰다듬거나 엄지손가락을 원형으로 돌리며 비벼준다.

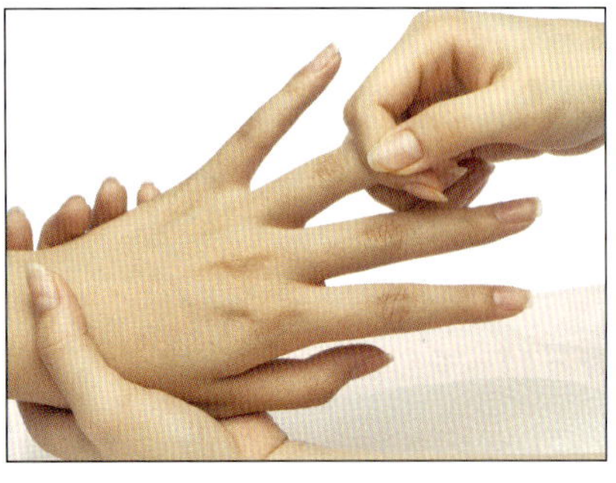

04 손가락 마디 마사지

손가락 마디 사이를 가볍게 눌러 관절을 풀어준 후 손가락을 튕겨준다.

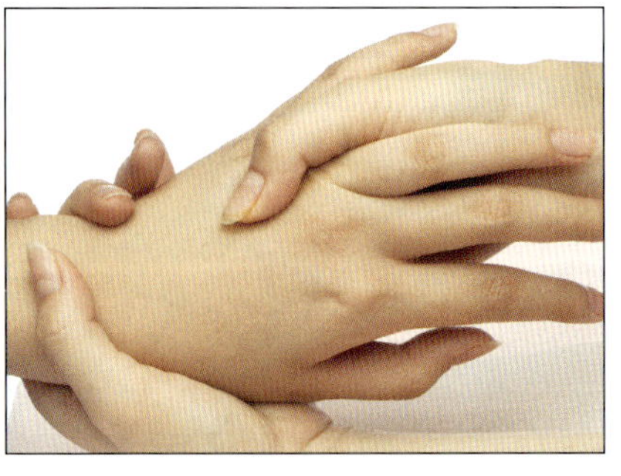

05 손가락 사이 마사지

엄지와 검지로 손가락 사이사이를 누르며 문지른다.
손가락에 탄력과 유연성을 준다.

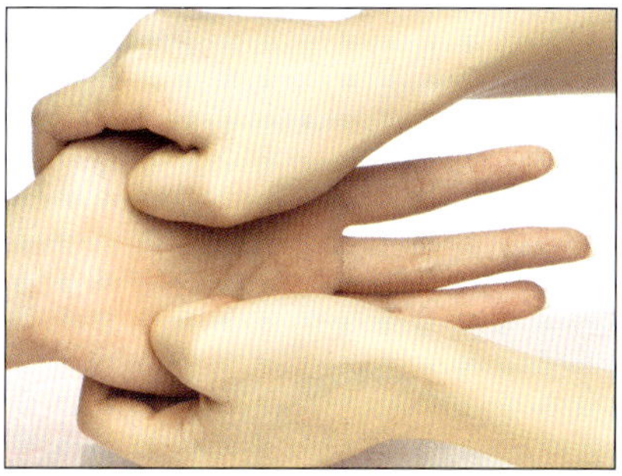

06 손바닥 마사지

엄지를 이용하여 손바닥을 눌러준다. 손 전체가 가벼워지는 효과를 주며 스트레스, 피로 회복, 소화 불량일 때 좋다.

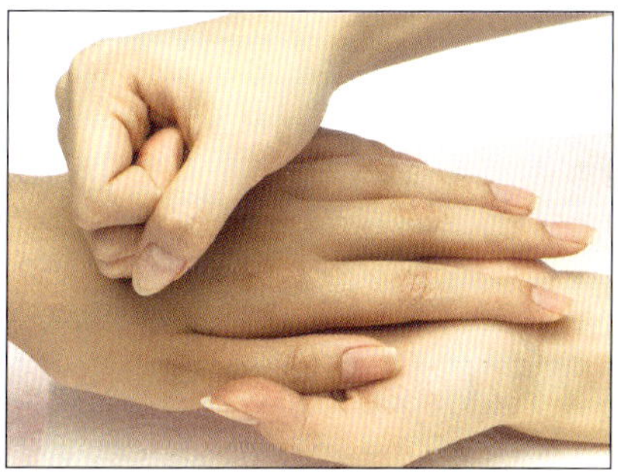

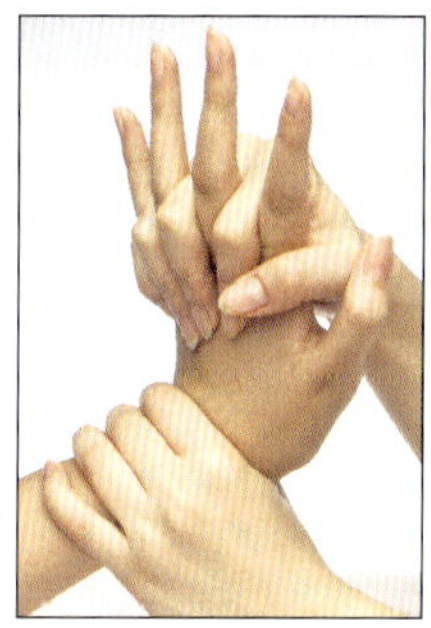

07 손등 두드리기

주먹을 가볍게 쥐고 손바닥, 손등을 가볍게 두드려준다.

08 손목 근육 마사지

고객의 팔목을 잡아 주고 깍지를 끼어 천천히 팔목을 돌려준다.

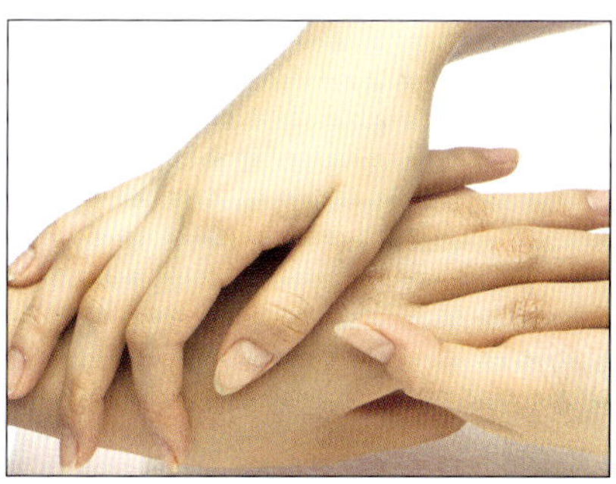

09 마무리

시술자의 양손으로 모델의 손등을 가볍게 쓰다듬는다.

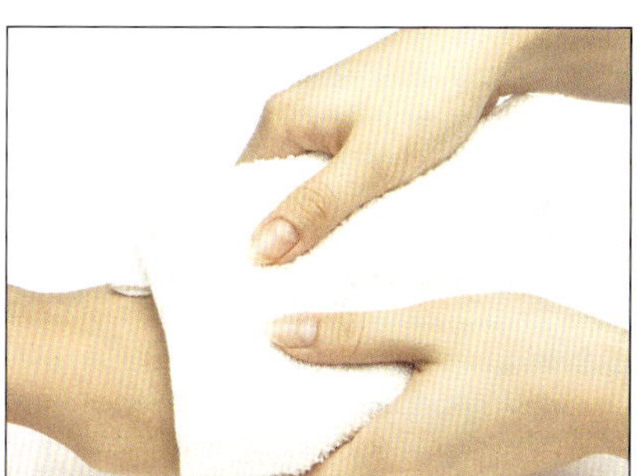

10 핫 타월로 마무리

로션을 바른 후 부드럽게 쓰다듬는다.

chapter 02. 페디큐어 Pedicure

1. 페디큐어 Pedicure

패디큐어란, 발과 발톱을 손질하고 컬러링, 발 마사지, 각질 제거 등을 시술하여 발을 건강하고 아름답게 손질하여 가꾸는 미용이다. 발을 마사지를 하여 피로 회복과 혈액 순환을 증진시키고 발의 각질 제거와 노폐물을 제거하여 발의 편안한 휴식과 건강한 발이 되도록 한다.

• 재료 및 도구

분무기, 리무버, 소독제, 로션, 알콜, 솜, 파일, 오렌지 우드 스틱, 니퍼, 푸셔, 콘커터, 더스트 브러시, 패디 파일, 각질 파일, 지혈제, 베이스 코트, 탑 코트, 오일, 보강제, 컬러, 클리퍼, 발가락 끼우개, 샌딩, 사각 패드, 솔트, 스파(족탕기), 타월, 페이퍼 타월, 패디 슬리퍼

(1) 사전 준비사항

• 재료 정리 및 기구를 소독한다.

• 스파(족탕기)에 미지근한 물을 받아 살균 비누(솔트)를 풀어준다.

• 타월을 깔아준다.

• 발톱의 이상 유무를 확인한다.

• 고객을 편안하게 앉게 한 후 발을 소독한다.

(2) 시술 과정

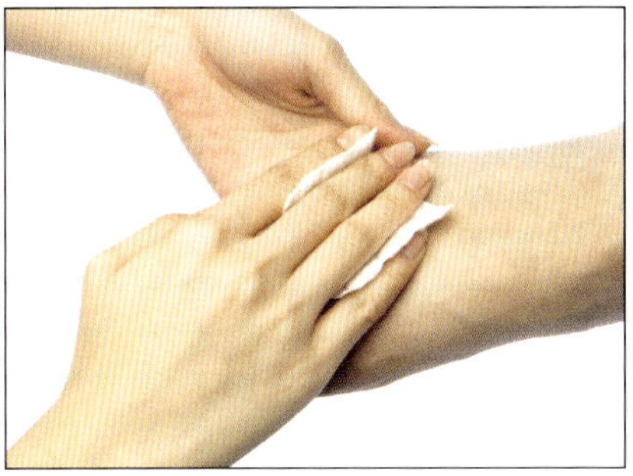

01 손과 발 소독하기

시술자의 손 소독을 한 후 발 소독을 한다.

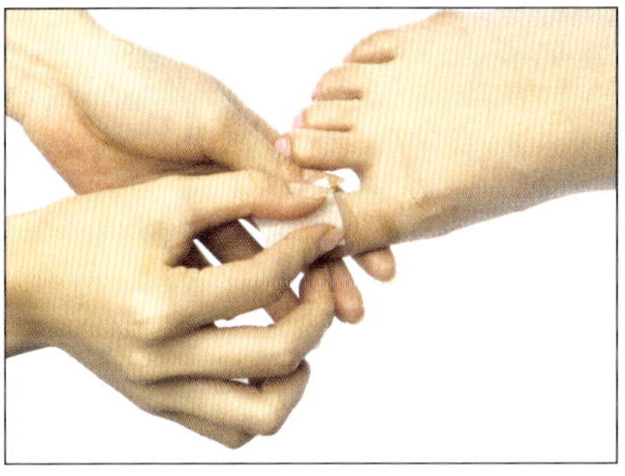

02 컬러 제거하기

컬러가 있을 경우 리무버를 이용하여 컬러를 제거한다.

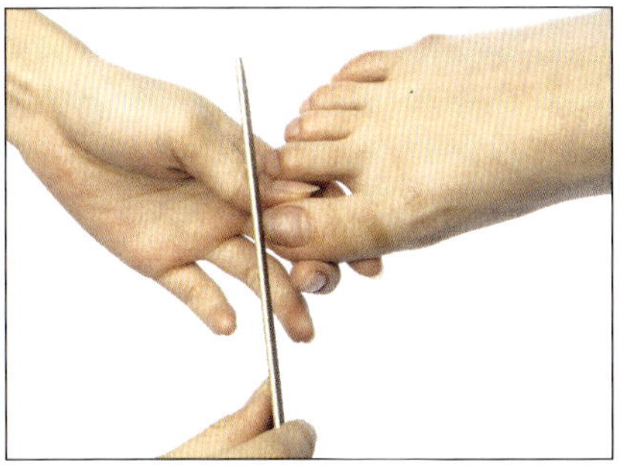

03 발톱 모양내기

파일을 90° 각도로 하여 0.5~1mm정도의 발톱 길이로 스퀘어 모양이나 스퀘어 라운드 모양으로 파일링 한다. 표면을 버핑하여 매끄럽게 해준 후 거스러미를 제거해 준다.

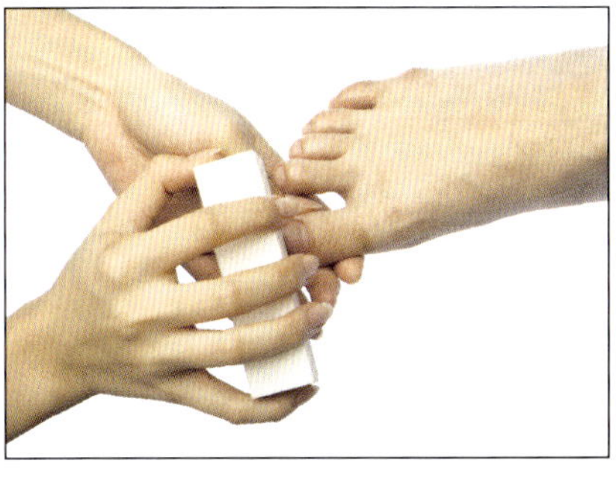

04 표면정리하기

화이트 샌딩으로 발톱 표면을 정리한다.

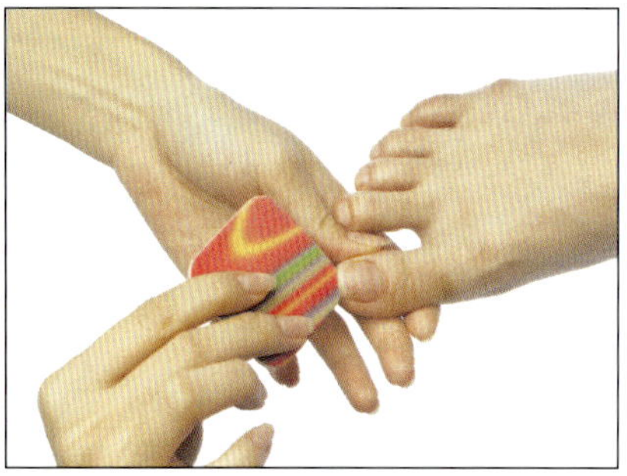

05 거스러미 제거하기

사각패드를 사용하여 발톱 끝 거스러미를 제거한다.

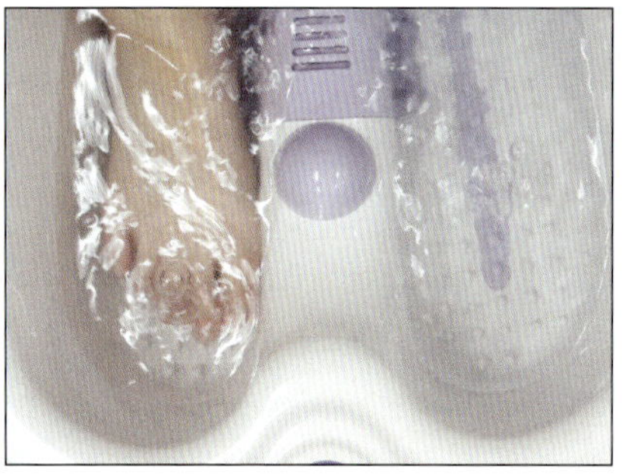

06 발 담그기

항균 비누를 푼 미지근한 물에 5~10분 정도 발을 담그고 불려준다.

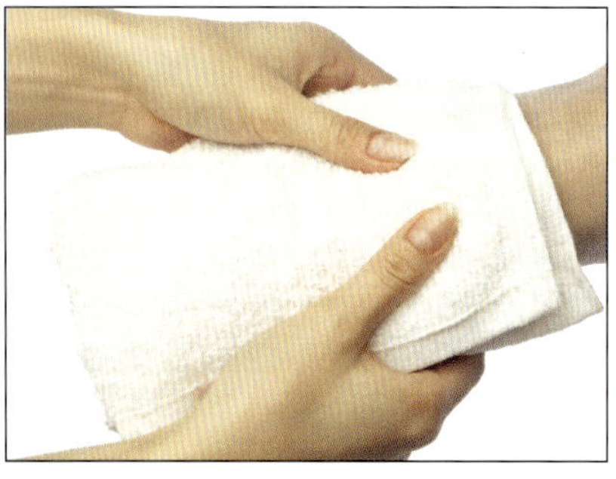

07 물기 제거하기

종이 타월로 물기를 제거 한다.

08 큐티클오일 바르기

큐티클 부위에 오일을 소량 발라준다.

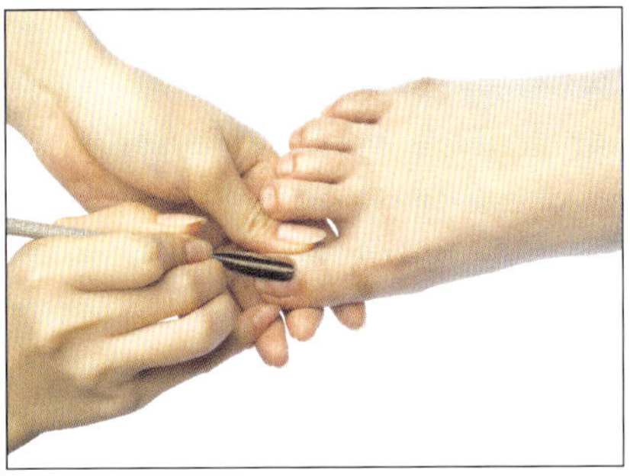

09 큐티클 밀기

푸셔를 사용하여 조심스럽게 큐티클을 밀어 올린다.

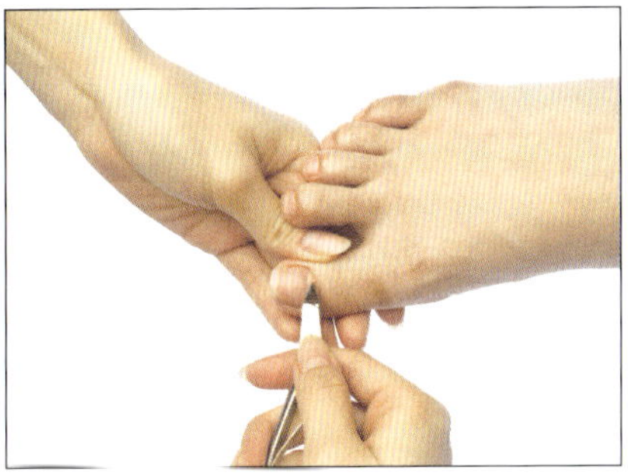

10 큐티클 정리하기

니퍼로 큐티클을 깨끗이 정리한다.

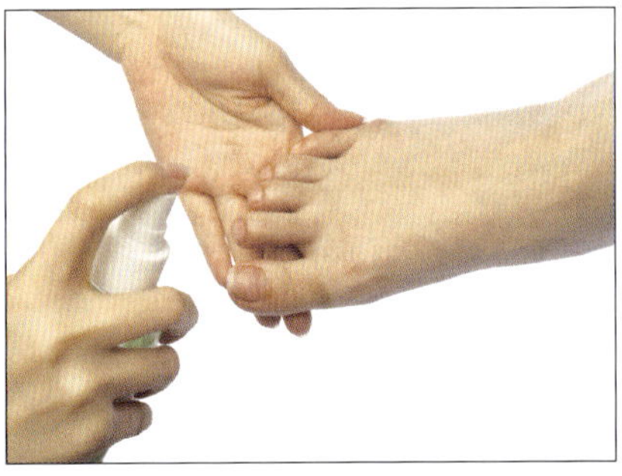

11 소독하기

큐티클 부분을 안티셉틱으로 소독한다.

12 발을 물에 불리는 방법

스파에 발 담그기

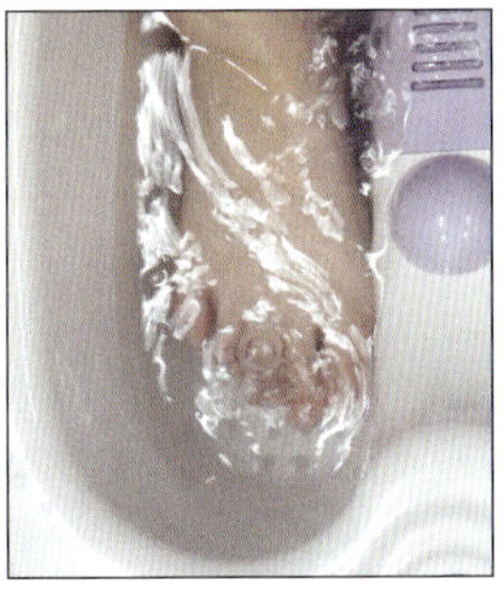

족탕기에 발 담그기

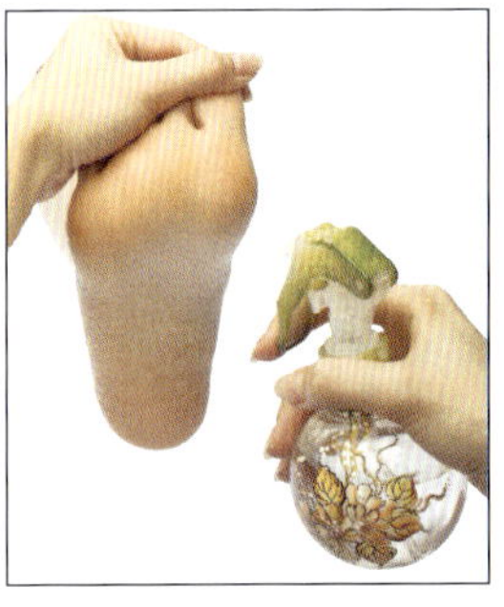

분무기로 물 뿌리기

13 굳은살 제거하기

각탕기가 없을 경우 물 스프레이를 뿌려주고 물기를 제거한 후 콘커터를 시술한다. 발 윗부분은 한손으로 뒤로 젖힌 후 족문의 결 방향 대로 안에서 밖으로 조금씩 제거하고 발아래 부분은 반대 손으로 발 가운데를 잡아준 후 결방향대로 조금씩 제거 한다.

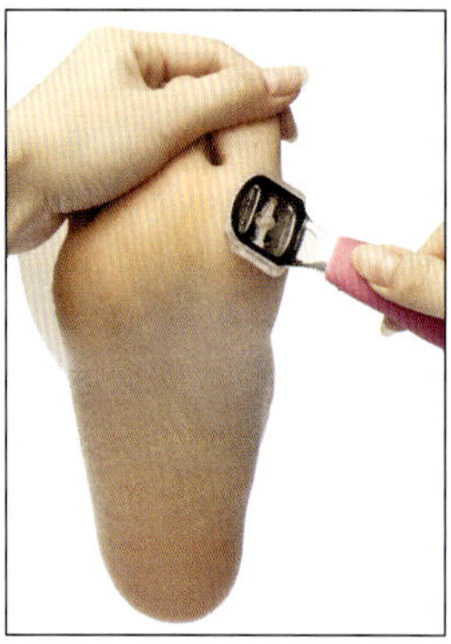
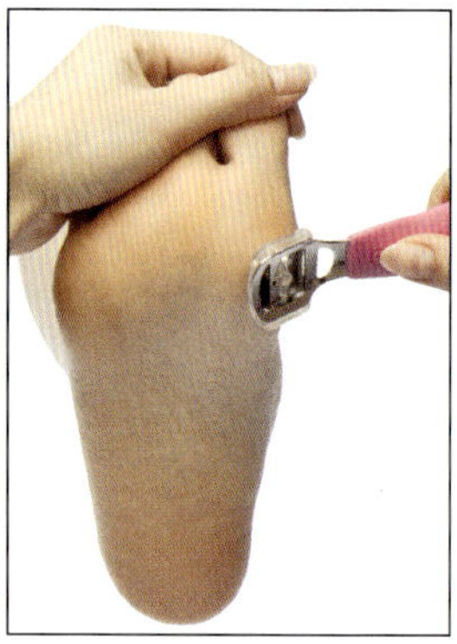
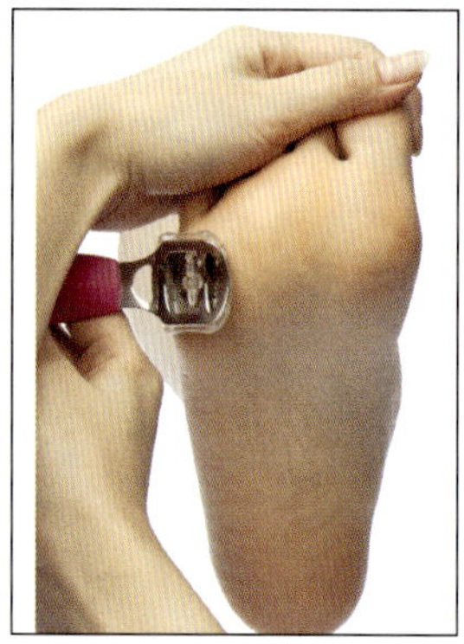

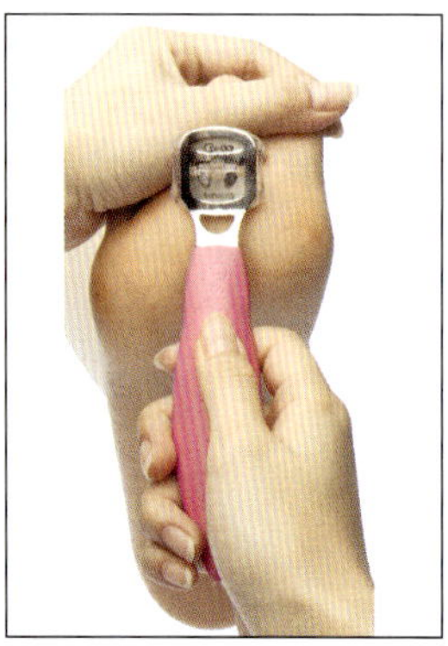
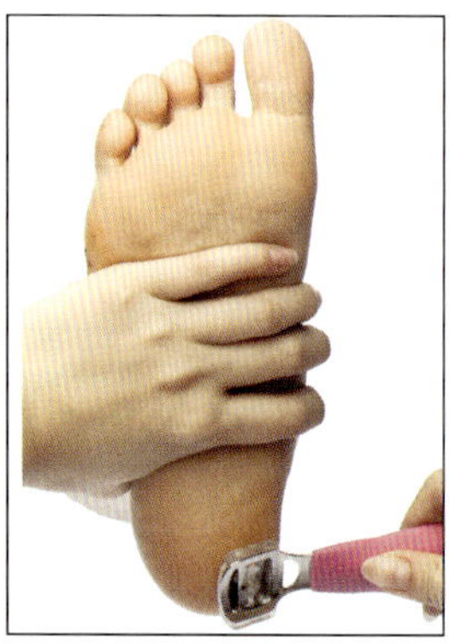
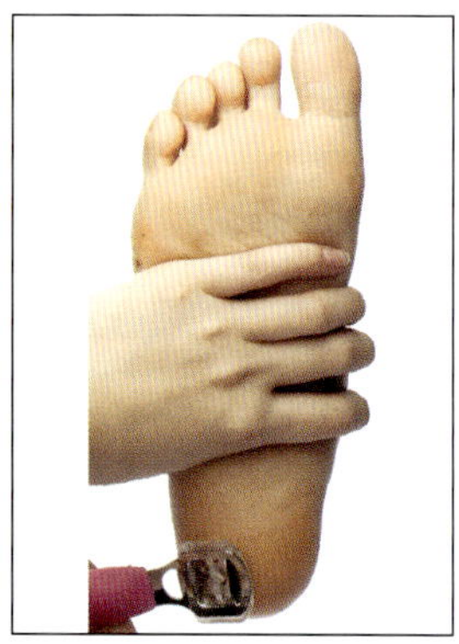

14 페디파일링 하기

각질을 제거한 부분에 로션을 발라준 후 족문의 결 방향인 한쪽 방향으로 파일을 문지른다.

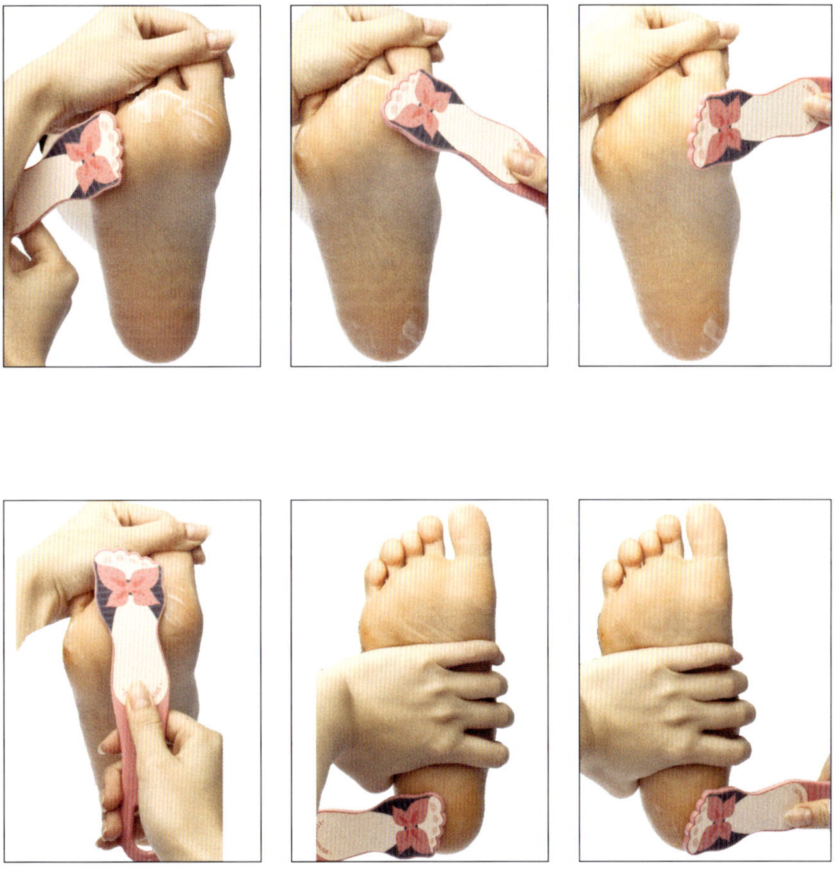

15 물기 제거하기

발을 깨끗이 씻은 후 종이 타월로 물기를 제거 한다.

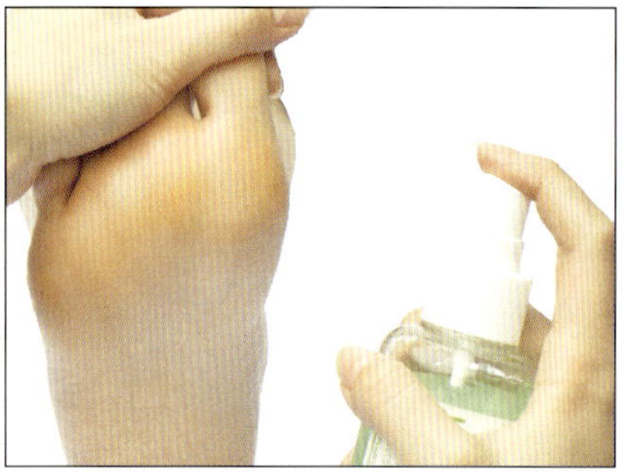

16 소독하기

안티셉틱을 뿌려 세균을 방지하고 피부를 진정시킨다.

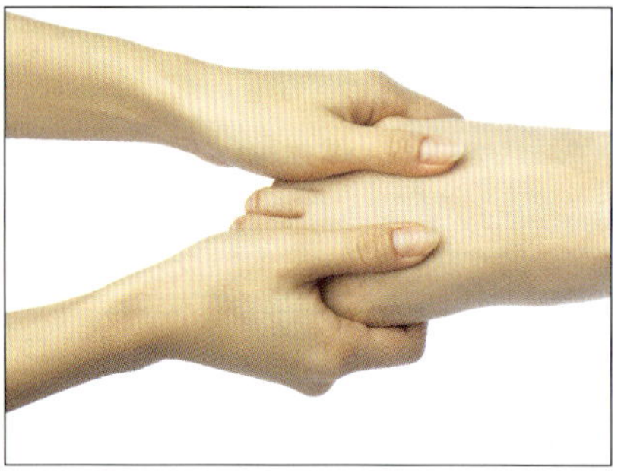

17 마사지하기

발과 다리에 로션을 바른 후 마사지 한다.

18 유분기 제거

리무버와 솜을 이용하여 발톱 전체 유분을 정리한 후, 솜과 오렌지 우드 스틱을 사용하여 사이드 부분과 발톱 밑의 유분기를 제거 한다.

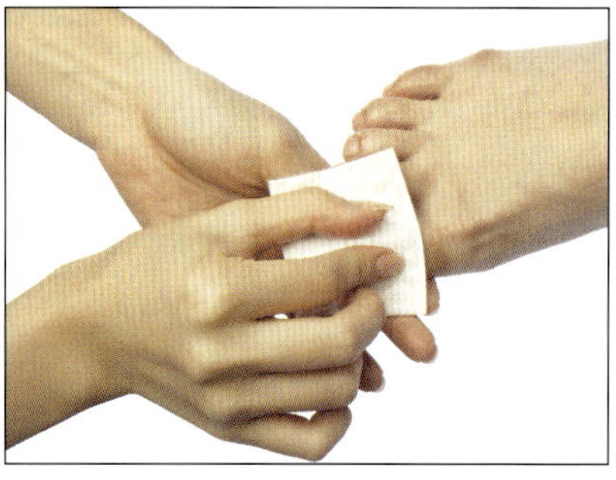

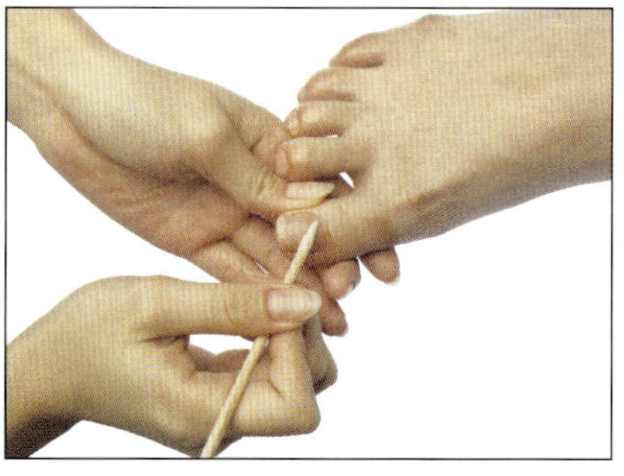

19 토우세퍼레이터 끼우고 베이스 코트 바르기

컬러가 뭉개지는 것을 방지하기 위해 발가락 사이에 끼워준 후 컬러가 잘 밀착되도록 베이스 코트를 얇게 1회 바른다.

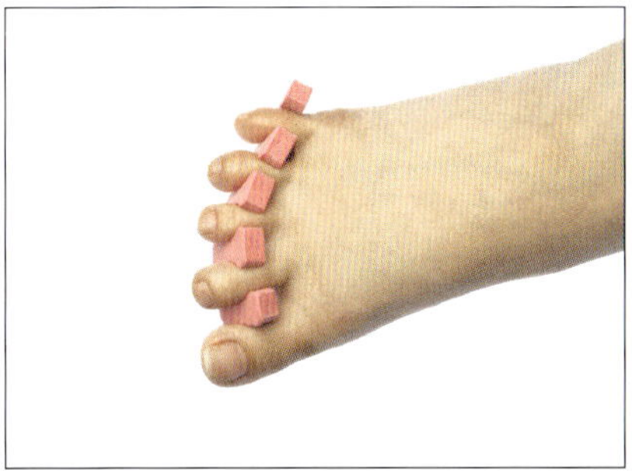

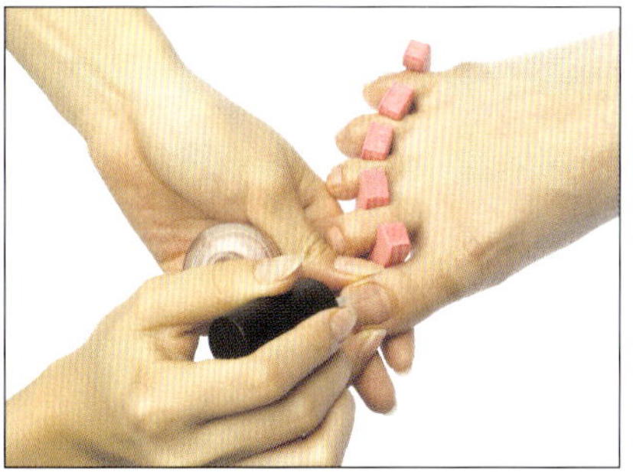

20 컬러 바르기

컬러를 1회 바른 후 프리엣지 부분도 발라주고 다시 1회를 더 발라 컬러를 전체 코트로 얇게 바른다.

21 탑 코트 바르기

얇게 1회 발라 컬러의 광택을 증가시킨다. 슬리퍼를 신고 건조시키거나 컬러 드라이어, 스프레이, 액체 퀵커 등으로 컬러를 건조해 준다.

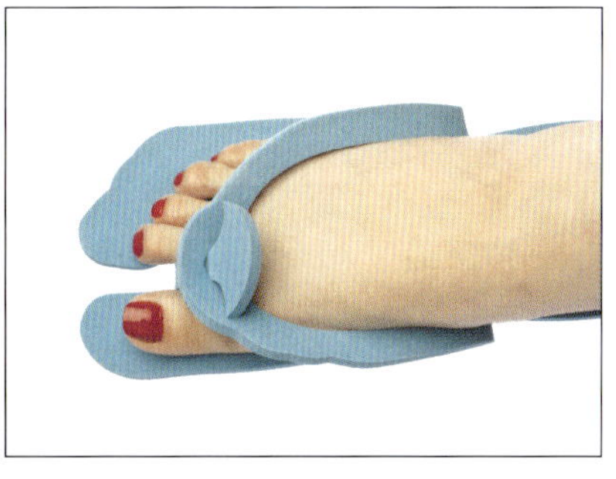

2. 발 마사지 Peet Massa

발 마사지는 제2의 심장이라고도 하며 근육을 풀어주고 신경들을 자극시켜 혈액 순환을 좋게 함으로써 피로 회복에 도움을 주고 편안한 휴식을 제공한다.

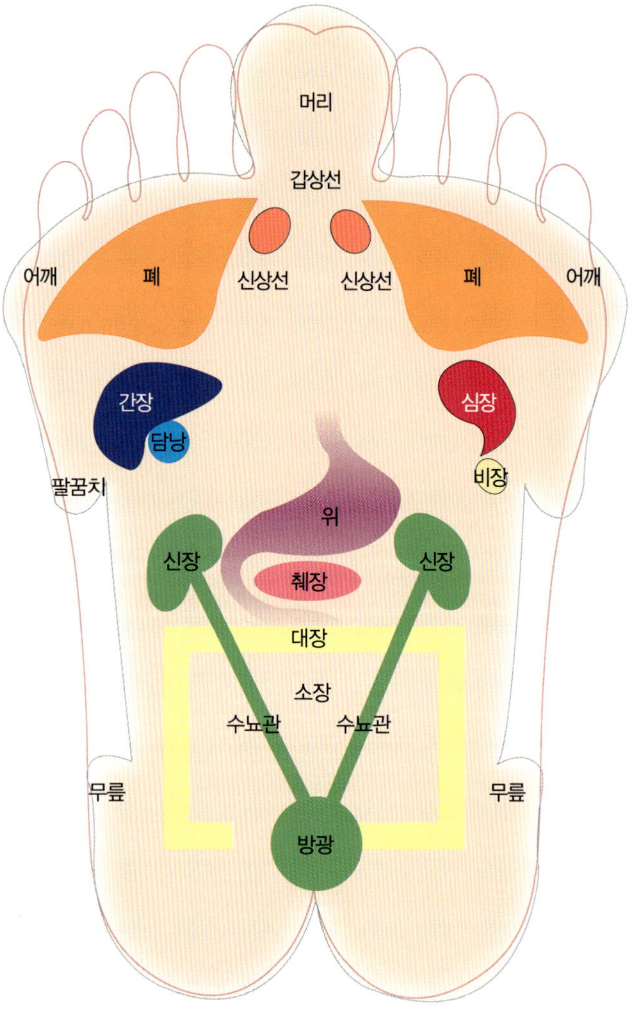

• **재료 및 도구** 습식 매니큐어 재료, 핸드 로션, 핫 타월

(1) 시술과정

01 습식 매니큐어

습식 매니큐어 1~15번 과정을 시술한 다음 컬러를 발라준다.(p82~p86 참고)

02 발 쓰다듬기

시술자의 양손으로 모델의 발등을 부드럽게 쓰다듬어 준다. 엄지손가락을 원형으로 돌리며 발등과 발뒤꿈치까지 부드럽게 비벼준다. 발의 혈액 순환을 돕고 기의 흐름을 왕성하게 하며 발목까지 부드럽게 쓰다듬는다.

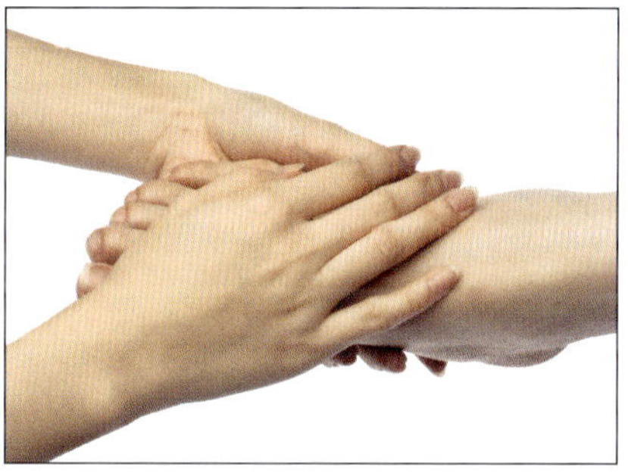

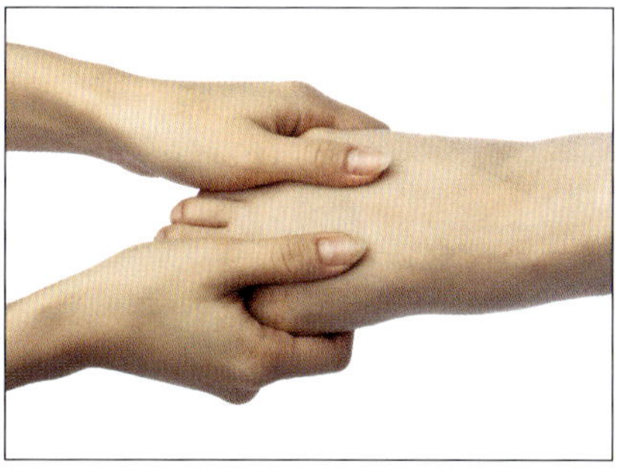

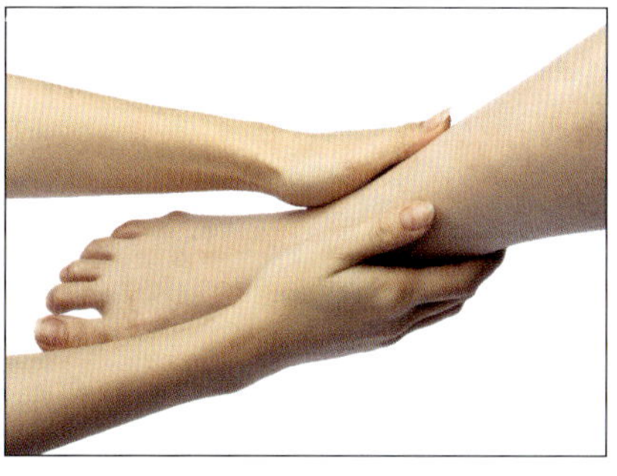

03 발가락 마디 마사지

발가락 마디 사이를 가볍게 눌러 관절을 풀어준 후 손가락으로 발가락을 튕겨준다.

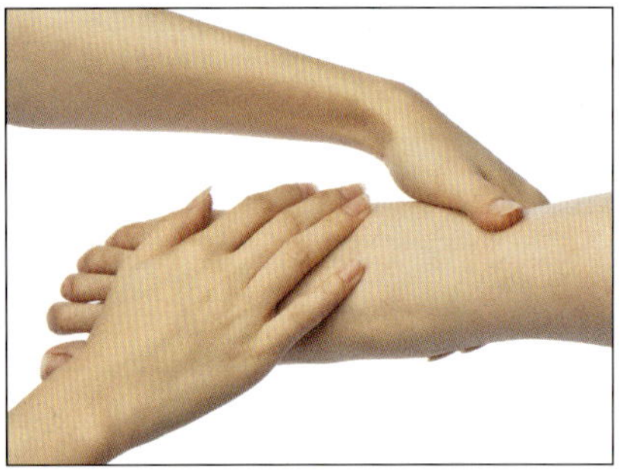

04 쓰다듬기

발등을 지나 발바닥, 발목까지 부드럽게 쓰다듬는다.

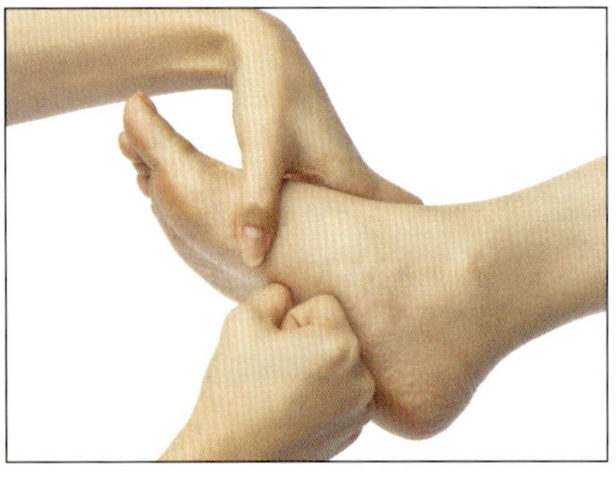

05 발바닥 쳐주기

주먹을 가볍게 쥐고 발바닥을 살짝 쳐준다.

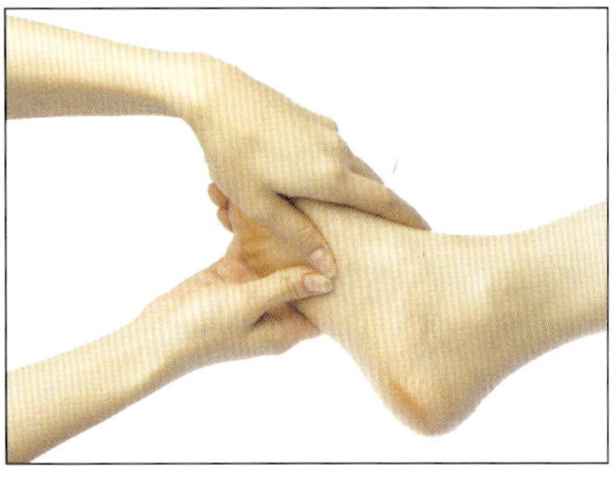

06 발바닥 늘려주기

양손 엄지를 이용해 꾹꾹 눌러 주어 발바닥 근육을 이완시켜 발을 편안하게 만든다.

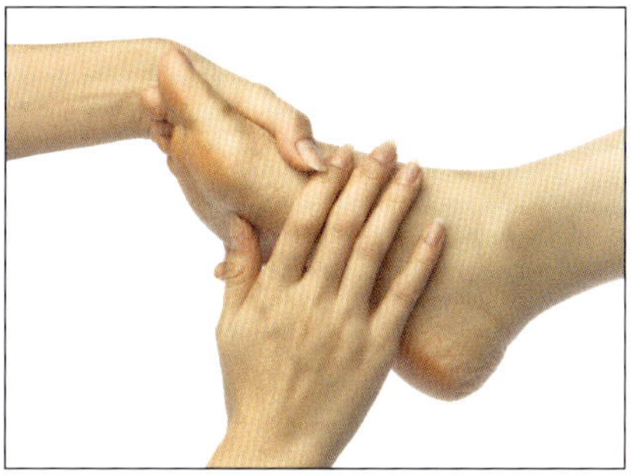

07 발바닥 비벼주기

발바닥을 두손으로 가볍게 잡고 좌우로 비벼준다. 발의 긴장감을 없애 주고 편안함을 준다.

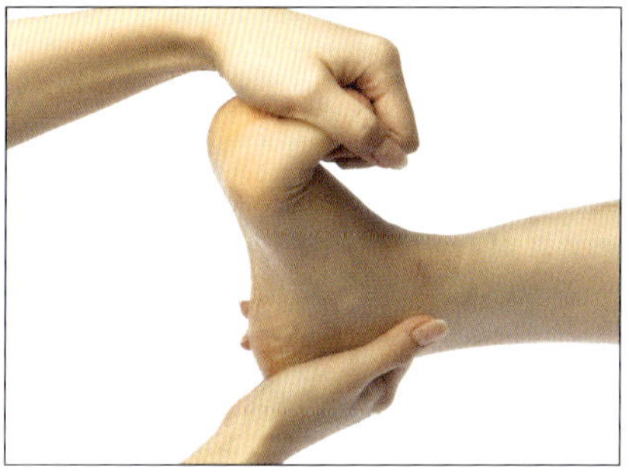

08 발 스트레칭하기

고객의 발을 잡아 주고 약간의 힘을 주어 뒤로 앞뒤로 꺽어 주기를 3~5회 반복한다. 발목을 잡은 후 발목 돌리기를 해준다.

09 마무리

시술자의 양손으로 모델의 발등을 가볍게 쓰다듬는다.

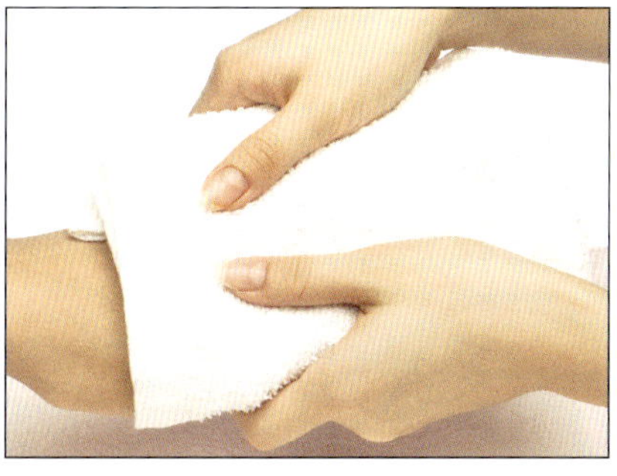

10 핫 타월로 마무리

핫 타월로 부드럽게 감싸듯이 닦아준다.

chapter 03. 인조 네일아트

인조 네일아트는 손톱을 보수, 보강, 길이 연장을 하기 위해 인공적으로 만들어지는 손톱을 말하며 랩핑, 파우더 팁, 실크 익스텐션, 아크릴릭 스컬프처, 젤 스컬프처 등이 시술 되어지고 있다.

1. 파우더 팁 Pouder Tips

1) 파우더 팁의 기초지식(Pouder Tips)

네일 팁은 자연 손톱이 짧거나 멋을 내기 위해서 접착제를 사용하여 손톱의 길이를 연장해주는 인조 네일을 말한다. 인조 팁의 재질은 플라스틱, 나일론, 아세테이트 재질로 만들어진 것으로 모든 팁의 접착되어질 부분은 약간의 턱이 있다. 그곳을 웰(well) 또는 하프 웰(half well)이라고 부른다. 팁 시술만으로는 약하기 때문에 랩(Wrap), 아크릴릭(Acrylic), 젤(Gel)을 사용하여 보강함으로써 견고성을 높인다.

(1) 팁의 종류

팁은 10가지 호수로 분류되어 있고 0~9 혹은 1~10으로 팁 자체에 표기가 되어 있으며 팁은 종류에 따라 모양과 커브에서 조금씩 차이가 있고 팁의 Well부분에 따라 풀 팁과 반 팁으로 나뉜다. 길이를 연장해 주는 인조 손톱으로 자연 손톱에 접착되는 부분을 웰이라고 하는데 종류에는 풀 웰(Full Well)과 하프 웰(Half Well)이 있다. 색상이 자연 네일에 가깝고 웰(Well)부분이 얇은 팁 일수록 자연스럽고 좋은 팁이다.

■ 팁의 종류

풀 팁 Full Tip		손톱 전체를 덮으며 풀 커버(Full cover) 팁이라고도 한다.
반 팁 Half Tip	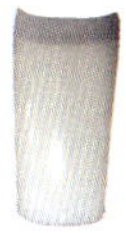	손톱의 끝 부분에 붙여 적당한 길이로 잘라 내어 손톱의 길이를 연장하며 레귤러, 화이트, 스퀘어 팁이 있다.
클리어 팁 Clear Tip		팁의 색이 투명하며 풀 팁, 반 팁, 롱 커브 팁이 있다.
크리스탈 팁 Crystal Tip		팁의 색이 투명하고 무늬가 있으며 반 팁이다.
디자인 팁 Design Tip		컬러 팁으로 무늬가 있는 아트 팁이며 풀 팁과 반 팁이 있다.
프렌치 팁 French Tip		프렌치 컬러 무늬가 디자인되어 있는 컬러 팁으로 프리엣지 부분에 부착 후 끝을 돌려서 제거하면 프렌치 팁 모양이 빠르게 완성된다.
메탈 팁 Metal Tip		금속 소재로 컬러가 입혀 있는 광택 나는 디자인 팁으로 풀 팁이다.
롱 커브 팁 Long Curve Tip		네일 대회나 아트 작품시 사용되며 풀 팁으로 되어 길이가 긴 팁 이다.
슈퍼 롱 커브 팁 Suoer Long Curve Tip		네일 대회나 아트 작품 시 사용되며 풀 팁으로 되어 길이가 롱 커브 팁보다 더 긴 아트 팁이다.

(2) 팁 선택 시 주의 사항

- 손톱 보다 작은 팁은 선택하지 않는다.
- 자연 손톱과 넓이가 맞는 팁이나 한 사이즈 큰 팁을 선택한다.
- 웰의 크기가 너무 클 경우는 파일로 갈거나 클리퍼로 잘라서 쓴다.
- 손톱의 양쪽 끝을 모두 커버해야 한다.
- 손톱의 모양과 어울리는 팁 모양을 고른다.

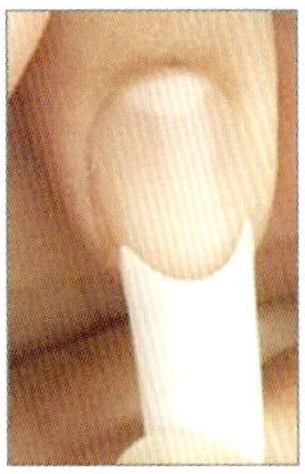
작은 팁(X)

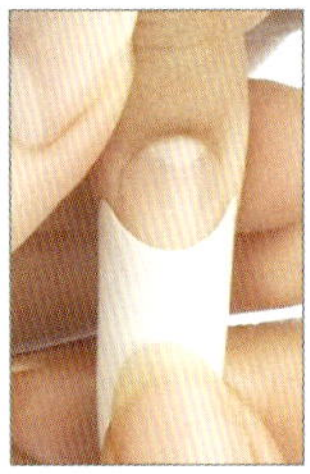
큰 팁(X)

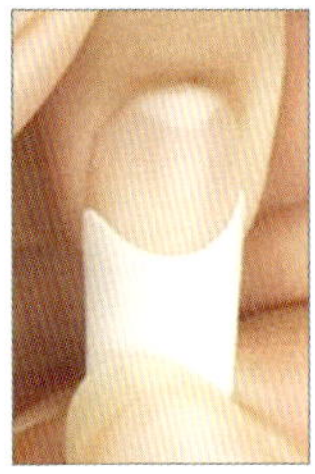
맞는 팁(O)

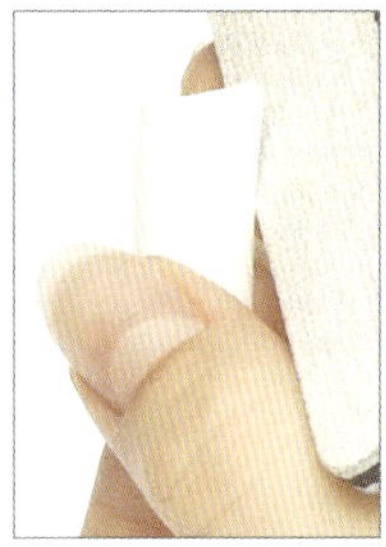
파일로 크기 조절

클리퍼로 크기조절

(3) 팁 부착 방법

- 화이트 팁을 고른 후 팁의 방향은 손가락 끝마디 선과 평행이 되도록 한다.
- 손가락과 손톱의 방향이 휘어졌을 경우 전체 손가락 방향에 맞추도록 한다.
- 접착제는 팁에 바르는 경우도 있고 자연 네일에 바른 후 붙이는 경우도 있다.
- 팁을 붙일 때는 45° 각도로 손톱에 대고 그대로 지그시 눌러 손톱에 공기가 들어가지 않게 밀착시켜 붙여야 리프팅을 방지할 수 있다.
- 손톱에 가장 잘 맞는 사이즈의 팁을 손톱의 1/3정도에 붙여야 하며 1/2이상을 덮어서는 안된다.
- 손톱이 피부에 파묻히거나 짧을 경우 피부에 크림이나 오일을 발라 시술하면 피부에 붙지 않는다.

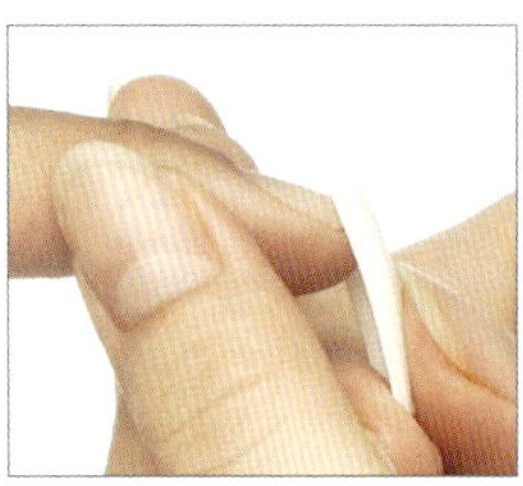

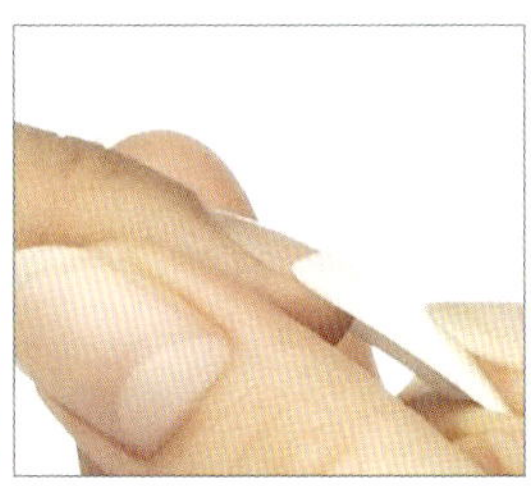

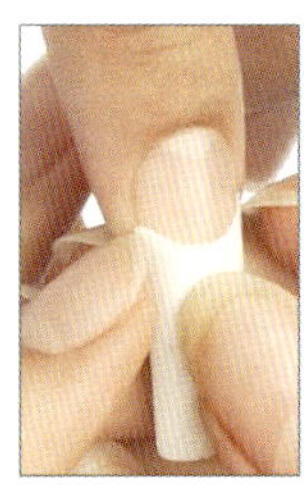

• **재료 및 도구**

더스트 브러시, 안티셉틱, 페이퍼 타월, 파일, 광파일, 푸셔, 아세톤, 글루 드라이, 오일, 필러 파우더, 젤 글루, 글루, 팁 커터기, 샌딩, 사각 패드, 클리퍼, 프렌치 팁

- **안팁셉틱**: 손 소독제
- **네일 팁**: 길이를 연장해 주는 인조 손톱이다.
- **팁 커터기**: 팁 길이조정, 인조 팁을 한번에 90° 직각으로 세워 자를 수 있다.
- **클리퍼**: 팁길이, 사이드 조정, 인조 네일을 끝에서부터 조금씩 잘라 낼 때 사용한다.
- **글루**: 인조 네일을 자연 네일 위에 부착할 때 사용하는 액체로 되어 있는 부착제이다.
- **젤 글루**: 팁의 강도를 더해줄 때 사용하는 부착제이다.
- **필러 파우더**: 손톱의 연결 두께를 만들거나 굴곡을 채워주는 파우더이다.
- **글루드라이어**: 스프레이 형태로 사용하며 글루, 젤 글루를 빠르게 굳혀준다.
- **파일**: 100, 150, 180그릿을 순서대로 사용하여 길이조절, 표면을 매끄럽게 다듬어 준다.
- **샌딩**: 가로, 세로로 사용하여 스크래치가 없도록 표면을 매끄럽게 정리해준다.
- **더스트 브러시**: 먼지를 제거해준다.
- **큐티클 오일**: 큐티클을 유연하게 해주고 거스러미 방지, 광택을 낼 때 사용한다.
- **4-Way**: 자연 네일과 인조 네일의 광택을 낼 때 사용한다.
- **페이퍼 타월**: 종이 타월로 글루의 양을 조절할 때 사용한다.

(4) 사전 준비사항

- 테이블 소독, 재료정리 및 소독하기
- 페이퍼 타월 준비
- 흰색 팁 사이즈 선택
- 루즈 스킨 제거
- 마스크, 고글 준비

2) 프렌치 팁(French Tip)

프렌치 팁은 팁이 흰색으로 되어 프리엣지 부분에 부착하는 방법이며 네일 바디가 짧은 사람이 부착하면 손톱이 더 짧아 보이는 단점이 있다.

(1) 시술과정

01 손 소독

안티셉틱을 이용하여 시술자와 고객 손을 소독한다.

02 큐티클 밀기

푸셔를 이용해서 피부가 손상되지 않게 큐티클을 부드럽게 밀어 올린다.

03 손톱 모양내기

파일을 이용하여 손톱 모양을 만들어주며 프리엣지 길이는 0.5~1mm정도가 적당하며 모양은 둥근형으로 한다.

04 에칭 주기

에칭(Etching) 작업은 손톱 표면을 파일로 긁어 만들어진 깊이가 제품의 접착력을 높여 주며 자연 손톱의 손상을 줄이고 흡수하는 역할을 한다. 샌딩으로 표면을 매끄럽게 정리하여 자연 손톱 표면의 유분기를 제거해 접착력을 높이고 박테리아의 번식을 억제한다.

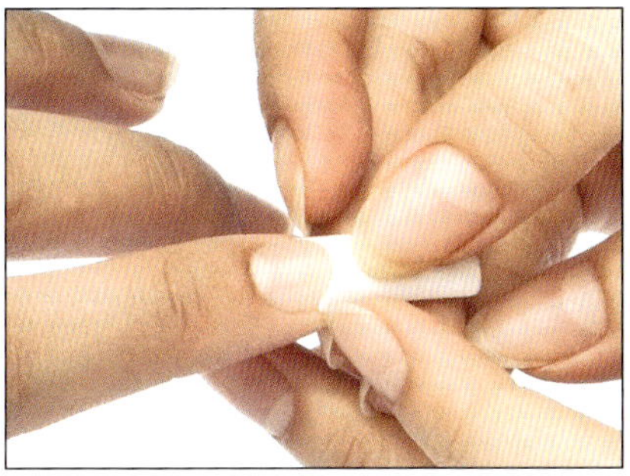

05 팁 접착하기

웰 부분에 글루를 바른 후 화이트 팁을 45° 각도로 밀착하여 부착한다. 팁이 깨지거나 찢어지지 않게 주의를 요한다.

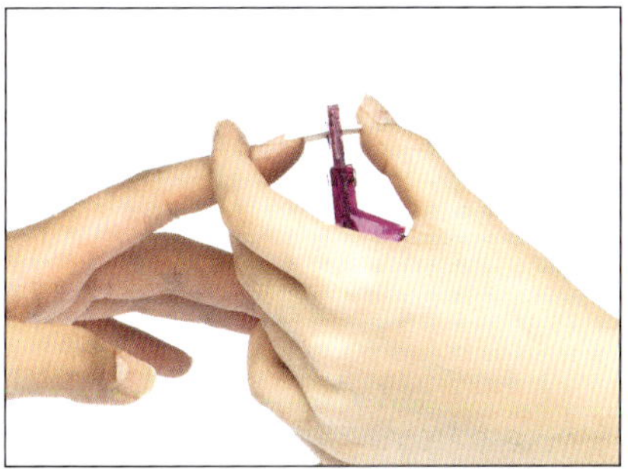

06 팁 자르기

팁 커터기 90° 각도로 한번에 자르거나 클리퍼로 끝에서 조금씩 자른다.

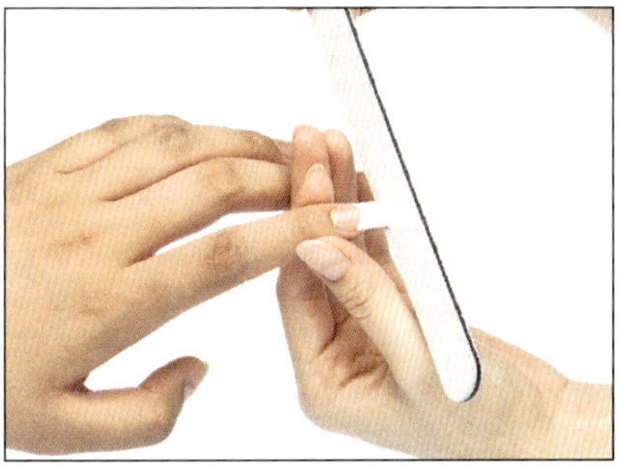

07 팁 길이 조절하기

파일을 90° 각도로 세워 팁 길이를 1~1.5 ㎝로 조절하고 양옆 사이드 부분을 일직선으로 갈아준다.

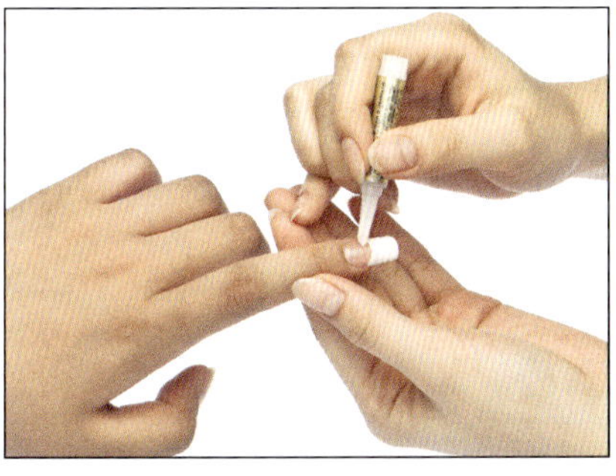

08 글루 바르기

살에 닿지 않도록 적당량 스며들게 도포한다.

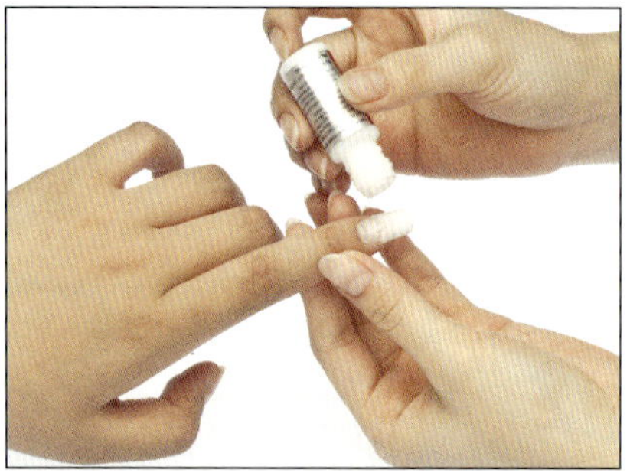

09 필러 파우더 도포하기

필러 파우더를 2~3회 뿌려준다. 글루와 파우더의 비율은 1:10이 되게 한다. 피부에 닿은 파우더는 깨끗이 제거해야 한다.

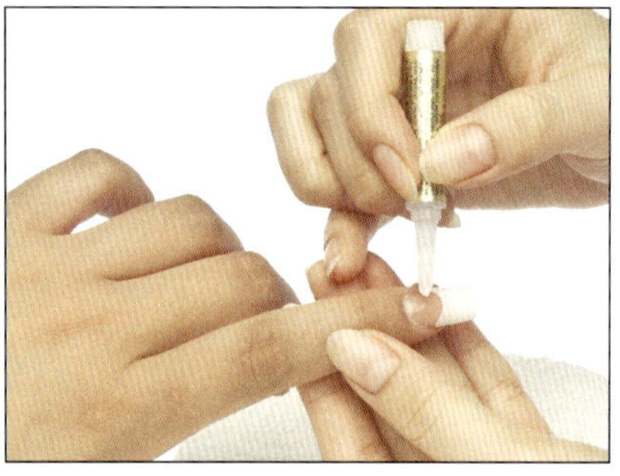

10 글루 바르기

살에 닿지 않도록 적당량 스며들게 도포 후 페이퍼타월로 팁 끝부분에 있는 많은 양의 글루를 스며들게 하여 덜어낸다.

11 글루 드라이 분사하기

글루 드라이는 10~15㎝ 떨어진 위치에서 아주 소량만 뿌려준다.

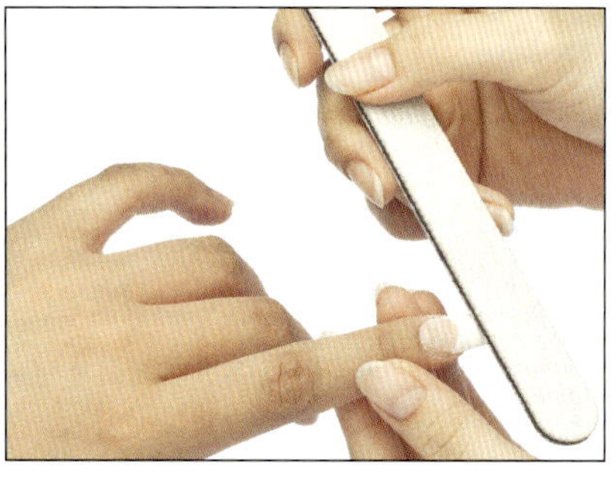

12 파일링 하기

100, 180, 150 그릿으로 표면을 매끄럽게 파일링 한다.

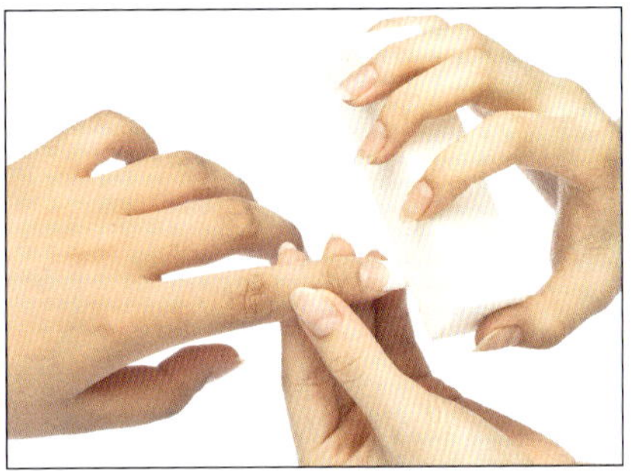

13 표면 정리하기

전체 표면을 매끄럽게 샌딩 한다.

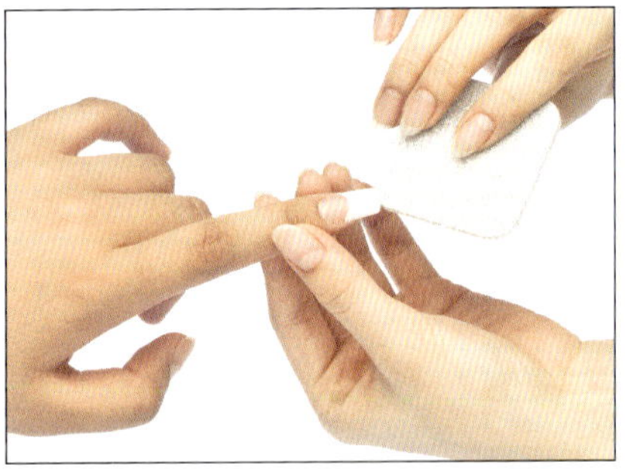

14 거스러미 제거하기

팁 끝 부분에 있는 잔여물을 제거한다.

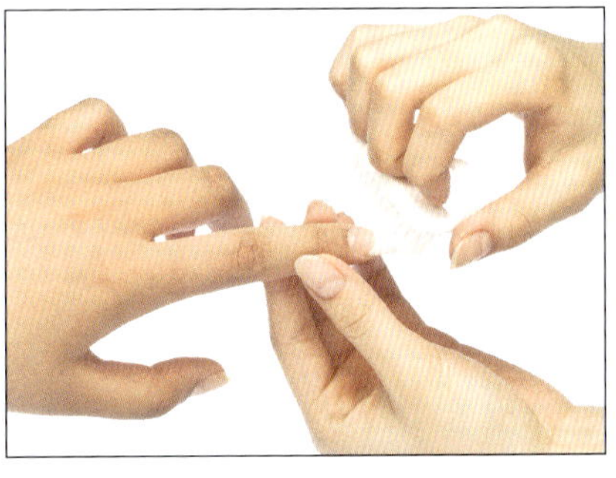

15 먼지 제거하기

피부와 손톱 위의 먼지, 이물질 등을 깨끗이 털어내 준다.

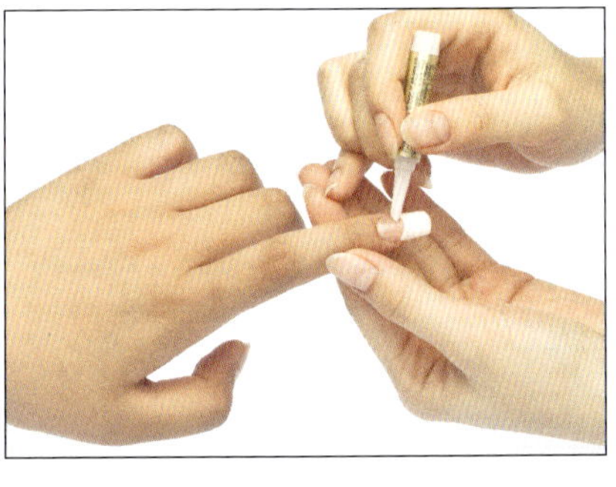

16 글루 바르기

살에 닿지 않도록 적당량 스며들게 도포한다.

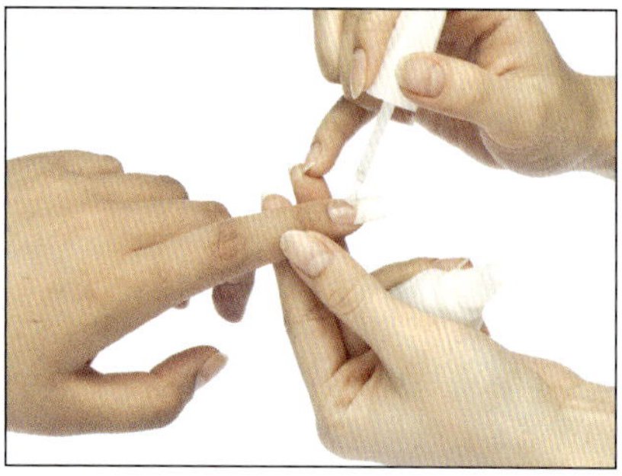

17 젤 글루 바르기

젤 글루를 발라 표면을 매끄럽게 하거나 더욱더 튼튼히 해준다.

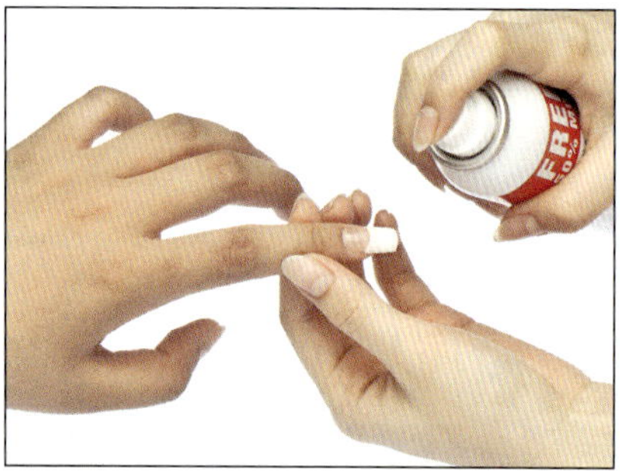

18 글루 드라이 분사하기

글루 드라이는 10~15㎝ 떨어진 위치에서 아주 소량만 뿌려준다.

19 표면 정리하기

전체 표면을 매끄럽게 샌딩 한다.

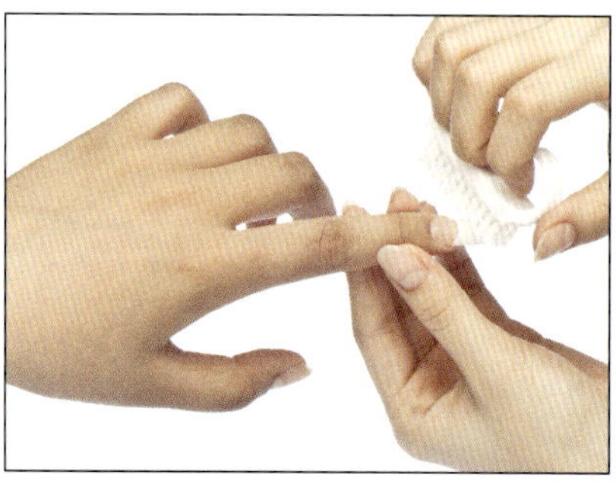

20 먼지 제거하기

피부와 손톱 위의 먼지 등 이물질을 깨끗이 털어내 준다.

21 오일 바르기

큐티클 부분에 오일을 발라주고 가볍게 마사지 한다.

22 광택 내기

4-way로 광택을 내준다.

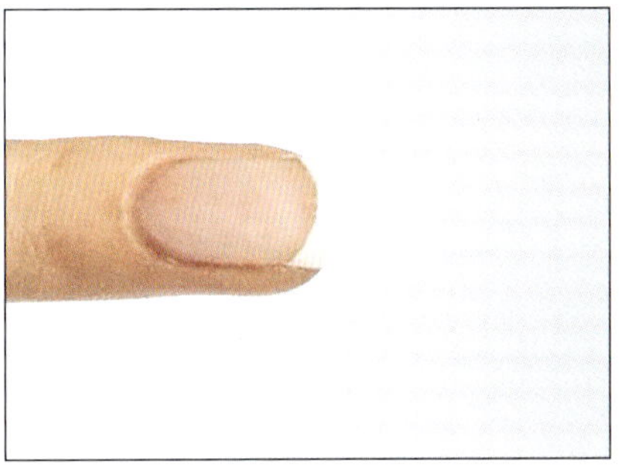

23 완성

바디가 짧은 손톱은 더 짧아 보이는 단점이 있으므로 주의한다.

3) 레귤러 팁(Regular Tip)

자연 네일과 흡사하여 레귤러 팁이라고 하며 부착 후 자연 손톱이 보이므로 컬러를 발라 완성한다.

• 재료 및 도구

더스트 브러시, 안티셉틱, 페이퍼 타월, 파일, 광파일, 푸셔, 아세톤, 글루 드라이, 오일, 필러 파우더, 젤 글루, 글루, 팁 커터기, 샌딩, 사각 패드, 클리퍼, 레귤러 팁

(1) 사전 준비사항

- 테이블 소독, 재료정리 및 소독하기
- 페이퍼 타월 준비
- 레귤러 팁 사이즈 선택
- 루즈 스킨 제거
- 마스크, 고글 준비

(2) 팁 선택하기

손톱과 맞는 팁을 선택한 후 웰 부분을 파일링하여 얇게 만들어 준다.

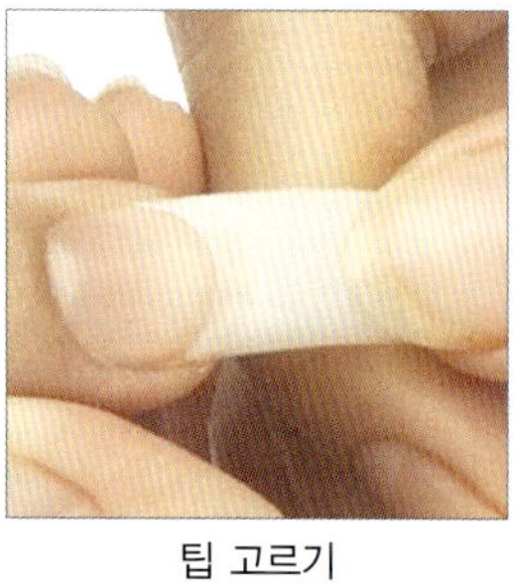

팁 고르기

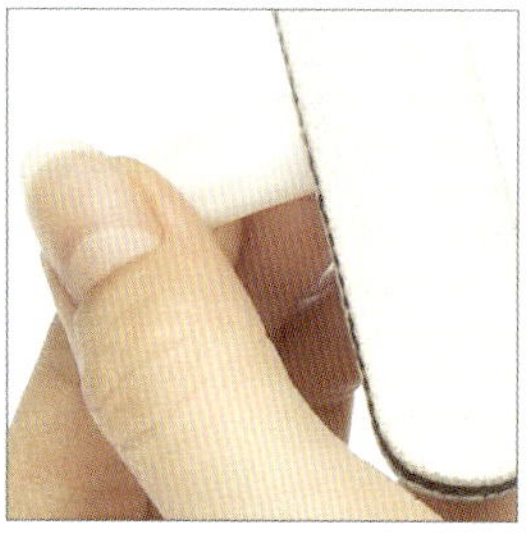

팁턱 파일링

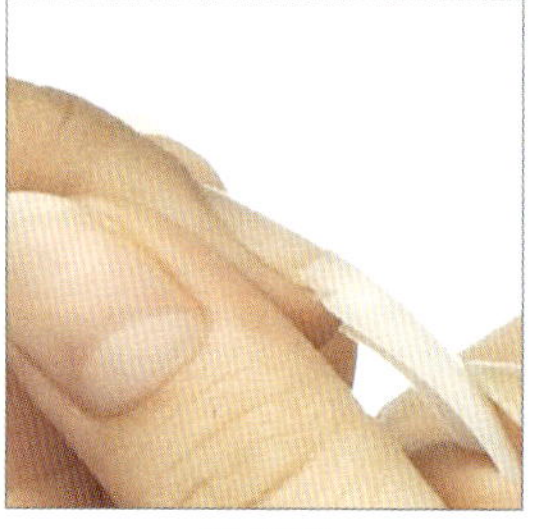

팁 부착

(3) 시술과정

01 손 소독하기

안티셉틱을 이용하여 시술자와 고객 손을 소독한다.

02 큐티클 밀기

푸셔를 이용해서 피부가 손상되지 않게 큐티클을 부드럽게 밀어 올린다.

03 손톱 모양내기

파일을 이용하여 프리엣지 길이는 0.5~1mm정도가 적당하며 모양은 둥근형으로 한다.

04 에칭 주기

샌딩으로 표면을 매끄럽게 정리하여 자연 손톱 표면의 유분기를 제거해 접착력을 높이고 박테리아의 번식을 억제한다. 에칭(Etching) 작업은 손톱 표면을 파일로 긁어 만들어진 깊이가 제품의 접착력을 높여 주며 자연 손톱의 손상을 줄이고 흡수하는 역할을 한다.

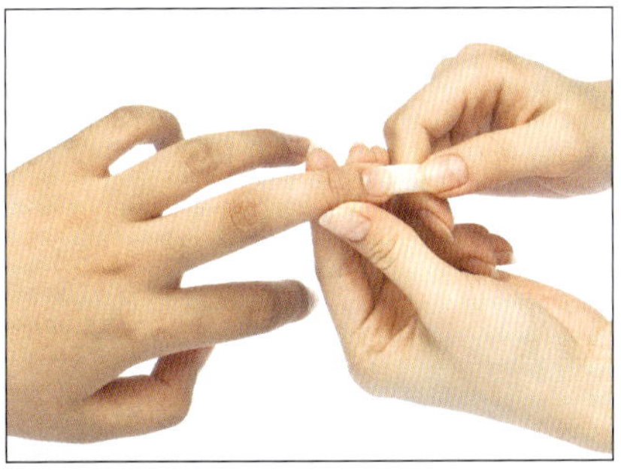

05 팁 접착하기

웰 부분에 글루를 바른 후 팁을 45° 각도로 밀착하여 부착한다. 팁이 깨지거나 찢어지지 않게 주의를 요한다. 팁 턱을 미리 갈아서 접착하기도 한다.

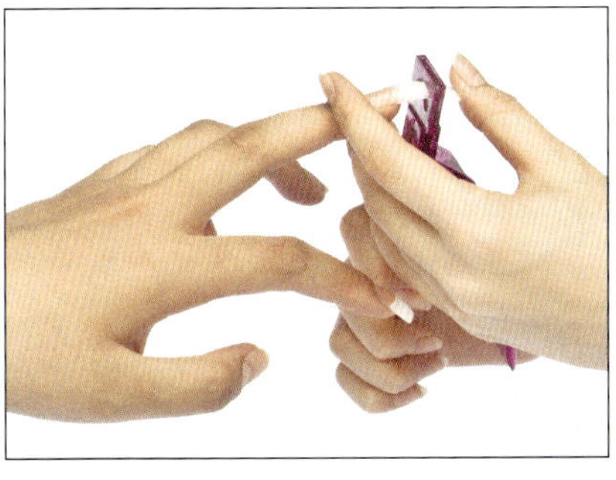

06 팁 자르기

팁 커터기를 90° 각도로 사용하여 한번에 자르거나 클리퍼로 끝에서 조금씩 자른다.

07 팁 길이 조절하기

파일을 90° 각도로 세워 팁 길이를 1~1.5㎝로 조절하고 양옆 사이드 부분을 일직선으로 갈아준다.

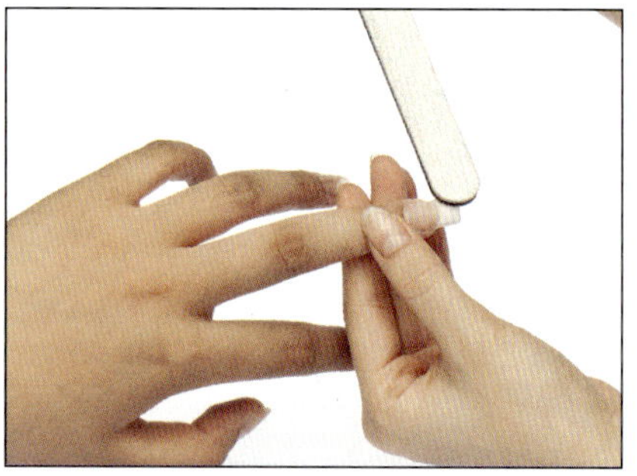

08 팁 턱 제거하기

웰 부분의 팁 턱을 얇게 파일링 한다. 팁이 깨지거나 찢어지지 않게 주의를 요한다.

09 표면 정리하기

팁이 깨지거나 찢어지지 않게 주의를 요하며 표면을 스크래치가 없도록 매끄럽게 샌딩한다.

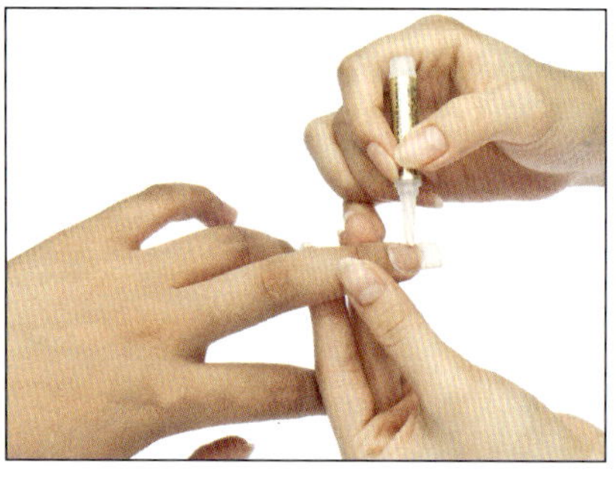

10 글루 바르기

살에 닿지 않도록 적당량 스며들게 도포한다.

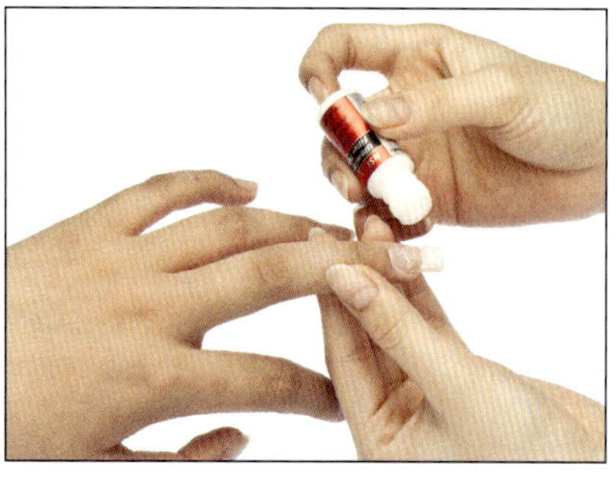

11 필러 파우더 뿌리기

필러 파우더를 2~3회 뿌려준다. 글루와 파우더의 비율은 1:10이 되게 하며 피부에 닿은 파우더는 깨끗이 제거해야 한다.

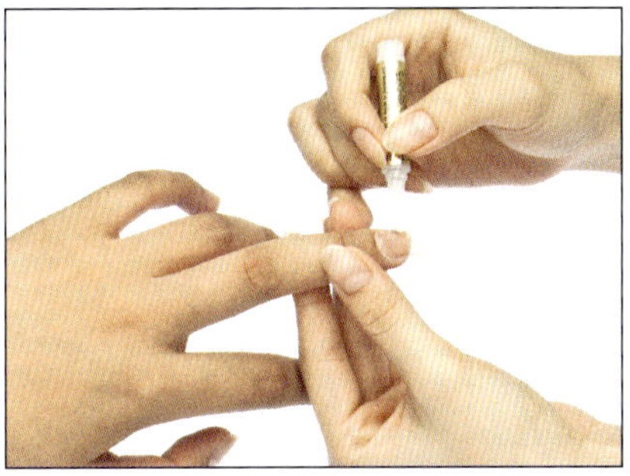

12 글루 바르기

살에 닿지 않도록 적당량 스며들게 도포 후 페이퍼 타월로 팁 끝부분에 있는 많은 양의 글루를 스며들게 하여 덜어낸다.

13 글루 드라이 분사하기

글루 드라이는 10~15㎝ 떨어진 위치에서 아주 소량만 뿌려준다.

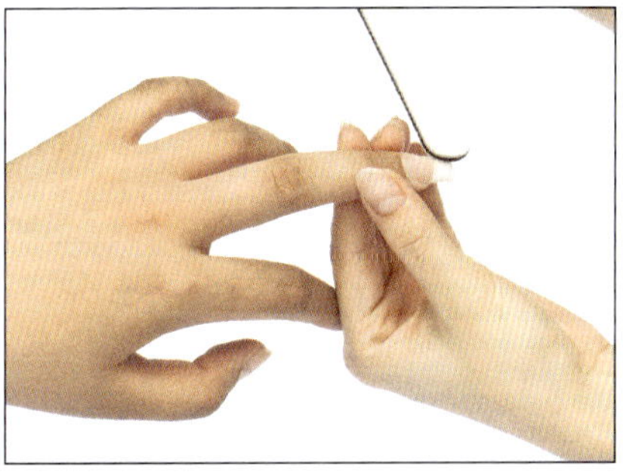

14 파일링 하기

100, 180, 150그릿으로 표면을 매끄럽게 파일링 한다.

15 표면 정리하기

전체 표면을 매끄럽게 샌딩 한다.

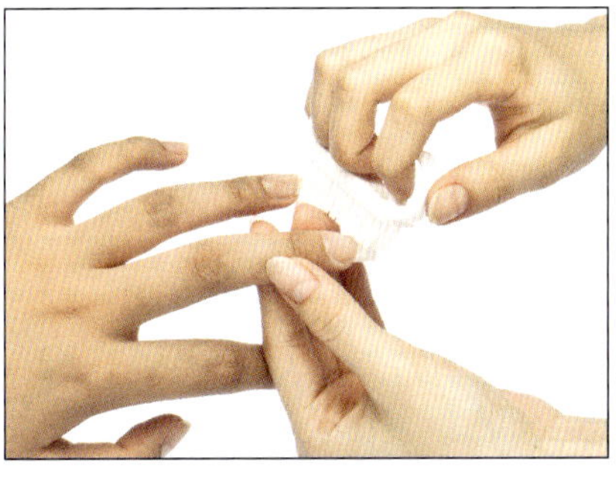

16 먼지 제거하기

팁 끝 부분에 있는 잔여물을 제거한다. 피부와 손톱 위의 먼지, 이물질 등을 깨끗이 털어내 준다.

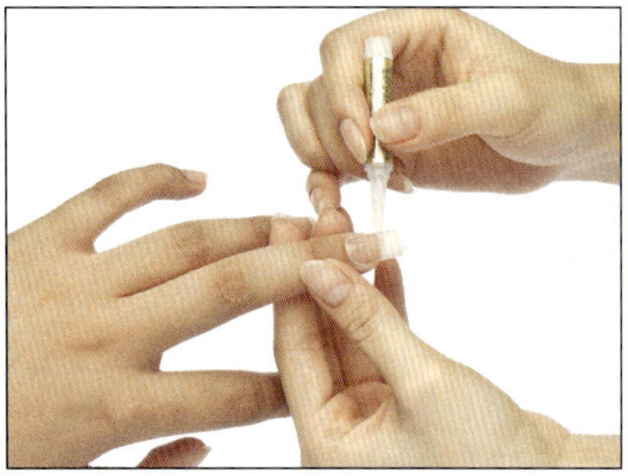

17 글루 바르기

살에 닿지 않도록 적당량 스며들게 도포 한다.

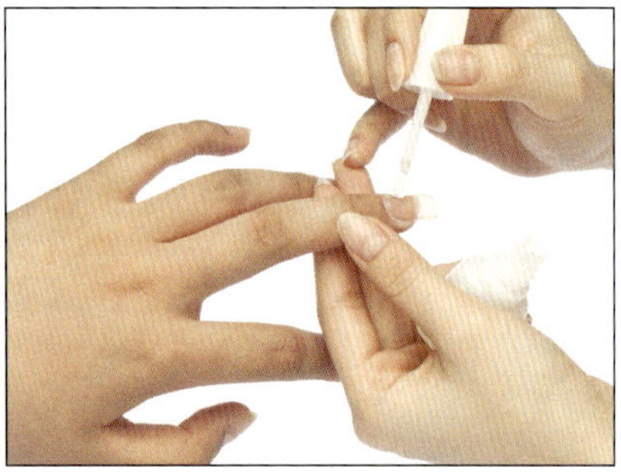

18 젤 글루 바르기

젤 글루를 발라 표면을 매끄럽게 하거나 더욱더 튼튼히 해준다.

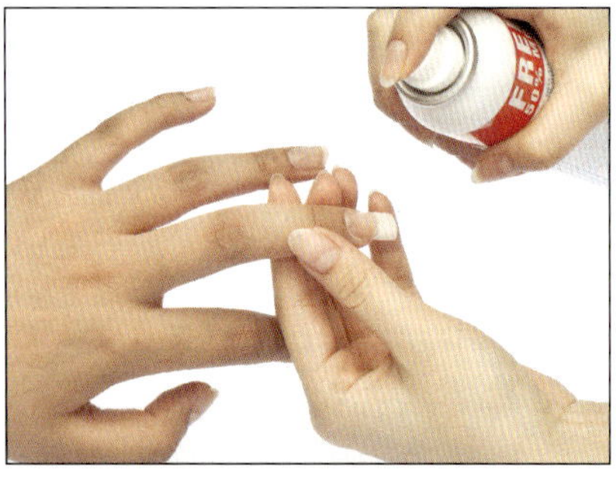

19 글루 드라이 분사하기

글루 드라이는 10~15㎝ 떨어진 위치에서 아주 소량만 뿌려준다.

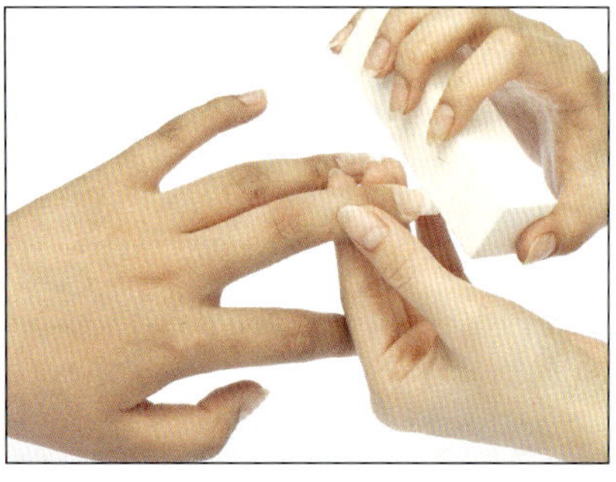

20 표면 정리하기

전체 표면을 매끄럽게 샌딩 한다.

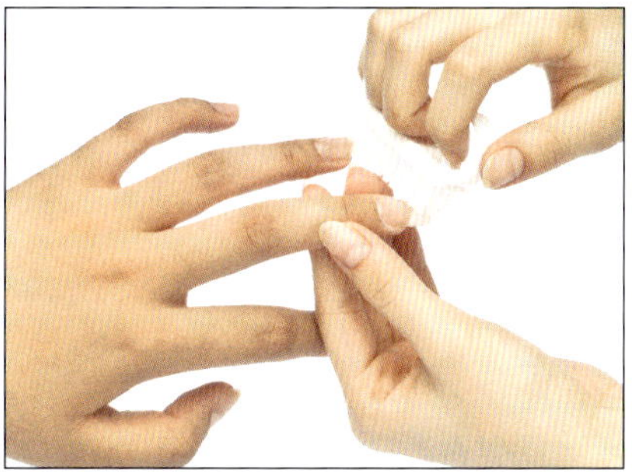

21 먼지 제거하기

피부와 손톱 위의 먼지, 이물질 등을 깨끗이 털어내 준다.

22 오일 바르기

큐티클 부분에 오일을 발라 주고 가볍게 마사지 한다.

23 광택내기

4-way로 광택을 내준다.

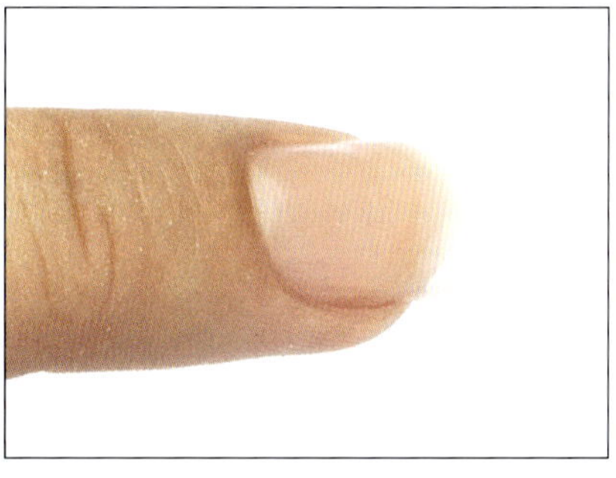

24 완성

손톱 모양과 흡사하며 팁 부착 후 컬러를 발라 준다.

2. 네일 랩 Nail Wraps

1) 네일 랩(Nail Wraps)의 기초지식

네일 랩(Nail Wraps)이란 랩핑(Wrapping)이라고도 하며 천(Fabric)이나 종이(Paper)를 오려서 접착제를 사용하여 손톱의 깨진 부분, 찢어진 부분을 붙여 인위적이지만 내구력을 높여 강하고 튼튼하게 보강시켜주는 방법으로 오버레이(Overlays)라고도 하며 미관상 보기 좋다. 현재 손톱 보강과 길이연장에 사용되던 랩은 랩에 디자인을 하여 특성 있고 개성 있는 연출이 가능한 디자인 실크가 시술 되고 있다.

(1) 네일 랩의 종류

페브릭 랩 (Fabric Wraps) 천을 소재로 한다	Silk (실크-비단)		소재는 매우 가느다란 명주실로 짜여있어 얇고 투명하며 강도가 높아 가장 자연스러워 많이 사용되는 명주 소재의 천이다.
	Linen (린넨-마)		굵은 실로 짜여 있어 두껍고 투박하며 강도가 높고 오래 유지되지만 천의 조직이 그대로 보여 시술 후 짙은 컬러를 발라야 하는 단점이 있다.
	Fiberglass (화이버글래스-광섬유, 유리섬유)		천의 조직이 비치고 투박하지만 글루 대신 젤을 사용하여 표면에 광택이 우수하나 모서리가 떨어지거나 금이 잘 생기는 단점이 있다.
페이퍼 랩 (Paper Wraps) 종이를 소재로 한다.			매우 얇은 종이로 아세톤, 용해제에 용해되기 쉬우므로 임시 랩으로만 사용한다.

• **재료 및 도구**

글루 드라이, 실크, 샌딩, 안티셉틱, 클리퍼, 젤, 필러 파우더, 오일, 더스트 브러시, 파일, 광파일, 글루, 젤 글루, 푸셔, 랩 가위, 리무버, 솜

- **안티셉틱**: 손 소독제
- **실크**: 찢어진 손톱 보강, 길이 연상을 할 때 사용한다.
- **랩 가위**: 페브릭 랩을 재단할 때 사용한다.
- **클리퍼**: 손톱 길이, 사이드 조정할 때 사용한다.
- **글루**: 인조 네일을 자연 네일 위에 부착할 때 사용하는 액체로 되어 있는 부착제이다.
- **젤 글루**: 실크의 강도를 더해줄 때 사용하는 부착제이다.
- **필러 파우더**: 손톱의 연결 두께를 만들거나 굴곡을 채워주는 파우더이다.
- **글루드라이어**: 스프레이 형태로 사용하며 글루, 젤 글루를 빠르게 굳혀준다.
- **파일**: 180그릿 파일을 사용하여 길이 조절, 큐티클, 사이드 부분을 다듬어 준다.
- **샌딩**: 가로 세로로 사용하여 스크래치가 없도록 표면을 매끄럽게 정리해준다.
- **더스트 브러시**: 먼지를 제거해준다.
- **큐티클 오일**: 큐티클을 유연하게 해주고 거스러미 방지, 광택을 낼 때 사용한다.
- **4-Way**: 자연 네일과 인조 네일의 광택을 낼 때 사용한다.
- **페이퍼 타월**: 종이 타월로 글루의 양을 조절할 때 사용한다.

(2) 사전 준비 사항

- 테이블 소독 및 재료 정리
- 시술자 손 씻기
- 페이퍼 타월 깔기, 타월 준비
- 실크재단
- 마스크, 고글 준비

2) 랩핑(Wrapping)

손톱의 깨진 부분, 찢어진 부분을 붙여 인위적이지만 내구력을 높여 강하고 튼튼하게 보강시켜주는 방법으로 글루와 파우더, 실크를 이용하여 오버레이 하는 방법이다.

(1) 시술과정

01 손 소독하기

안티셉틱을 이용하여 시술자와 고객 손을 소독한다.

02 큐티클 밀기

오렌지 우드 스틱을 이용해서 피부가 손상되지 않게 큐티클을 부드럽게 밀어 올린다.

03 손톱 모양내기

파일을 이용하여 프리엣지 길이는 0.5~1mm정도가 적당하며 모양은 둥근형으로 한다.

04 에칭주기

에칭(Etching) 작업은 손톱 표면을 파일로 긁어 만들어진 깊이가 제품의 접착력을 높여 주며 자연 손톱의 손상을 줄이고 흡수하는 역할을 한다. 샌딩으로 표면을 매끄럽게 정리하여 자연 손톱 표면의 유분기를 제거해 접착력을 높이고 박테리아의 번식을 억제한다.

05 랩 재단하기

늘리고자 하는 길이보다 약 1.5Cm이상 길게 사다리꼴 모양으로 재단하고 큐티클 라인 부분 코너를 둥글게 재단한다.

06 랩 전체 접착하기

큐티클 라인에서 1.5m 정도 떨어지게 전체 붙이며 자연 네일의 양사이드에 일치하도록 랩이 손톱에 들뜨지 않게 접착한다. 손톱이 찢어지거나 깨진 부분만 랩을 잘라 붙이며 자연 손톱에 들뜨지 않게 접착하는 방법과 손톱 전체를 접착하는 방법이 있다.

1. 부분 랩 재단

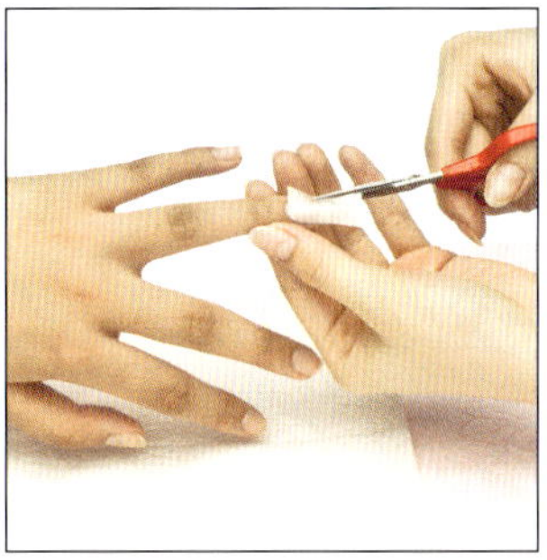

2. 전체 랩 재단

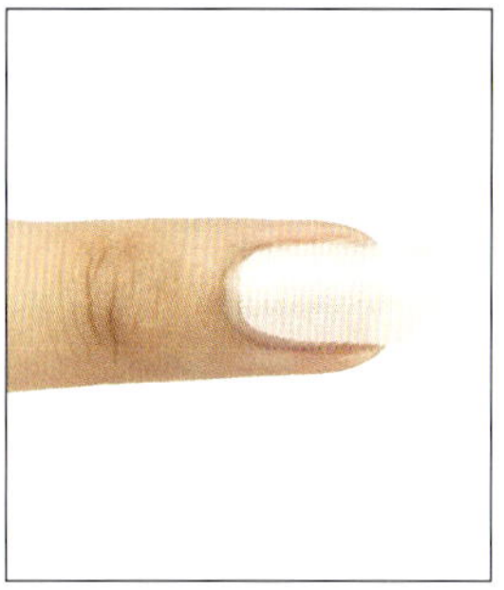

3. 전체 랩 부착

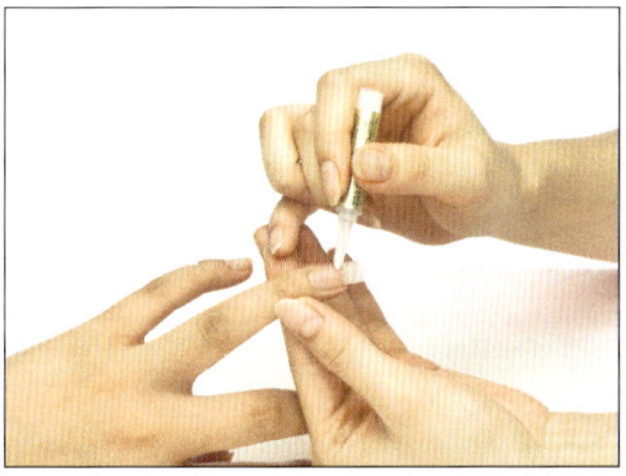

07 글루 도포하기

큐티클 라인부터 연장하고자 하는 프리 엣지까지 글루를 도포한다.

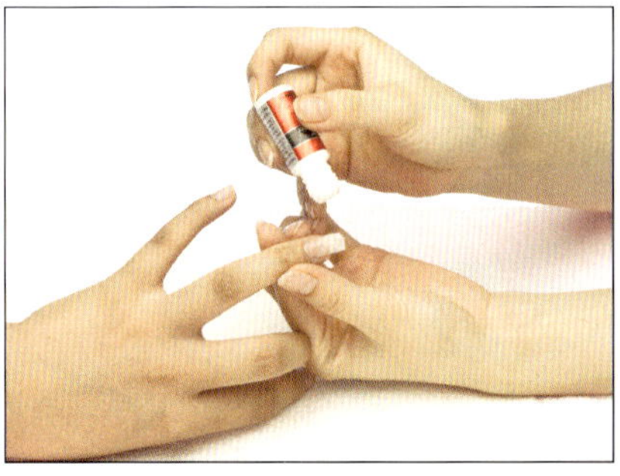

08 필러 파우더 도포하기

필러 파우더를 소량 뿌려 두께를 조절한다. 한 번에 많은 양을 뿌리게 되면 기포로 인하여 투명도가 저하된다.

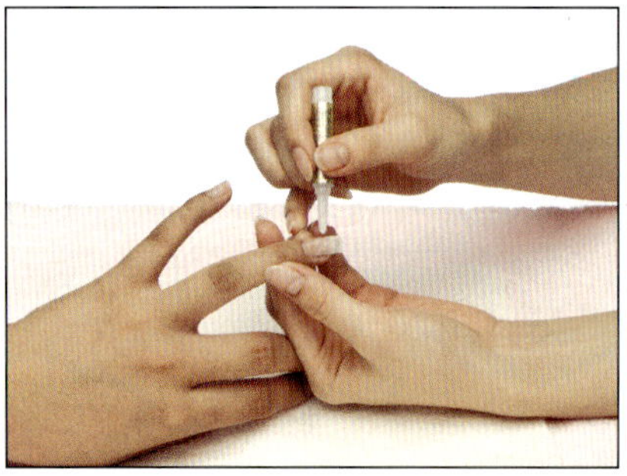

09 글루 도포하기

글루와 필러 파우더를 반복해서 2~3회 정도 도포하며 피부에 닿은 필러 파우더는 제거 후 글루를 도포한다.

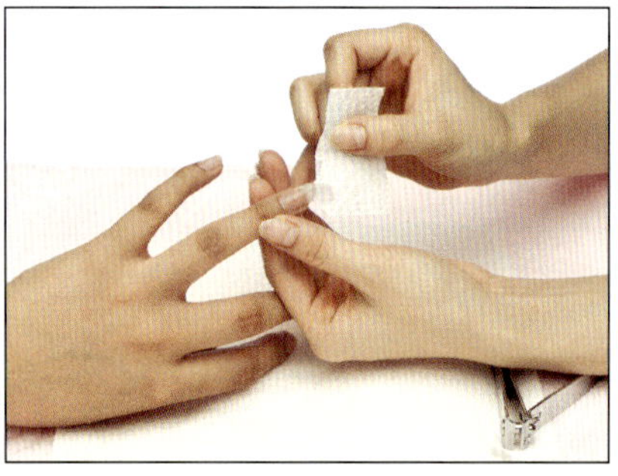

10 글루의 양조절하기

글루와 필러 파우더의 양이 1:1 비율이 되도록 페이퍼 타월로 조절해준다.

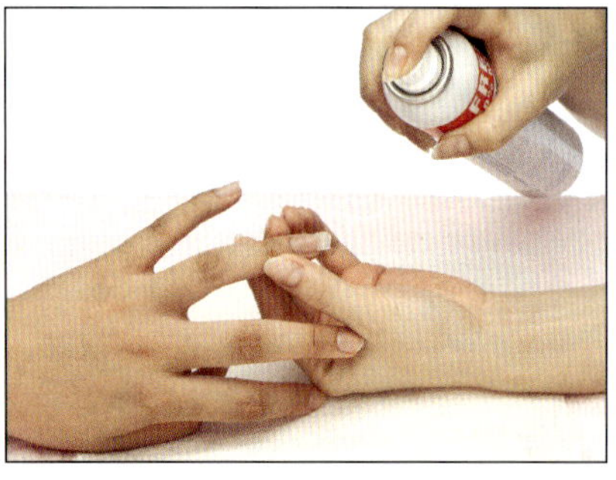

11 글루 드라이 분사하기

10~15cm 떨어진 위치에서 글루 드라이를 소량 분사하여 건조한다.

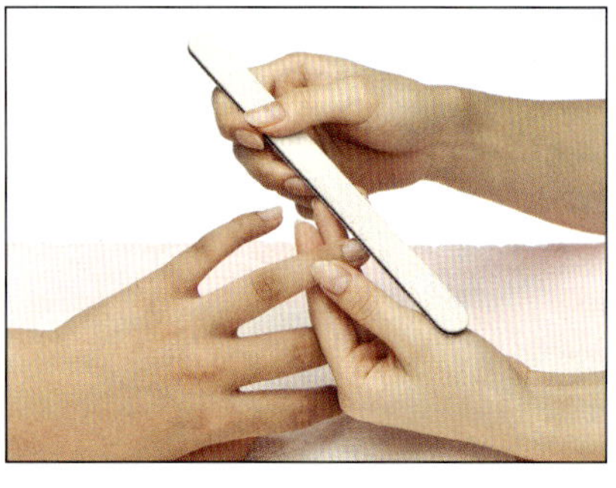

12 표면 파일링하기

부드러운 파일(180Grit)을 이용하여 랩을 붙인 가장자리 턱 부분과 손톱모양을 정리하고 표면, 두께를 매끄럽게 갈아준다.

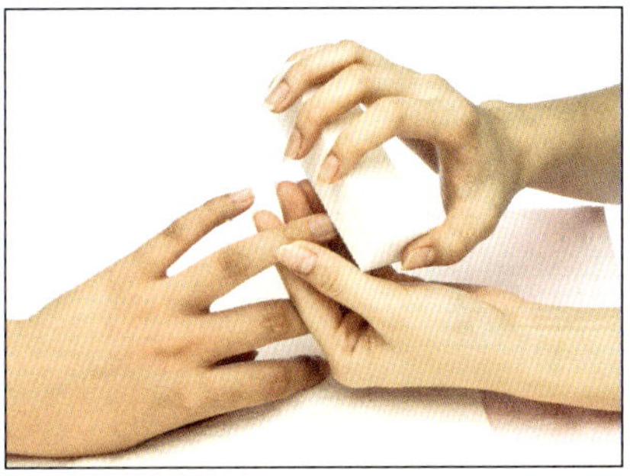

13 표면 정리하기

샌딩으로 손톱표면을 가로, 세로 방향으로 매끄럽게 정리해준다.

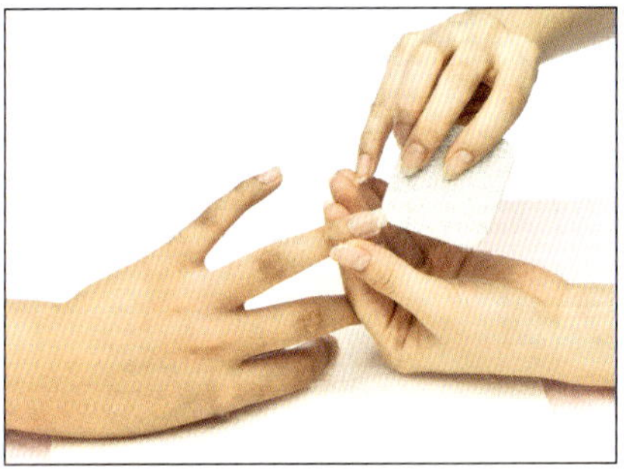

14 거스러미 제거하기

패드를 사용해 손톱 및 거스러미를 정리해준다.

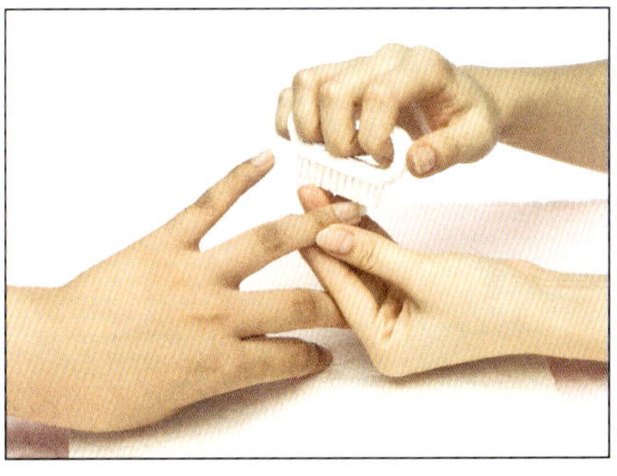

15 먼지 제거하기

더스트 브러시를 사용하여 먼지를 깨끗이 털어낸다.

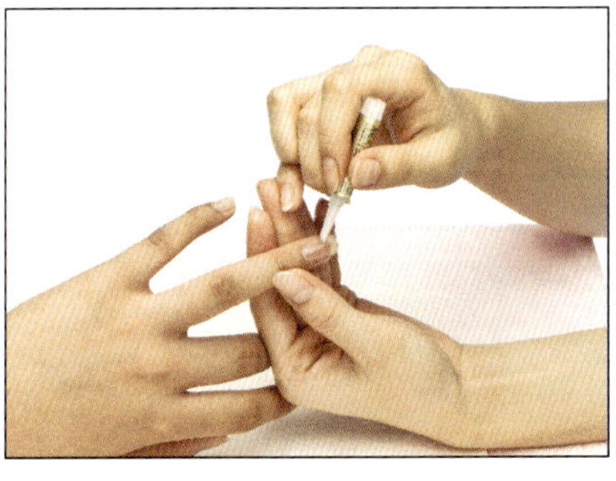

16 글루 도포하기

글루를 전체 소량 도포 한다.

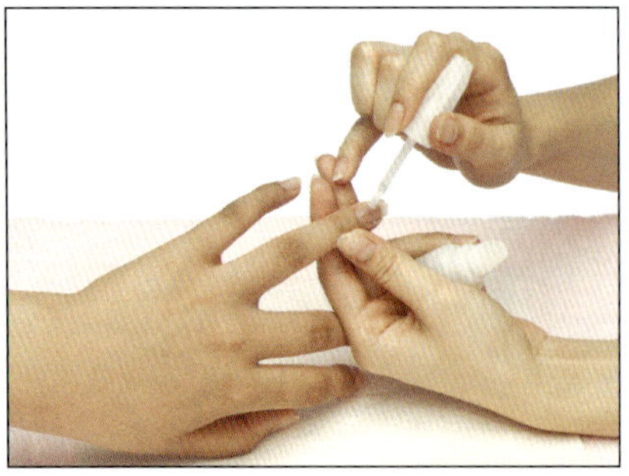

17 젤 글루 도포하기

글루를 바른 후 젤 글루를 컬러 바르듯이 얇게 위에서 아래까지 발라 준다.

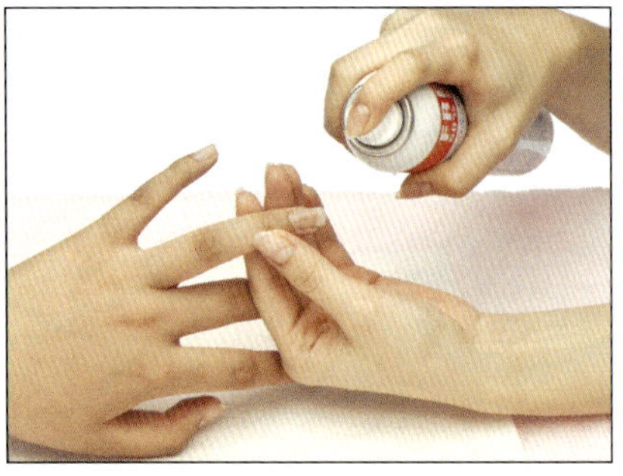

18 글루 드라이 분사하기

10~15cm 떨어진 위치에서 글루 드라이를 소량 분사하여 건조한다.

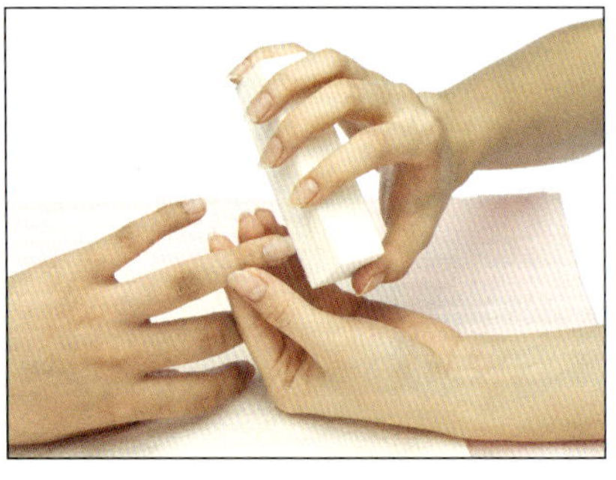

19 표면 정리하기

샌딩으로 손톱표면을 매끄럽게 정리해 준다.

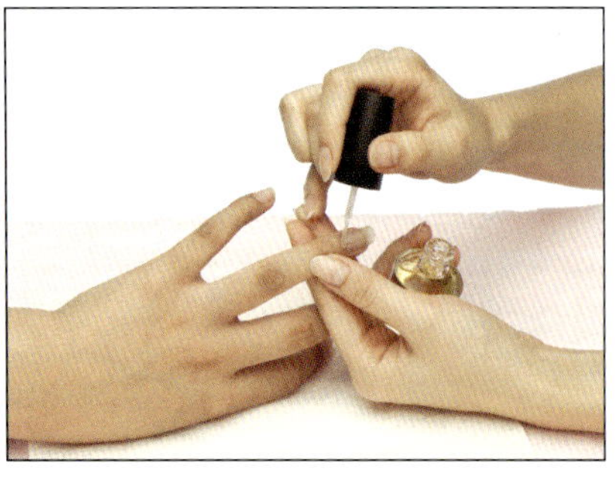

20 큐티클 오일 바르기

먼지 제거 후 큐티클부분에 오일을 바른다.

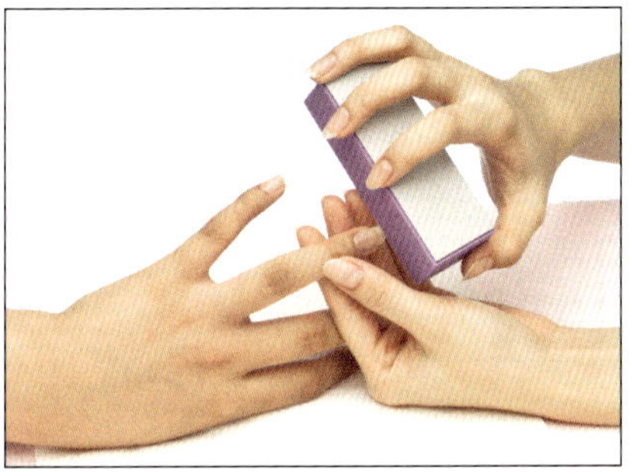

21 광택 내기

4-way를 사용하여 손톱 전체를 투명하게 광을 낸다.

22 랩핑 완성

본인의 손톱이랑 흡사하게 완성 된다.

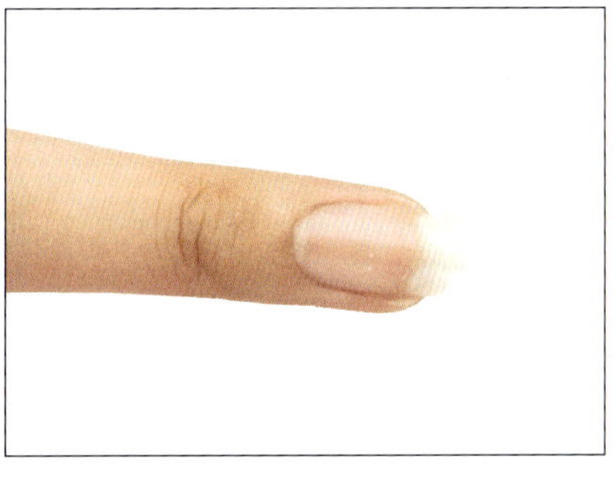

[시술전]

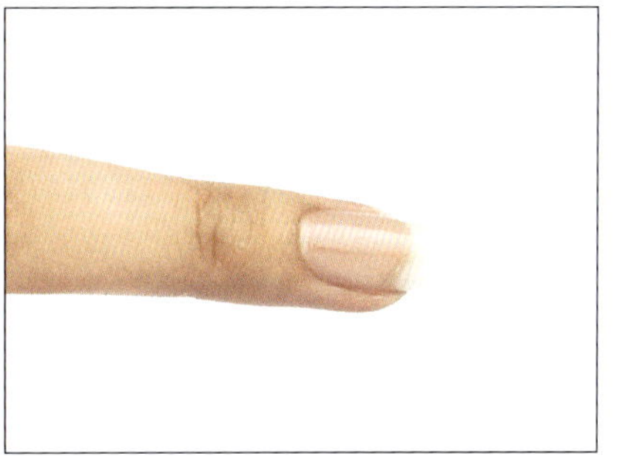

[시술 후]

3) 팁 위드 랩(Tip with Wrap)

팁을 오래 유지시키기 위해 파우더 팁 시술 후 랩을 덧씌워 좀 더 튼튼하게 보강, 연장 시켜주는 인조 네일이다.

• 재료 및 도구

글루 드라이, 레귤러 팁, 샌딩, 안티셉틱, 실크, 클리퍼, 젤 글루, 필러 파우더, 오일, 더스트 브러시, 광파일, 파일, 글루, 푸셔, 랩가위, 페이퍼 타월, 아세톤, 팁커터기

(1) 사전 준비사항

- 테이블 소독, 재료 정리 및 소독하기
- 페이퍼 타월 준비
- 손톱과 맞는 레귤러 팁을 선택한 후 웰 부분을 파일링 하여 얇게 만들어 준다.
- 루즈 스킨 제거
- 마스크, 고글 준비

(2) 시술과정

01 손 소독하기

안티셉틱을 이용하여 시술자와 고객 손을 소독한다.

02 큐티클 밀기

푸셔를 이용해서 피부가 손상되지 않게 큐티클을 부드럽게 밀어 올린다.

03 손톱 모양내기

파일을 이용하여 프리엣지 길이는 0.5~1mm정도가 적당하며 모양은 둥근형으로 한다.

04 에칭주기

에칭(Etching) 작업은 손톱 표면을 파일로 긁어 만들어진 깊이가 제품의 접착력을 높여주며 자연 손톱의 손상을 줄이고 흡수하는 역할을 한다.

05 표면 정리하기

샌딩으로 표면을 매끄럽게 정리하여 자연 손톱 표면의 유분기를 제거해 접착력을 높이고 박테리아의 번식을 억제한다.

06 팁 접착하기

팁의 웰 부분을 얇게 파일링 하고 웰 부분만 글루나 젤 글루로 바른 후 팁을 45° 도 각도로 밀착하여 부착한다. 팁이 깨지거나 찢어지지 않게 주의를 요하며 프리엣지 부분에 접착한다.

07 길이 조절하기

팁 커터기를 90° 각도로 사용하여 한번에 자르거나 클리퍼로 끝에서 조금씩 자른다. 파일을 90° 각도로 세워 팁 길이를 1~1.5㎝로 조절하고 양옆 사이드 부분을 일직선으로 갈아 준다.

08 팁 턱 제거하기

자연 네일에 손상이 가지 않도록 웰 부분만 팁 턱을 얇게 파일링 한다. 팁이 깨지거나 찢어지지 않게 주의를 요한다.

09 표면 샌딩하기

팁이 깨지거나 찢어지지 않게 주의를 요하며 팁 라인과 표면을 스크래치가 없도록 매끄럽게 샌딩한다. 하이포인트가 많이 들어가 있을 때는 파우더를 도포하나 팁 위드 실크는 파우더를 생략한 후 팁 위에 바로 랩을 오버레이 한다.

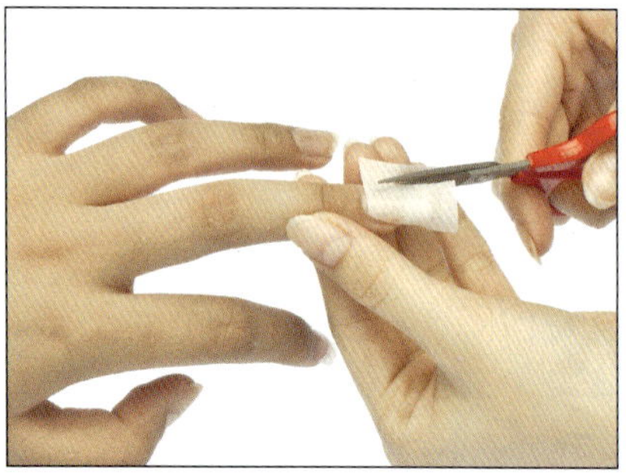

10 랩 재단하기

연장하고자 하는 길이보다 약 1.5cm이상 길게 직선 모양으로 재단하고 큐티클 라인 부분 코너를 둥글게 재단한다.

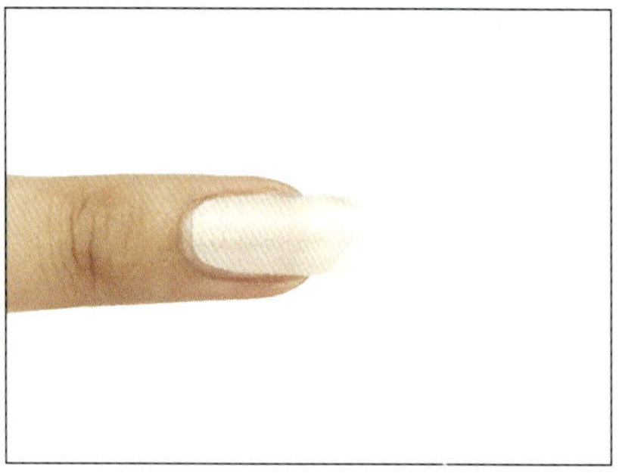

11 랩 전체 부착하기

큐티클에 1mm 정도 여유를 두고 부착한다.

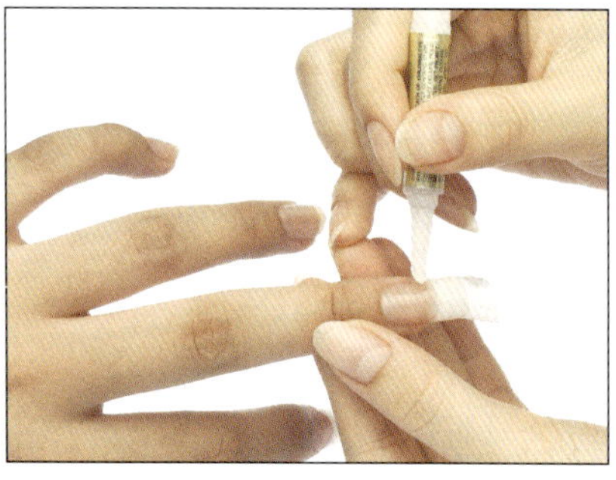

12 글루 바르기

큐티클 주위에서 약간 아래서 전체적으로 도포한다. 살에 닿지 않도록 적당량 스며들게 도포한다.

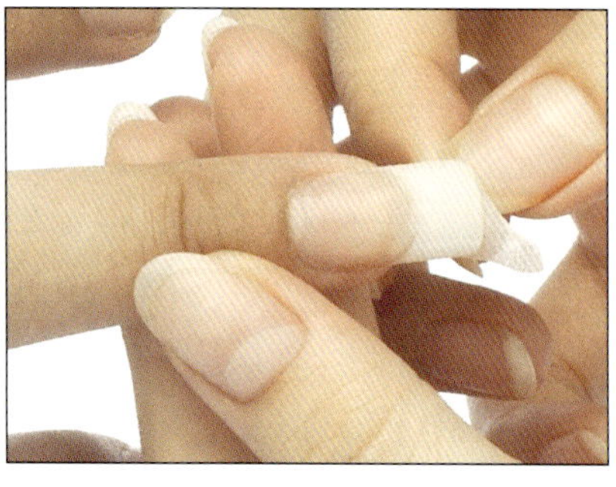

13 랩 부착하기

글루를 도포한 후 팁에 잘 부착 되도록 랩을 전체 접착해 준다.

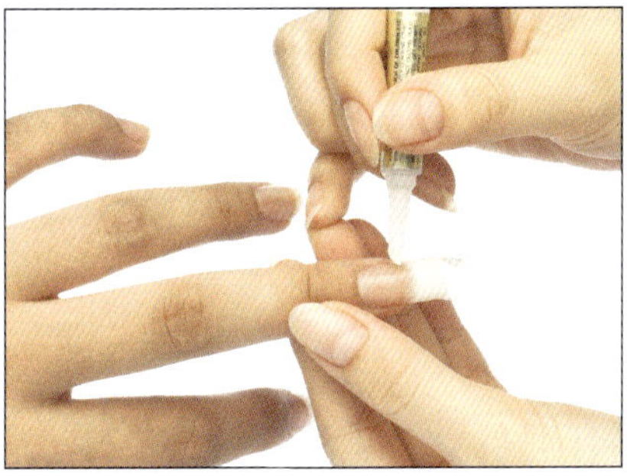

14 글루 바르기

살에 닿지 않도록 적당량 스며들게 도포한다.

15 글루 드라이 분사하기

글루 드라이는 10~15㎝ 떨어진 위치에서 아주 소량만 뿌려준다.

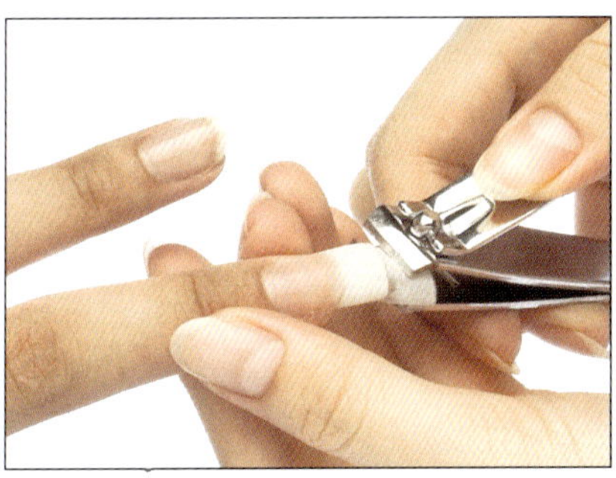

16 길이 조절하기

파일이나 클리퍼를 사용하여 길이를 조절해 준다.

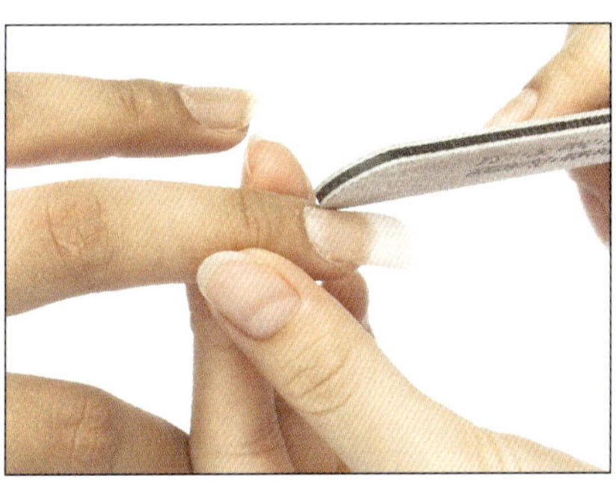

17 랩 턱 갈기

큐티클, 사이드 부분 랩 턱을 150그릿으로 표면을 매끄럽게 파일링 한다.

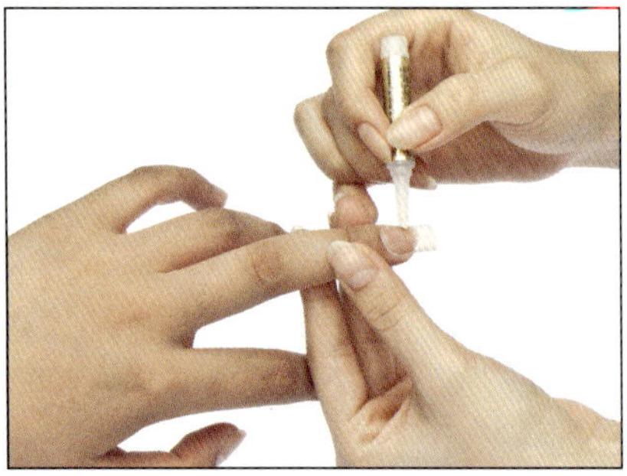

18 글루 바르기

살에 닿지 않도록 적당량 스며들게 도포한다.

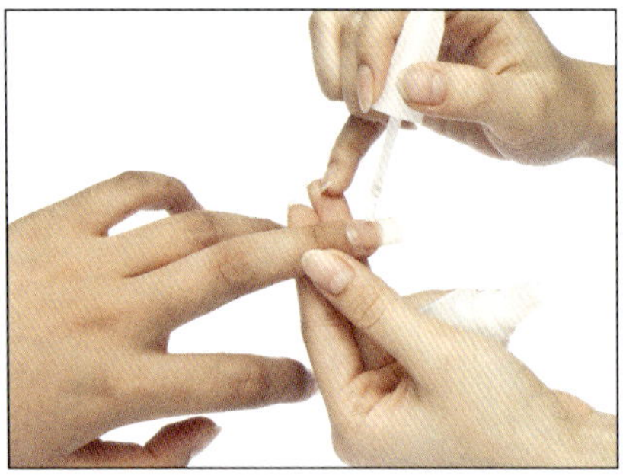

19 젤 글루 바르기

젤 글루를 발라 표면을 매끄럽게 하거나 더욱더 튼튼히 해준다.

20 글루 드라이 분사하기

글루 드라이는 10~15㎝ 떨어진 위치에서 아주 소량만 뿌려준다.

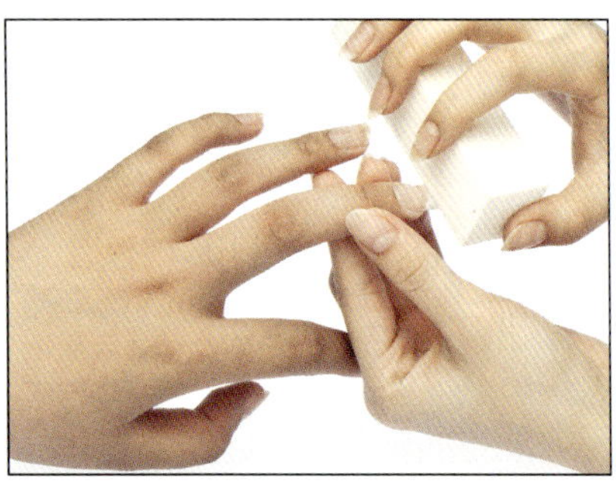

21 표면 정리하기

버퍼를 사용하여 표면을 매끄럽게 정리한다.

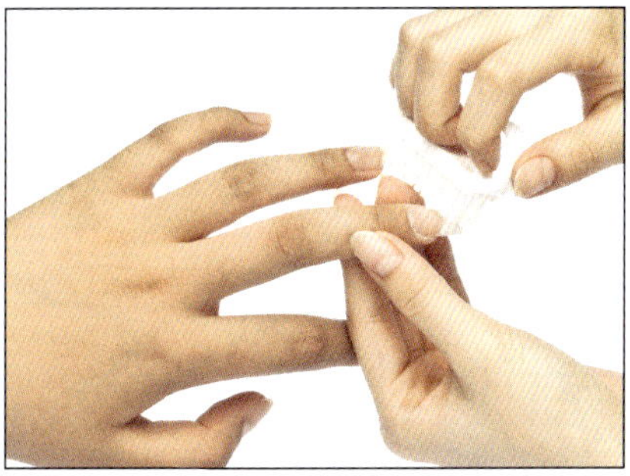

22 먼지 제거하기

피부와 손톱 위의 먼지, 이물질, 거스러미 등을 깨끗이 털어내 준다.

23 오일 바르기

큐티클 부분에 오일을 발라 주고 가볍게 마사지 한다.

24 광택내기

4-way로 광택을 내준다.

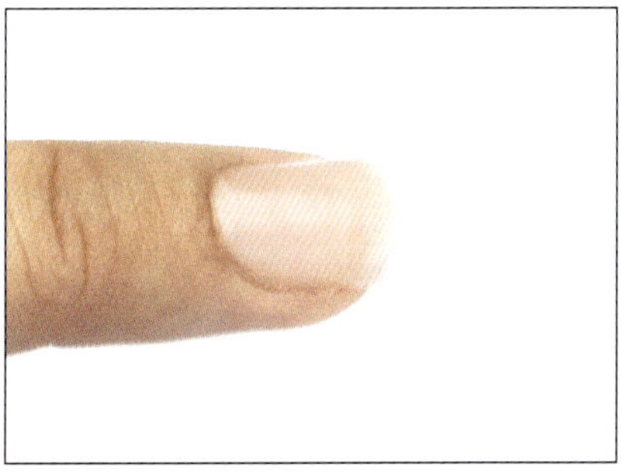

25 완성

완성 후 컬러를 도포해 주어야 한다.

4) 실크 익스텐션(Slik Extension)

익스텐션은 네일의 길이를 길게 한다는 의미에서 인조 손톱(tip)과 같은 성격을 띠고 있으나 실크(Silk)천과 필러 파우더(filler powder)를 이용하여 손톱의 길이를 자유롭게 만들어 네일 자체의 강도를 높여주는 작업이다. 특히 고객의 자연 손톱이 납작하거나 아주 넓은 경우, 손톱이 깨진 경우, 또는 손톱이 살 속에 묻혀 있는 경우 익스텐션을 하면 자연 손톱의 연장으로 손톱 모양 그대로 길이를 늘려 줄 수 있기 때문에 다른 인조 손톱에 비해 가벼우면서 튼튼하고 거부감 없이 자연스러운 손톱으로 연출 할 수 있다. 고도의 숙련된 기술이 필요하고 시간이 오래 걸리는 단점이 있다.

• 재료 및 도구

글루드라이, 실크, 샌딩, 안티셉틱, 클리퍼, 젤 글루, 필러 파우더, 오일, 더스트 브러시, 파일, 광파일, 글루, 푸셔, 랩 가위

(1) 사전 준비 사항

- 테이블 소독 및 재료 정리
- 시술자 손 씻기
- 페이퍼 타월 깔기, 타월 준비
- 실크 한쪽면을 사선으로 재단해 준비한다.
- 마스크, 고글 준비하기

(2) 시술과정

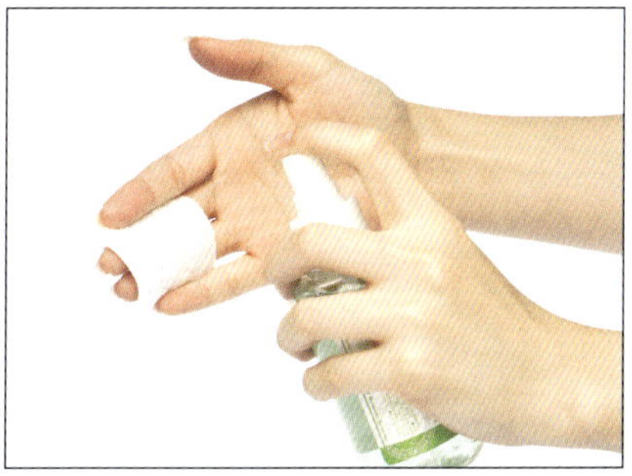

01 솜에 소독제 뿌리기

솜에 안티셉틱을 충분히 적셔준다.

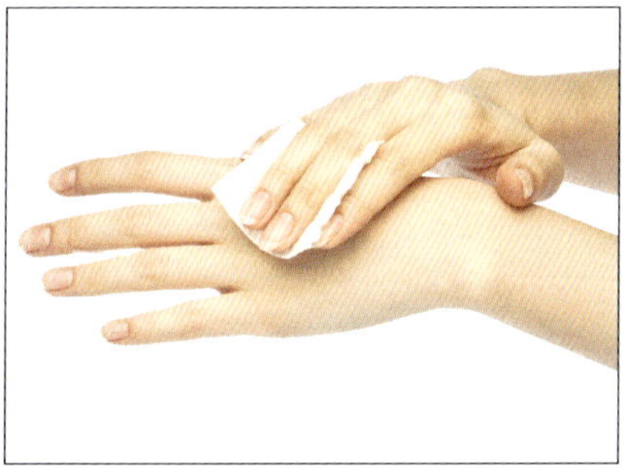

02 시술자 손 소독하기

안티셉틱을 이용하여 시술자의 손을 소독한다.

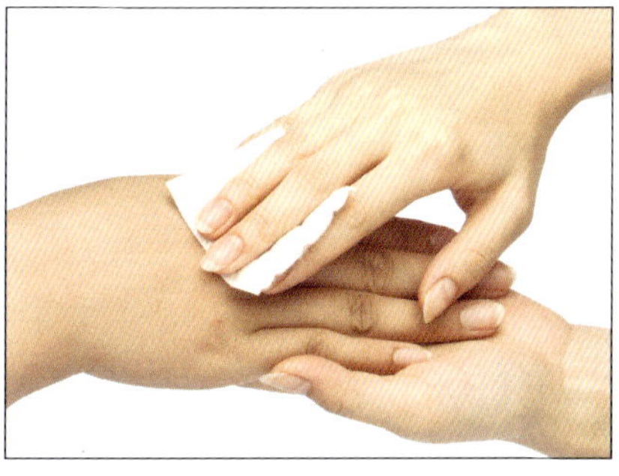

03 모델 손 소독하기

안티셉틱을 이용하여 모델 손을 소독한다.

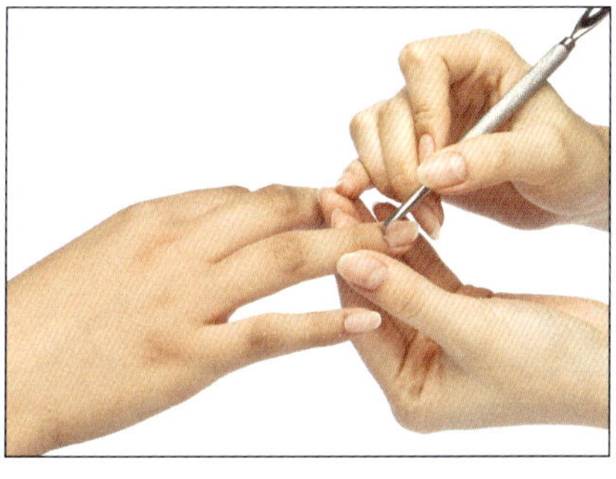

04 큐티클 밀기

푸셔를 이용해서 피부가 손상되지 않게 큐티클을 부드럽게 밀어 올린다.

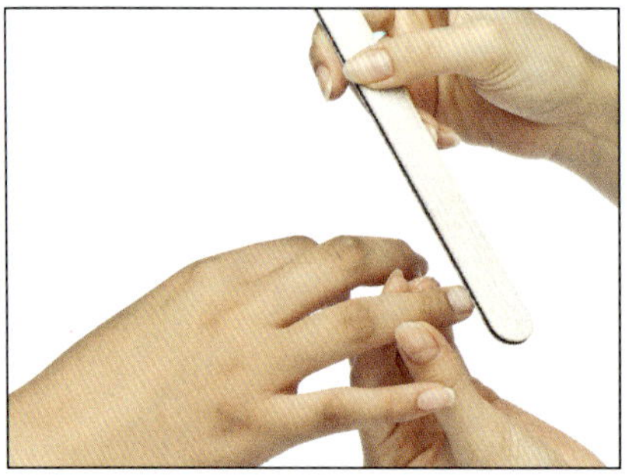

05 에칭 주기

에칭(Etching) 작업은 손톱 표면을 파일로 긁어 만들어진 깊이가 제품의 접착력을 높여 주며 자연 손톱의 손상을 줄이고 흡수하는 역할을 한다.

06 표면 정리하기

샌딩으로 표면을 매끄럽게 정리하여 자연 손톱 표면의 유분기를 제거해 접착력을 높이고 박테리아의 번식을 억제한다.

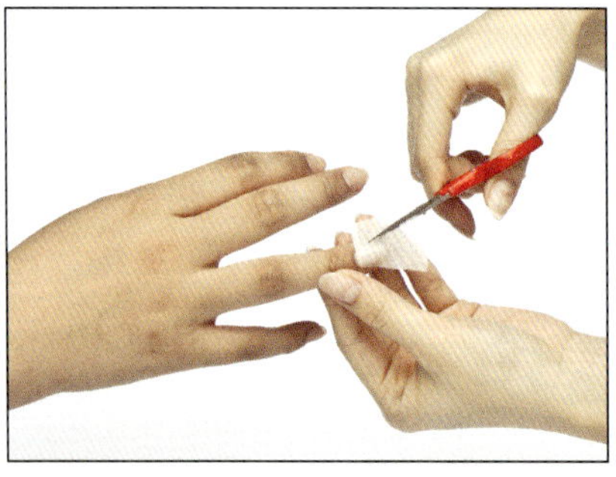

07 실크 재단하기

늘리고자 하는 길이보다 약 1.5cm이상 길게 사다리꼴 모양으로 재단하고 큐티클 라인 부분 코너를 둥글게 재단한다.

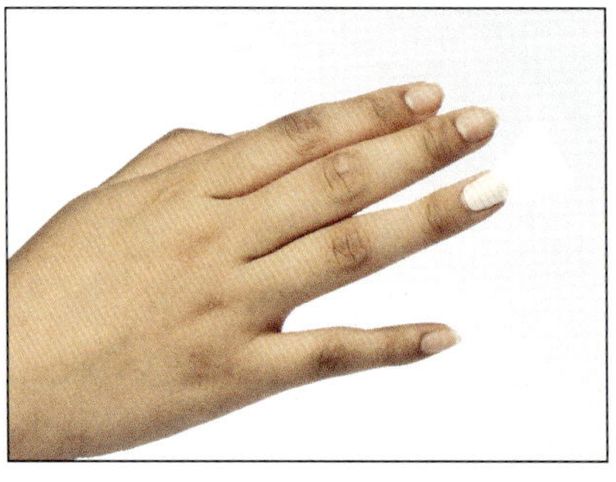

08 실크 접착하기

큐티클 라인에서 1.5cm 정도 떨어지게 붙이고 양쪽 스트레스 포인트에 맞도록 랩을 손톱 전체에 접착한다.

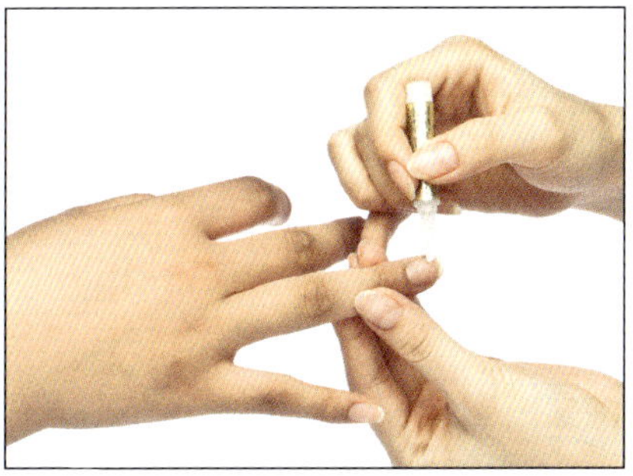

09 글루 도포하기

큐티클 라인부터 연장하고자 하는 프리엣지까지 글루를 도포한다. 큐티클에 묻지 않게 글루가 아래로 흐르도록 도포 한다.

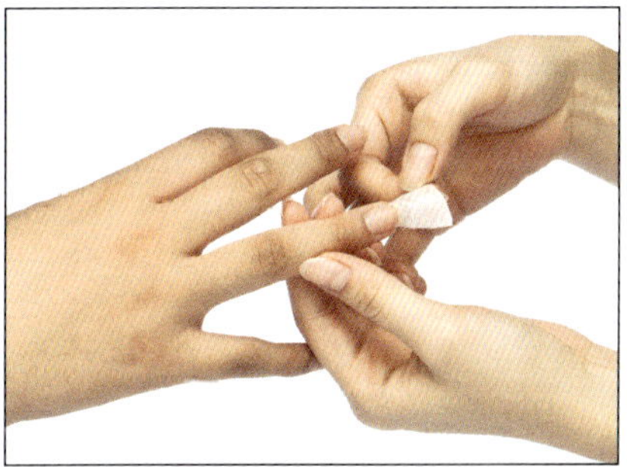

10 실크 접착하기

글루를 도포하고 실크가 손톱에서 떨어지지 않도록 힘을 최대한 빼어 손톱에 잘 부착 한나.

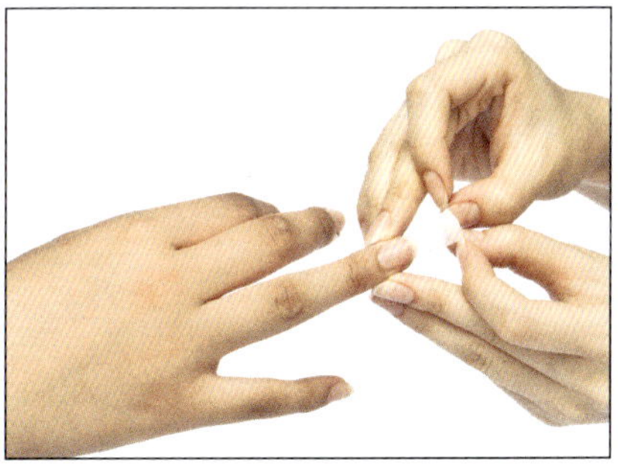

11 인조 네일 만들기

글루를 프리엣지부터 1~1.5㎝길이에 도포하여 실크의 모양이 변하지 않도록 잡아당겨 모양을 만들어준다.

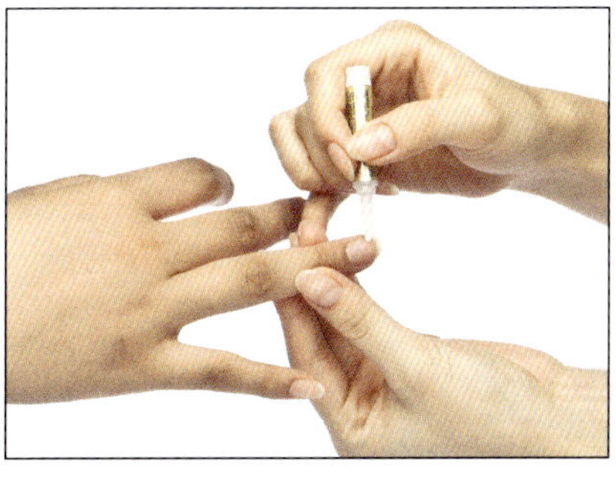

12 글루 도포하기

큐티클 라인부터 연장하고자 하는 부분까지 글루를 도포한다.

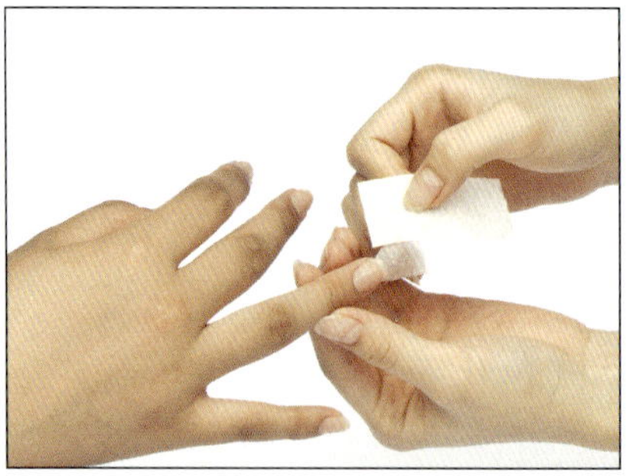

13 글루의 양조절하기

글루와 필러 파우더의 양이 1 : 1 비율이 되도록 페이퍼 타월로 조절해 준다.

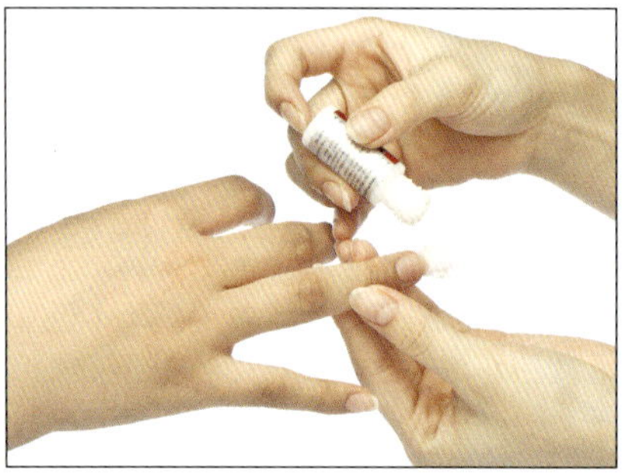

14 필러 파우더 뿌리기

프리엣지 부분에서 아래로 글루를 도포한 후 필러 파우더를 소량만 뿌려 두께를 조절한다. 많은 양의 파우더를 뿌리게 되면 기포로 인해 투명도가 저하되므로 글루와 필러 파우더를 반복해서 2~3회 정도 실시한다.

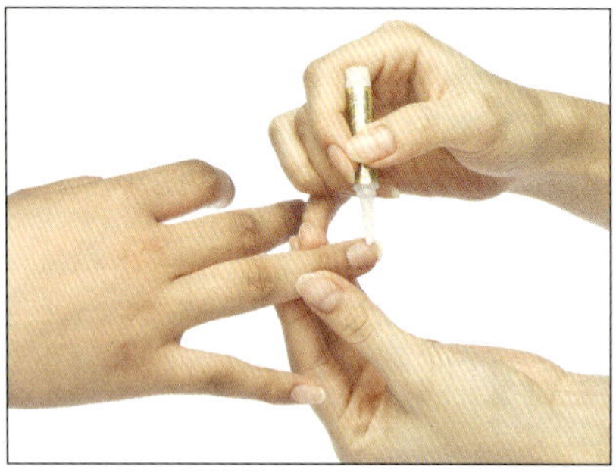

15 글루 도포하기

큐티클에 묻지 않게 피부에 있는 필러 파우더를 정리 후 글루가 아래로 흐르도록 도포 한다.

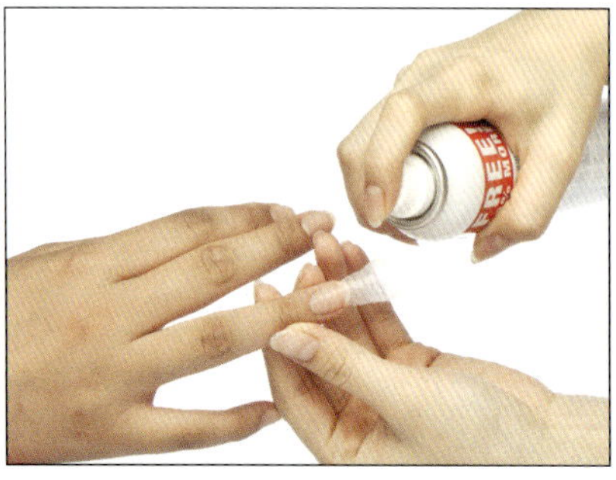

16 글루 드라이 분사하기

10~15cm 떨어진 위치에서 글루 드라이를 소량 분사하여 건조시킨다. 많은 양을 분사하면 순간적으로 바디가 뜨거워질 수 있으므로 주의를 요한다.

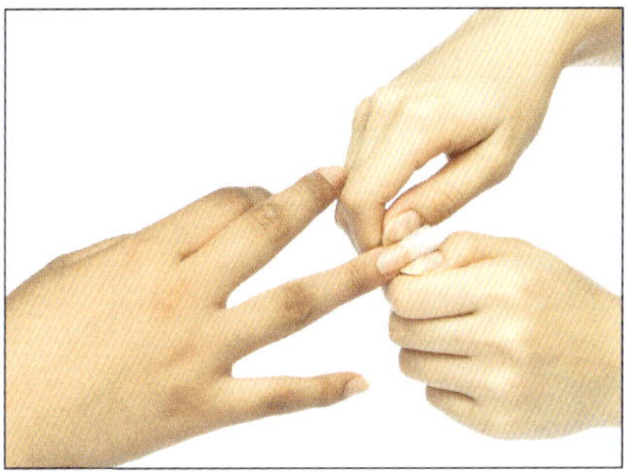

17 핀치 주기

양쪽 사이드 부분을 양 엄지 손톱을 이용하여 지긋이 눌러 C 커브를 만들어 준다.

18 C커브 만들기

C커브가 30~40%로 아치형을 이루어야 하며 표면이 파인 곳이 있으면 필러 파우더로 메워 일정한 두께를 만들어 준다.

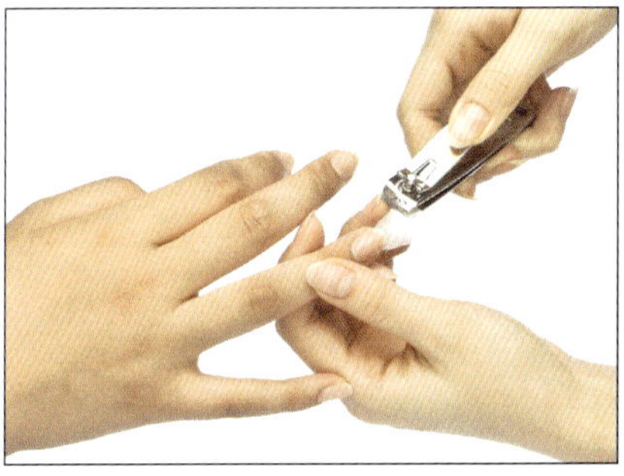

19 길이와 사이드 조절

클리퍼를 사용하여 깨지지않게 사이드 부분에서 조금씩 잘라준다.

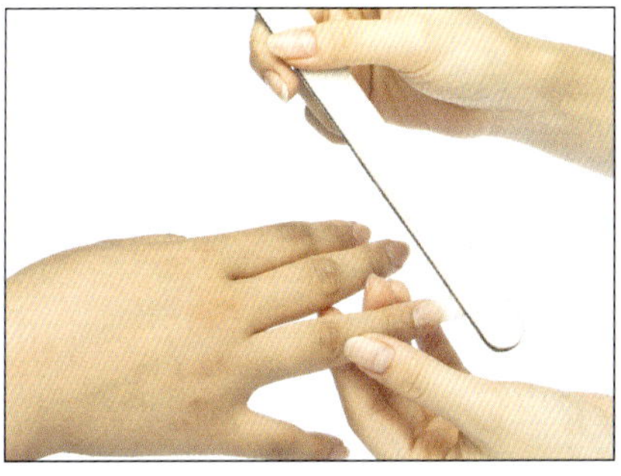

20 표면 파일링하기

100그릿(Grit)의 거친 파일로 원하는 모양을 만들어주고 180그릿으로 표면 두께를 매끄럽게 갈아준다. 정면에서 봤을 때 익스텐션의 두께가 일정해야 한다.

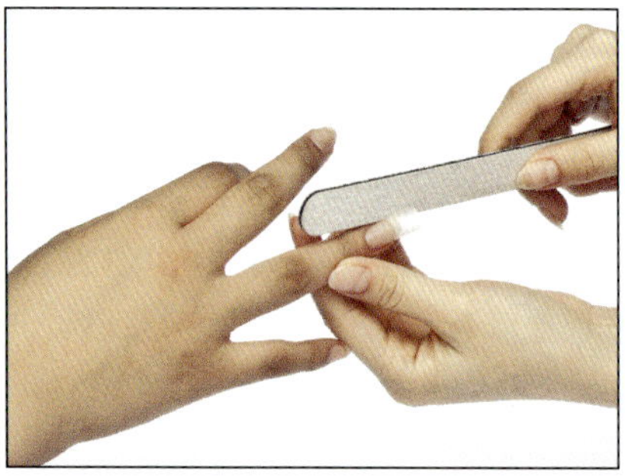

21 사이드 조절하기

클리퍼를 사용하여 깨지지 않게 사이드 부분에서 조금씩 잘라주거나 파일로 직선으로 갈아준다.

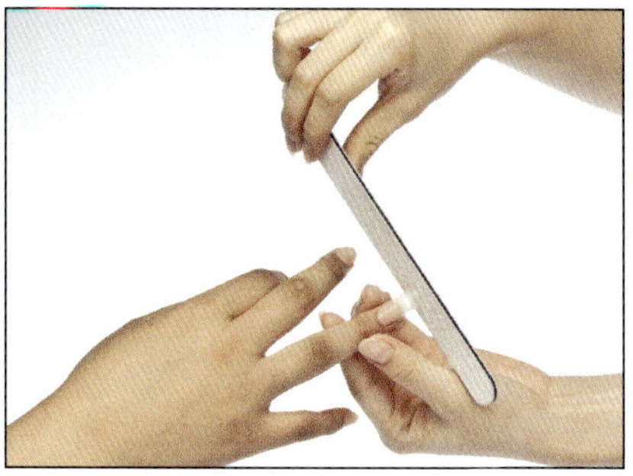

22 길이 조절하기

길이를 조절하고 손톱 모양을 스퀘어로 만들어 준다.

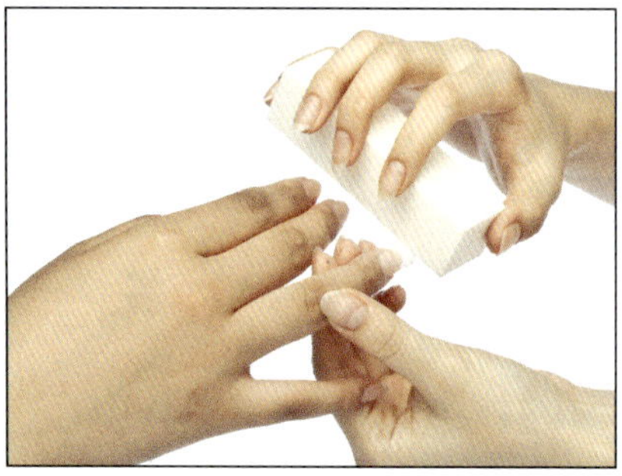

23 표면 정리하기

샌딩으로 손톱 표면을 매끄럽게 정리해 준다.

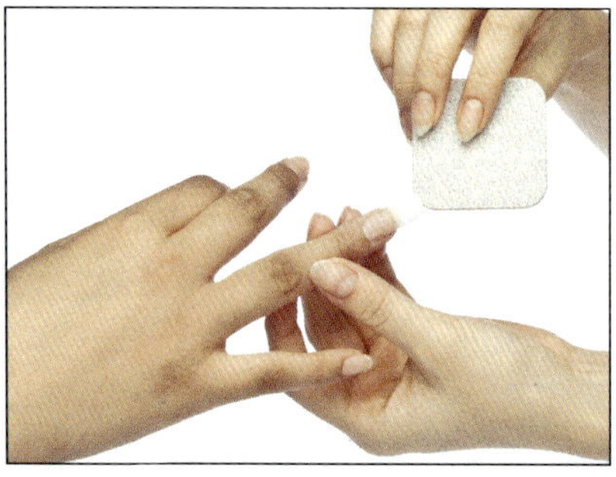

24 거스러미 제거하기

패드를 사용해 손톱 및 거스러미를 정리해준다.

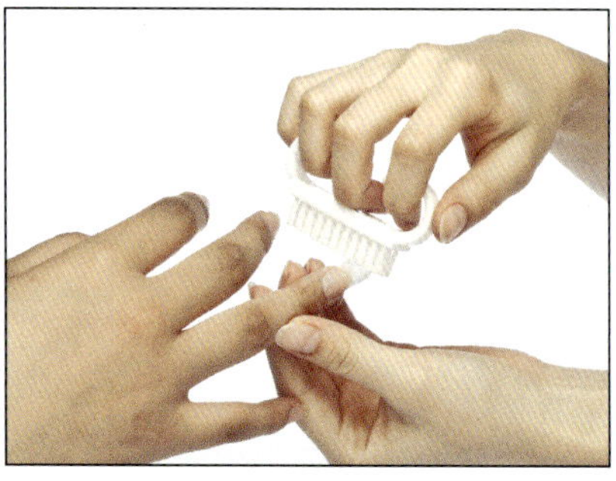

25 먼지 제거하기

더스트 브러시를 사용하여 먼지를 깨끗이 털어낸다.

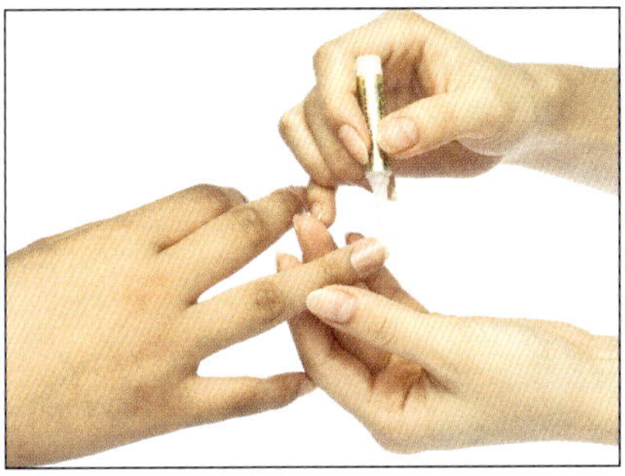

26 앞 글루 도포하기

투명도와 견고성을 위해 표면 전체에 글루 도포 후 길이가 연장된 뒷면에도 글루를 도포한다.

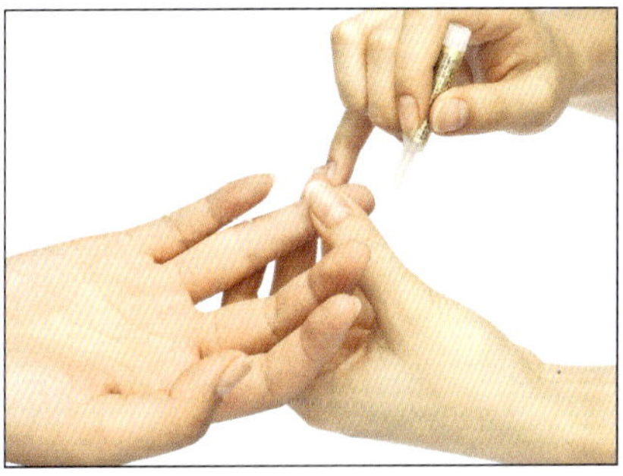

27 뒷 글루 도포하기

투명도를 위하여 손톱을 뒤집어 글루가 아래로 흐르도록 도포한다.

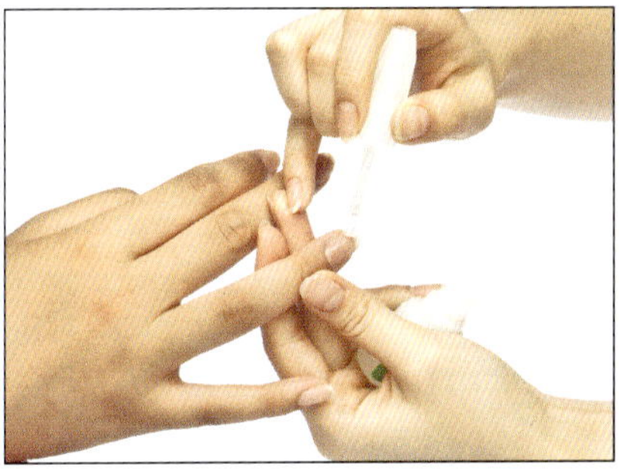

28 젤 글루 도포하기

글루를 바른 후 젤 글루를 컬러 바르듯이 얇게 위에서 아래까지 발라 준다. 투명성과 견고성을 높여 주며 뒷부분은 바르지 않도록 주의한다.

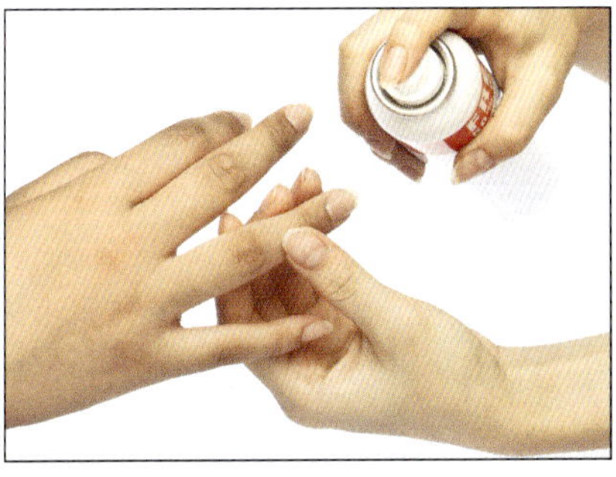

29 글루 드라이 분사하기

10~15cm 떨어진 위치에서 글루 드라이를 소량 분사하여 건조한다.

30 표면 정리하기

샌딩으로 손톱표면을 매끄럽게 정리해주고 사각 패드로 거스러미를 제거해준다.

31 큐티클 오일 바르기

더스트 브러시로 먼지 제거 후 큐티클 부분에 오일을 바른다.

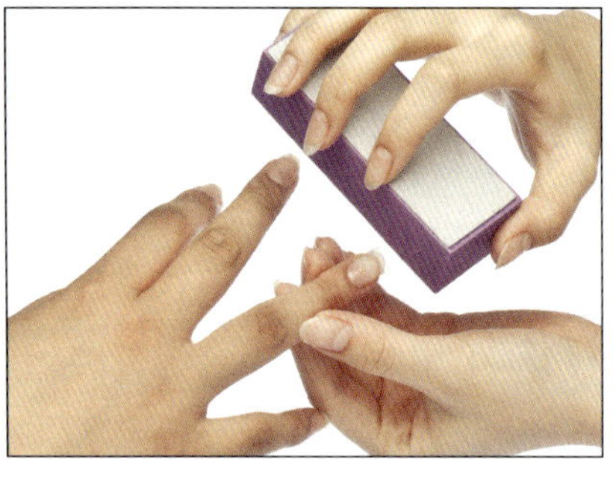

32 광택 내기

4-way를 사용하여 손톱 전체를 투명하게 광을 낸다.

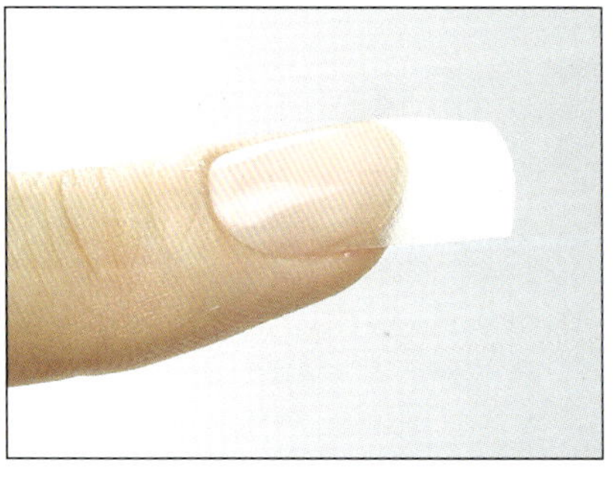

33 완성

본인의 손톱이랑 가장 흡사하게 완성되어진다.

3. 아크릴릭 스컬프처 Acrylic Sculpture

1) 아크릴릭 네일(Acrylic Nail)의 기초 지식

아크릴릭 네일(Acrylic Nails)은 액체 아크릴릭 리퀴드(Acrylic Liquid)와 아크릴릭 파우더(Acrylic Powder)의 적절한 혼합으로 만들어지는 것이다. 리퀴드와 파우더의 적절한 혼합으로 손톱의 두께 조절, 자연 손톱의 보강 및 교정이 가능하고 인조 팁 위에도 사용이 가능하며 모노머(Monomer), 폴리머(Polymer), 카탈리스트(Catalyst)의 세가지 기본 물질로 구성 되어 있다.

일반적으로 팁 위에 아크릴릭을 올려놓은 오버레이와 폼을 사용하여 고도의 테크닉으로 정교하고 강한 손톱을 만들어 주는 스컬프처 네일 작업으로 아크릴릭 네일은 내수성이 강하며 지속성이 좋을 뿐만 아니라 표현 기법 또한 다양하다.

아크릴릭 네일의 종류에는 아크릴릭 내츄럴 팁 오버레이, 아크릴릭 프렌치 팁 오버레이, 원톤스컬프처, 프렌치 스컬프처, 디자인 스컬프처가 있다.

(1) 아크릴릭의 기본 화학 물질

① 모노머(Monomer) – 단량제

- 액체 타입으로 리퀴드를 말한다.
- 서로 연결되지 않은 아주 작은 구슬 형태의 구형 물질로 되어있다.
- 주성분: M.M.A에틸렌 글리콜 디메타크릴레이트(Ethyl glycol dimethacry-late)와 E.M.A에틸 메타크릴레이트(Ethyl methacrylate)가 있다.
- E.M.A를 사용하는 것이 좋다.

② 폴리머(Polymer) – 종합제

- 분말 상태의 파우더로 아크릴릭이 매우 단단하게 제작 완료 된 상태이다.
- 구슬들이 길게 체인 모양으로 연결된 형태로 구성되어 있다.
- 주성분: 폴리에틸 메타크릴레이트(Polyethyl methacrylate)이다.

③ 카탈리스트(Catalyst) – 촉매제

- 아크릴릭을 빨리 굳게 하는 작용을 한다.
- 카탈리스트의 양 조절로 빨리 굳게 할 수도 있고 늦게 굳게 할 수도 있다.
- 현재 사용하고 있는 분말 형태의 아크릴릭 파우더는 폴리머와 카탈리스트이다.

(2) 아크릴릭 사용 시 주의 사항

- 사용 중 눈에 들어갔을 경우 즉시 병원에서 치료를 받도록 한다.
- 직사광선을 피하고 냉, 암(暗) 장소에 보관하고, 습하지 않게 보관해야 한다.
- 리퀴드와 혼합된 파우더는 온도에 매우 민감하다.
- 에칭(Etching)작업에 따라 리프팅(Lifting)이 생기는 것을 막을 수 있다.
- 환기를 충분히 시키며 작업하는 것이 좋다.
- 곰팡이가 생길 수 있으므로 자연 네일과 아크릴릭 사이에 공간이 생기지 않도록 혼합한다.
- 아크릴릭 리퀴드는 다시 사용하지 않는다.
- 작업 시 마스크, 보안경을 착용한다.(프라이머 사용시 반드시 착용)

(3) 아크릴릭 네일의 문제점과 원인

눈꽃이라고 불리는 파우더가 리퀴드와 혼합이 잘 되지 않아 파우더 성분이 그대로 나타나기도 하는데 이것은 섞이지 않은 파우더의 덩어리이며 아크릴릭은 낮은 온도에서 잘 깨지거나 들뜸으로 온도가 낮을 경우 따뜻하게 해서 사용하면 문제를 보완할 수 있다.

① 들뜸(Lifting): 자연 손톱에서 아크릴릭이 분리되는 현상

- 아크릴릭 리퀴드와 파우더의 부적절한 혼합
- 자연 네일에 유 · 수분이 많은 경우와 에칭 작업의 미흡
- 볼 믹스쳐(Mixture)시 불순물의 혼합
- 프라이머의 오염 또는 변질(산성의 약화)
- 큐티클 위치에 아크릴릭을 두껍게 올려 파일링 미흡
- 바디가 짧은 자연 손톱에 팁을 길고 두껍게 붙였을 경우

② 깨짐(Crack): 금이 가거나 깨지는 현상

- 얇게 시술 했을 경우
- 관리를 소홀히 했을 경우
- 적절한 온도 이하에서 시술 했을 경우

③ 곰팡이(Fungus): 아크릴릭이 분리되어 습기로 인한 곰팡이가 생기는 현상

- 물을 많이 사용했을 경우
- 보수를 소홀히 했을 경우
- 들뜬 부분을 방치하거나 대충 파일링 했을 경우

(4) 아크릴릭의 볼 만들기

- 아크릴릭을 시술하기 좋은 적정 온도는 21~ 23도(F72도)가 적당하다.
- 리퀴드와 파우더의 적절한 배합은 1 : 1이 가장 적합하다.
- 리퀴드의 양, 붓의 각도, 시간에 따라서 볼의 크기가 달라진다.
- 리퀴드와 파우더의 적절한 조합으로 섞으면 동그란 볼이 만들어진다.
- 리퀴드의 양이 많을 경우 농도가 묽어 볼이 흘러내리며 건조 시간이 오래 걸린다.
- 리퀴드의 양이 적을 경우 농도가 되직하면 볼이 빨리 건조되고 기포(흰점)가 생긴다.
- 리퀴드를 적신 브러시가 파우더에 머무르는 시간이 길수록 볼의 크기가 커진다.
- 아크릴릭 시술 순서는 프리엣지, 하이포인트, 큐티클 쪽으로 나눠서 만든다.
- 브러시의 각도가 90° 에 가까울수록 볼의 크기가 작아진다.
- 리퀴드와 파우더를 섞어 종이 폼 위에 손톱길이에 맞게 크기를 연습해 본다.

■ **붓의 각도**

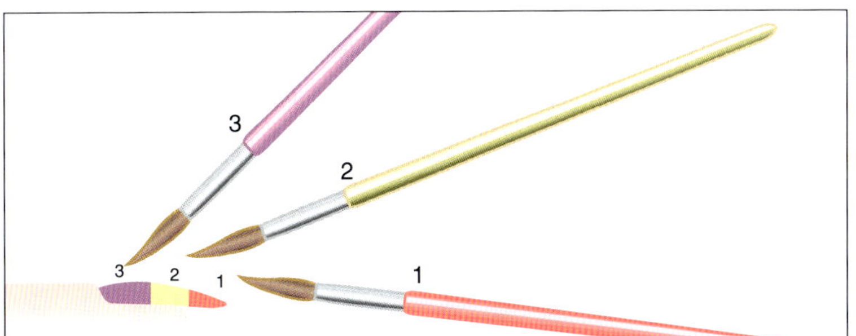

■ 아크릴볼 만들기

유리볼에 리퀴드 담기

브러시에 리퀴드저장

리퀴드 양 조절

파우더에 붓 담그기

볼 만들기

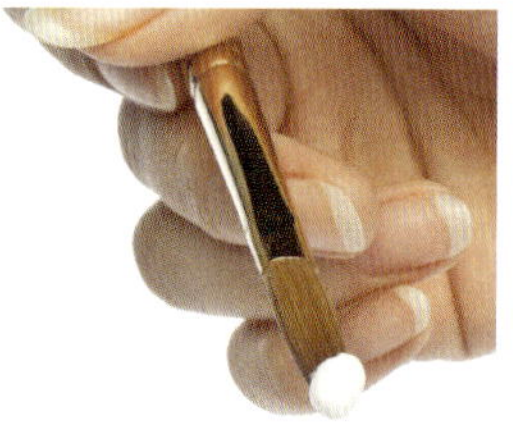

파우더에 리퀴드 흡수

(5) 브러시의 명칭

- Tip(브러시 앞부분): 스마일 라인, 큐티클 라인(45° 정도의 기울기), 꽃과 같은 미세한 디자인의 표현에 주로 사용된다.
- Belly(브러시 배부분): 전체적인 균형(0° or 180°), 부드러운 연결, 두드려주는 작업시 사용된다.
- Back(브러시 끝부분): 브러시의 결 표현(-10°)이 용이하며 볼을 전체적으로 펴주거나 디자인 작업시 힘주어 표현할 때 사용된다.

■ 붓의 구조

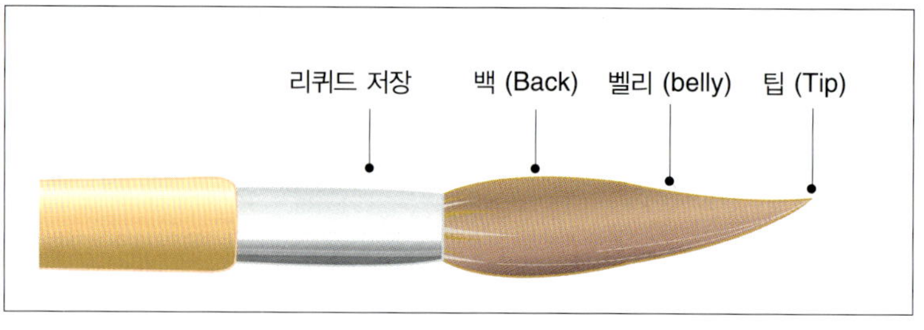

(6) 브러시의 활용

- 아크릴릭 파우더를 네일 위에 얹을 때 사용하는 붓으로 붓끝이 항상 모아지도록 보관한다.
- 프리엣지: 자연스러운 네일 바디를 위해 붓의 각도는 −10도 기울여 브러시 끝을 사용한다.
- 네일 베드: 적당한 하이포인트를 만들기 위해 강하지 않게 브러시 배 부분을 사용한다.
- 큐티클 라인: 45도로 붓을 기울여 큐티클 라인 넘지 않도록 브러시 앞부분 사용 한다.
- 브러시 앞부분: 큐티클라인, 스마일라인, 디자인, 섬세한 표현을 할 때 사용한다.
- 브러시 중간부분: 전체 균형을 맞추기 위해 두드리기, 매끄러운 연결을 위해 쓸어내린다.
- 브러시 끝부분: 아크릴릭을 힘주어 펴 줄때 사용하며 브러시의 보관 시 이 부분의 이물질을 모두 제거하여야 브러시의 갈라짐 현상을 방지 할 수 있다.
- 붓 끝 철 부분: 리퀴드를 저장하는 역할을 한다.

(7) 브러시 세척

- 브러시를 리퀴드에 담그고 충분히 닦아준다.
- 브러시 크리너에 담그어 파우더를 녹여준다.

■ **브러시 세척**

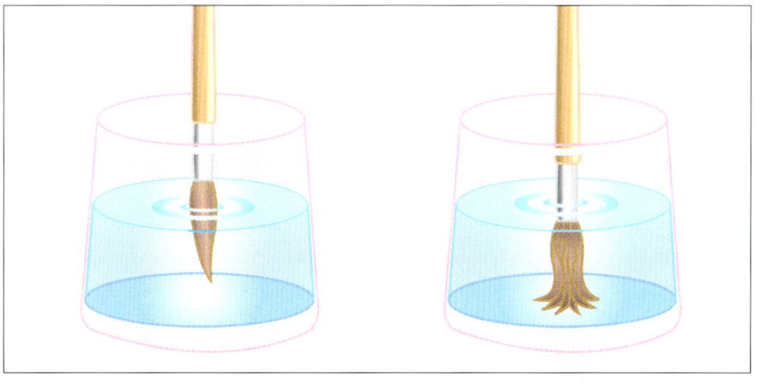

• 재료 및 도구

아크릴릭 리퀴드(Acrylic Liquid), 아크릴릭 파우더(Acrylic Powder), 프라이머(Primer), 유리볼(Deppen dish), 네일 폼(Nail form), 브러시 크리너(Brush Cleaner), 세이블 브러시(Sable brush), 보호안경, 비닐장갑, 마스크

- **프라이머**: 주성분은 메타크릴산(Methacrylic acid)으로 강한산성이므로 피부에 닿지 않게 주의해야하며 손톱의 PH발란스를 조절하고 손톱에 잘 부착되도록 도와주는 촉매제이다.
- **아크릴릭 리퀴드**: 액체 형태의 물질로 아크릴릭 파우더를 녹여 반죽하는데 사용한다. 보통 일반제품은 푸른색, 보라색으로 되어 있고 그 외 다양한 컬러의 리퀴드가 있다.
- **리퀴드 볼**: 리퀴드를 덜어 쓸 수 있는 용기로 디펜디쉬라고도 하며 플라스틱도 사용되어지나 녹을 염려가 있으므로 유리 용기가 적합하다.
- **아크릴릭 파우더**: 아크릴릭의 경화 시간은 2분정도 이며 24시간이 지나도 경화가 진행되어 수축되어 조이는 느낌을 받게 된다.
  - 분말 형태의 파우더로 클리어, 네츄럴, 핑크, 화이트, 컬러 파우더가 사용된다.
  - 자연손톱, 인조손톱에 오버레이, 원톤 스컬프처: 클리어, 네츄럴, 핑크 파우더
  - 프렌치 스컬프처: 클리어, 핑크, 화이트 파우더
  - 디자인 스컬프처: 클리어, 핑크, 화이트, 컬러 파우더
- **세이블 브러시(Sable brush)**: 아크릴릭 파우더를 리퀴드와 혼합하여 네일 위에 얹어 모양을 낼 때 사용하는 붓으로 모양이나 길이, 크기에 따라 여러 종류로 나뉜다.
- **네일 폼**: 스캅춰 네일 시술시 손톱 틀로 사용되는 일회용 종이로 된 폼이다.
  - 종이 폼: 종이에 비닐이 코팅 처리된 소재로 1회용이지만 모든 손톱 모양에 사용 가능하며 폼의 뒷면은 접착 물질로 되어 있다.
  - 알루미늄, 플라스틱 폼: 반영구적인 폼이나 다양한 손톱 모양에 맞추기가 쉽지 않다.
- **브러시 그리너**: 브리시를 세척할 때 쓰는 액체이나.
- **브러시 크리너 세척 용기**: 브러시를 세척할 때 쓰며 브러시 크리너를 담는 긴 유리 용기이다.
- **고글, 마스크**: 화학용품의 사용으로 인한 안전을 위해 착용 한다.

- **기본재료**
  - **파일**: 100~150그릿으로 길이 조절, 표면을 갈고 180그릿으로 전체 표면을 갈아 준다.
  - **샌딩**: 400~500그릿 샌딩으로 표면 정리, 거스러미 제거
  - **더스트 브러시**: 먼지를 털어낼 때 사용
  - **푸셔**: 큐티클을 밀어 올릴 때 사용
  - **지혈제**: 액체 상태로 되어 있으며 출혈을 멈추기 위해 사용
  - **안티셉틱**: 액체로 되어 있으며 세균을 방지하기 위해 손을 소독
  - **4-way**: 표면을 매끄럽게 광을 낼 때 사용하는 파일
  - **오일**: 큐티클라인에 발라주어 큐티클을 부드럽게 하고 광을 낼 때 사용
  - **페이퍼 타월**: 리퀴드, 파우더, 이물질 등을 닦아 낼 때 사용

2) 원 톤 스컬프처(One Tone Sculpture)

폼 위에 클리어 파우더를 올려 손톱을 길게 만들어주는 아크릴릭 스컬프처(Acrylic Sculpture) 방법으로 투명성이 좋다.

(1) 시술과정

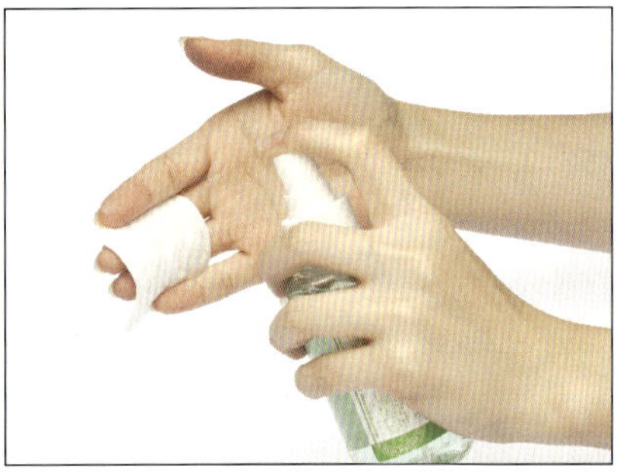

01 소독제 솜에 뿌리기

솜에 안티셉틱을 충분히 적셔준다.

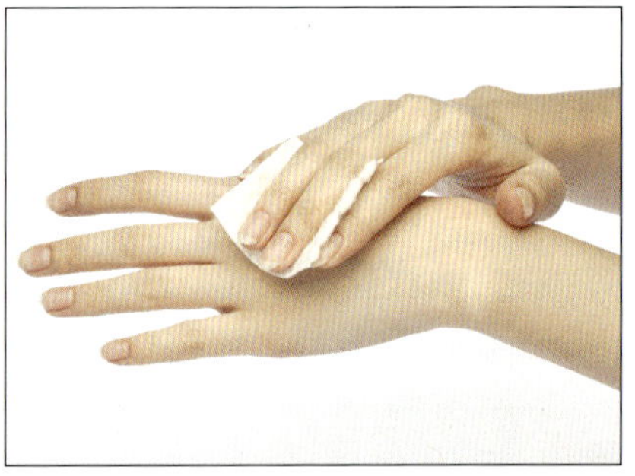

02 시술자 손 소독하기

안티셉틱을 이용하여 시술자의 손을 소독한다.

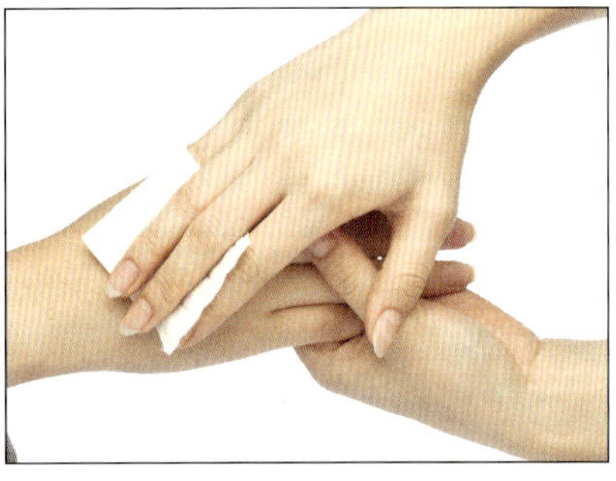

03 모델 손 소독하기

안티셉틱을 이용하여 모델 손을 소독한다.

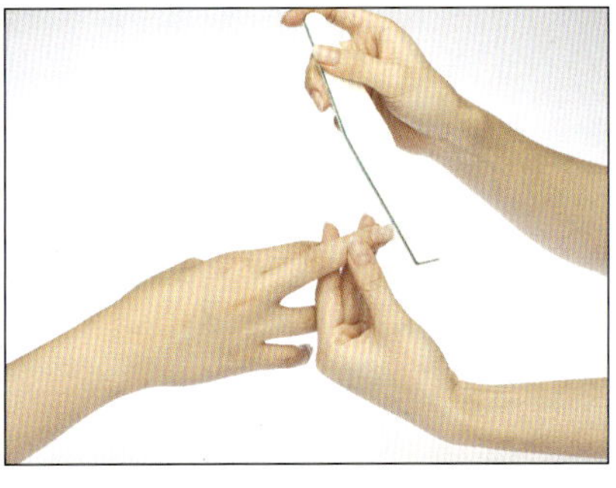

04 에칭 주기

에칭(Etching) 작업은 손톱 표면을 파일로 긁어 만들어진 깊이가 제품의 접착력을 높여 주며 자연 손톱의 손상을 줄이고 흡수하는 역할을 한다.

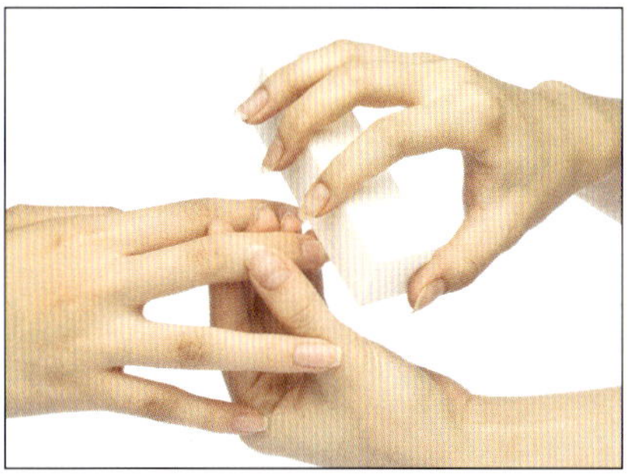

05 표면 정리하기

샌딩으로 표면을 매끄럽게 정리하여 자연 손톱 표면의 유분기를 제거해 접착력을 높이고 박테리아의 번식을 억제한다.

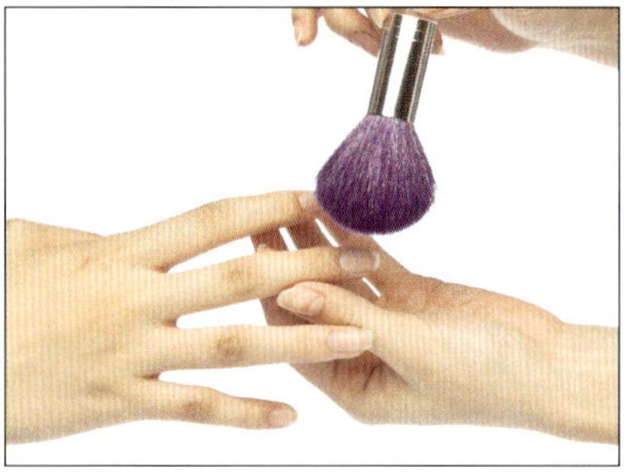

06 잔여물 제거하기

불필요한 이물질 · 먼지 등을 라운드 패드나 더스트 브러시를 이용하여 깨끗이 정리한다.

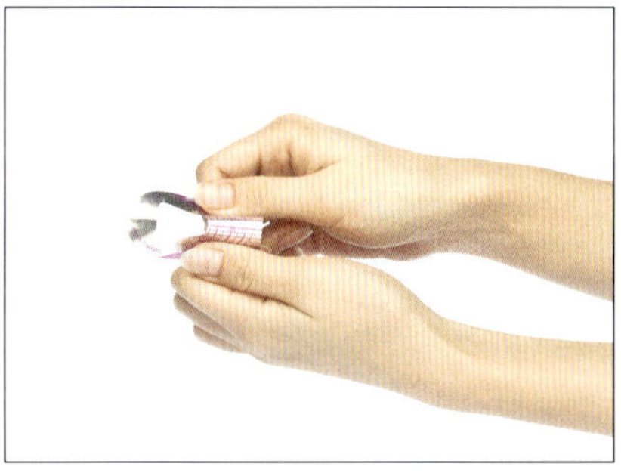

07 네일 폼 선택하기

종이 폼을 선택하여 모델의 손 모양에 맞게 재단한다. 엄지와 검지를 이용하여 고객의 손톱을 끼울 수 있도록 모양을 만들어 준다.

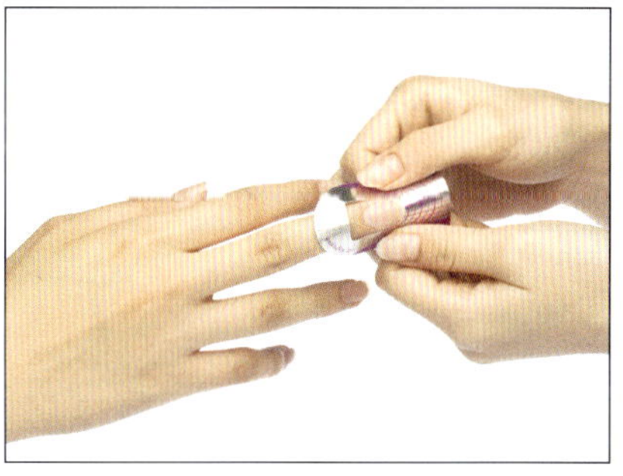

08 네일 폼 끼우기

모델의 손톱 모양에 맞는 폼을 선택한 후 손톱 끝에 잘 맞추어 폼이 프리엣지 밑에 공간 없이 위치를 잘 잡았는지 확인 후 쳐지지 않게 끼워서 손톱 틀을 만들어 준다.

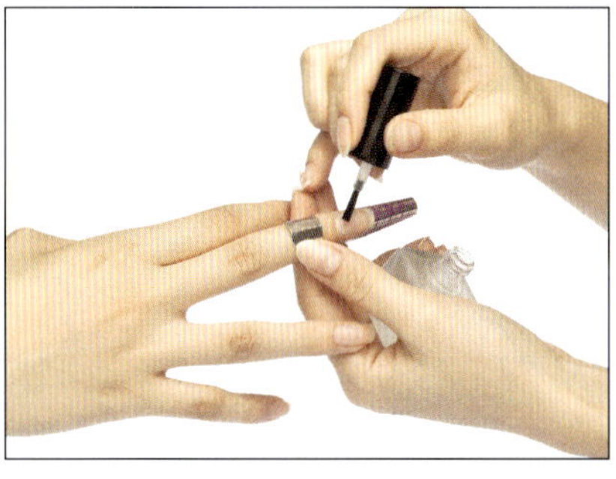

09 프라이머 바르기

자연 네일의 PH밸런스를 맞추고 유분기 제거를 위해 프라이머를 도포한 후 피부에 묻지 않도록 소량의 프라이머를 도포한다.

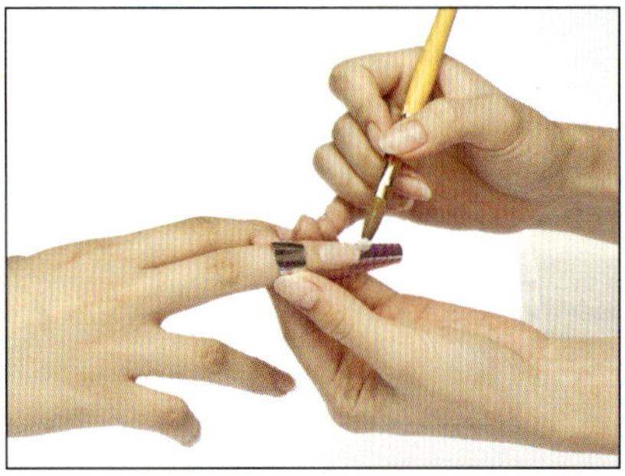

10 아크릴릭 볼 올리기(I)

브러시를 리퀴드에 적당량을 적셔 파우더에 묻혀 볼을 만든 다음 프리엣지 위에 올린다. (양쪽 그루브 위에 묻지 않도록 주의)

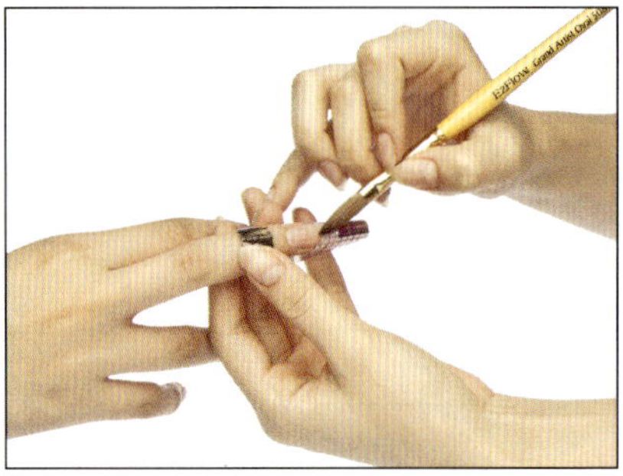

11 아크릴릭 볼 올리기(II)

아크릴릭 볼을 만들어 손톱의 하이 포인트(High Point)에 주의하여 놓은 다음 양쪽 그루브에 묻지 않도록 한다.

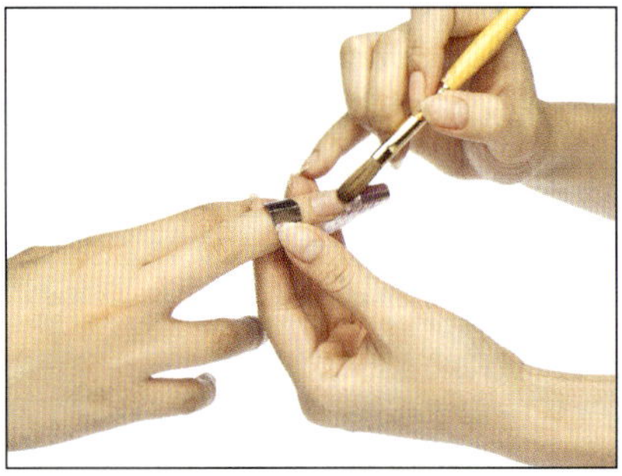

12 아크릴릭 볼 올리기(III)

아크릴릭 볼을 만들 때 약간 묽게 하여 반월 부위에 얹은 다음 큐티클 부분은 얇게 큐티클에 묻지 않도록 주의하여 손톱 전체를 매끄럽게 쓸어 내려 자연스럽게 펴 바른다.

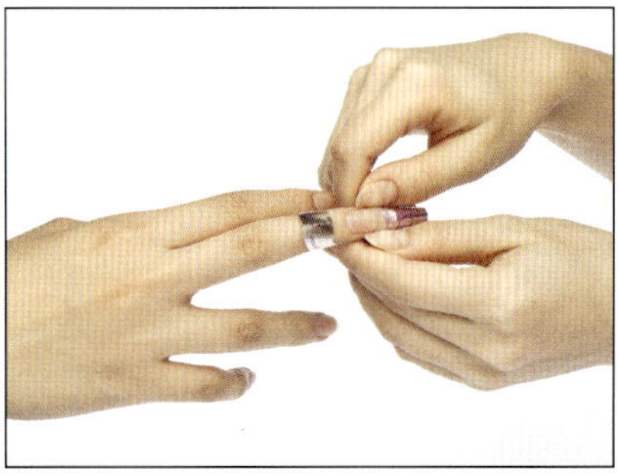

13 핀치(눌러) 주기

아크릴릭이 굳기 전에 스트레스 포인트를 양 엄지를 이용하여 지그시 눌러 C-커브를 만들어 준다.(폼을 떼어낸 후 C-커브를 만들 수도 있다.) 완전히 건조된 후 핀치를 주면 잘 되지 않고 너무 마르지 않으면 밀려 버린다.

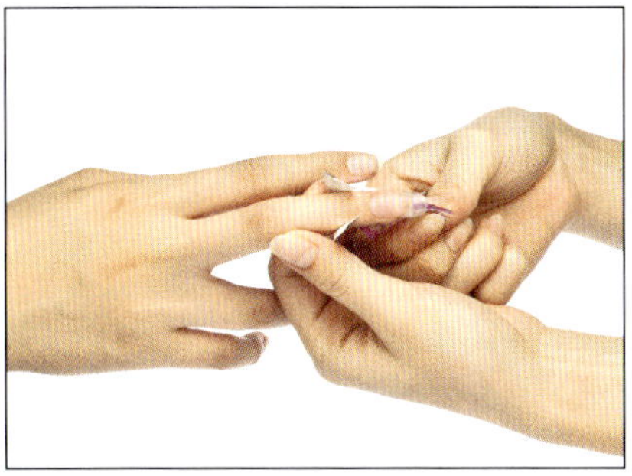

14 폼 제거하기

손가락 부분을 먼저 떼어준 후 손톱 아래 부분을 제거 하면 쉽게 떨어진다. 브러시로 두드렸을 때 청명한 소리가 나면 완전히 건조된 것이므로 폼이 쉽게 제거 된다.

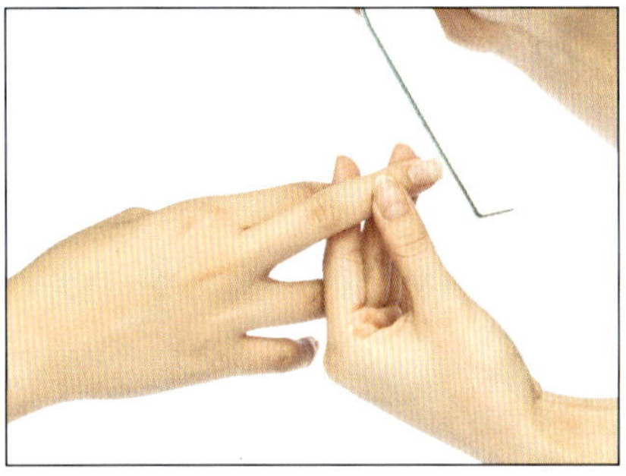

15 파일링 하기

100Grit의 거친 파일로 원하는 모양을 만들어주고 180Grit으로 표면도 매끄럽게 갈아준다. 두께도 일정하게 파일로 정리한다.

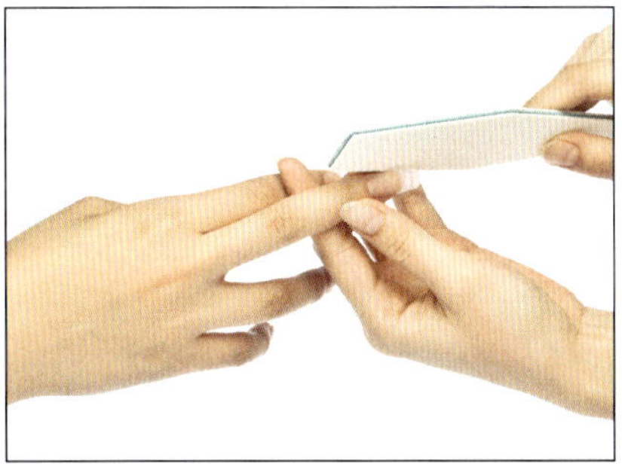

16 사이드 조절하기

스트레스포인트 부분부터 길이 연장한 부분까지 일직선 되게 파일링 한다.

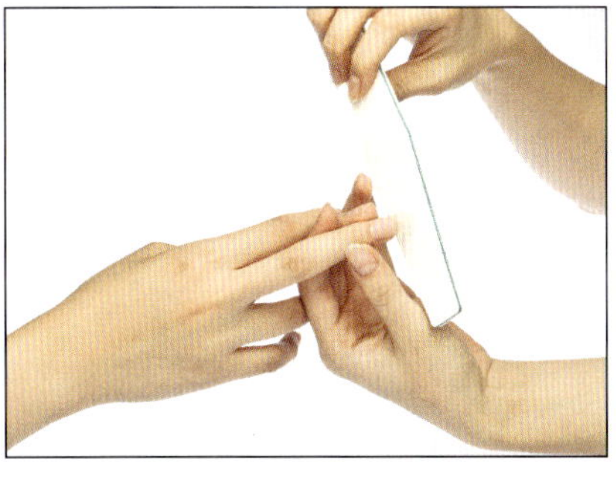

17 길이 조절하기

파일을 90도 각도로 세워 직선으로 파일링하여 스퀘어 모양을 만들어준다.

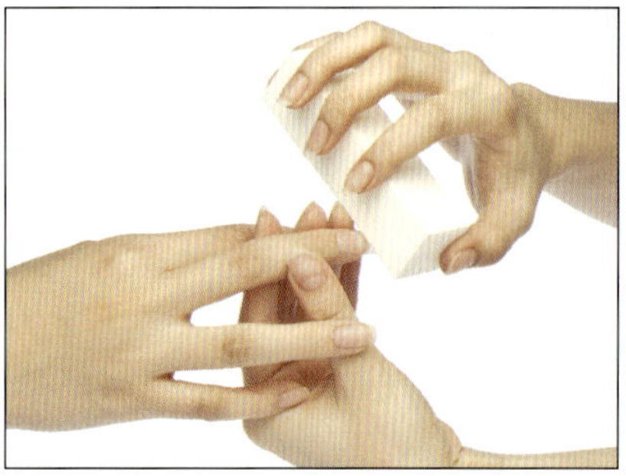

18 표면 정리하기

샌딩(240Grit)으로 표면을 가로 세로 방향으로 매끄럽게 정리한다.

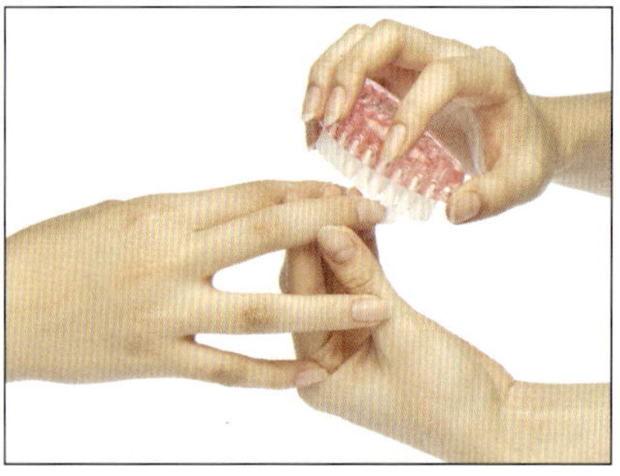

19 잔여물 제거하기

불필요한 이물질 등을 라운드 패드나 더스트 브러시를 이용하여 깨끗이 정리한다.

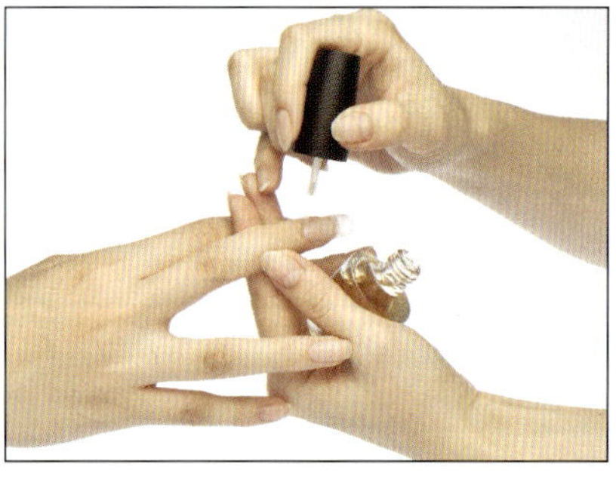

20 오일 바르기

큐티클 오일을 바른 후 닦아내고 4-way로 광택을 내준다.

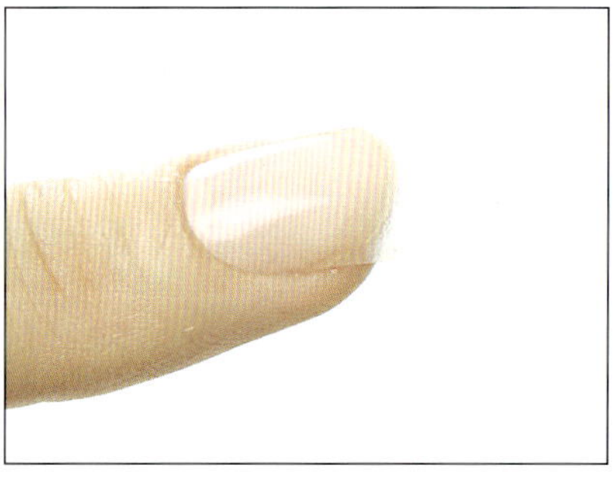

21 완성

본인의 손톱이랑 가장 흡사하게 완성 되어 진다.

3) 아크릴릭 레귤러 팁 오버레이(Acrylic Regular Tip Overlay)

아크릴릭 팁 오버레이는 손톱 위에 레귤러 팁, 프렌치 팁을 부착한 후 리퀴드와 클리어 파우더를 이용하여 전체를 덮어 오버레이 하는 방법으로 더욱 견고하게 완성시켜 주는 아크릴릭의 방법 중 하나이다.

• **재료 및 도구**

아크릴릭 브러시, 아크릴릭 리퀴드, 브러시 클리너, 4-way, 프라이머, 파일, 샌딩 파일, 오렌지 우드 스틱, 팁커터기, 클리퍼, 글루, 클리어 파우더, 디펜디쉬, 네츄럴 팁, 페이퍼 타월

(1) 사전 준비 사항

- 작업장의 적절한 온도 유지와 환기를 위해 창문을 열어둔다.
- 페이퍼 타월, 타월을 준비한다.
- 유리용기에 리퀴드를 준비한다.
- 손톱에 맞는 레귤러 팁을 골라 놓는다.
- 고글과 마스크를 착용한다.

(2) 시술과정

01 소독제 솜에 뿌리기

솜에 안티셉틱을 충분히 적셔준다.

02 시술자 손 소독하기

안티셉틱을 이용하여 시술자의 손을 소독한다.

03 모델 손 소독하기

안티셉틱을 이용하여 모델 손을 소독한다.

04 큐티클 밀기

푸셔를 이용해서 피부가 손상되지 않게 큐티클을 부드럽게 밀어 올린다.

05 셰이프(Shape) 만들기

파일을 이용하여 둥근형으로 짧게 한다. 프리엣지 길이는 0.5~1mm 정도가 적당하다.

06 표면 정리하기

샌딩으로 표면을 매끄럽게 정리하여 자연 손톱 표면의 유분기를 제거해 접착력을 높이고 박테리아의 번식을 억제한다.

07 잔여물 제거하기

불필요한 이물질 등을 라운드 패드나 브러시를 이용하여 깨끗이 정리한다.

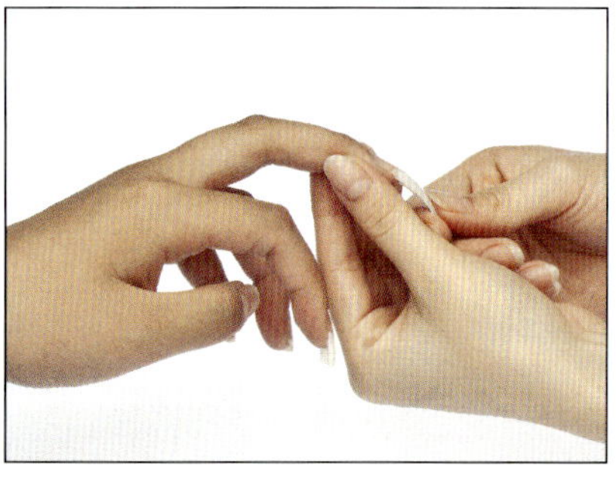

08 팁 선택하기

자연 네일에 맞는 팁을 선택한다.

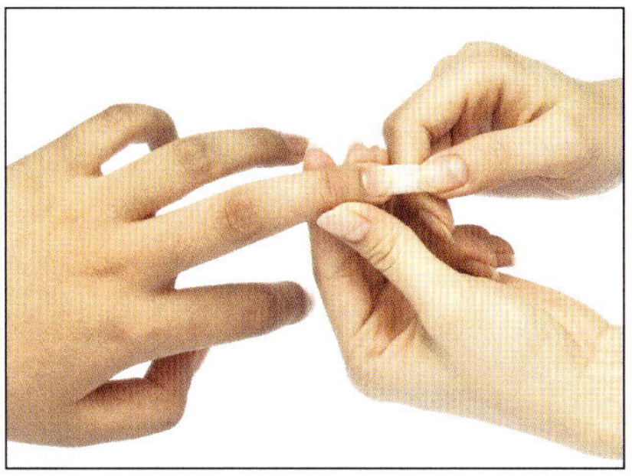

09 팁(Tip) 부착하기

자연 네일에 맞는 팁을 선택하여 글루를 팁의 웰 부분에 도포하여 손톱에 부착한다. 손톱과 팁 사이에 공기가 생기지 않도록 30~45° 각도로 내려붙인다.

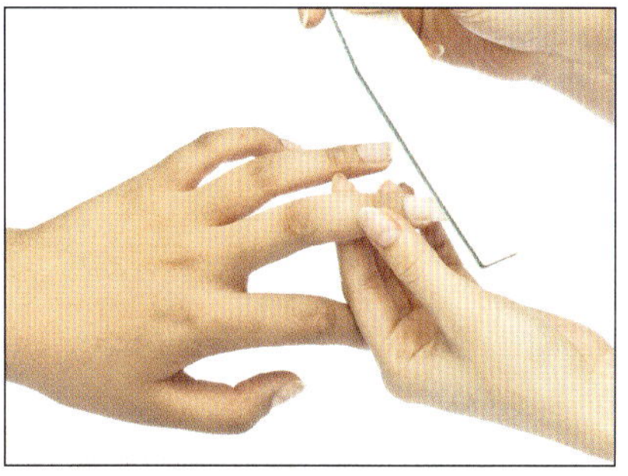

10 팁(Tip) 길이 조절하기

팁 커터기나 클리퍼를 이용하여 원하는 길이로 팁을 자르고 모양을 만든다.

11 팁 턱 제거하기

자연 손톱 위에 붙인 팁 사이의 턱을 자연스럽게 파일링한다.

12 프라이머 바르기

피부에 묻지 않도록 주의하여 자연 네일에 2회 정도 얇게 도포한다.

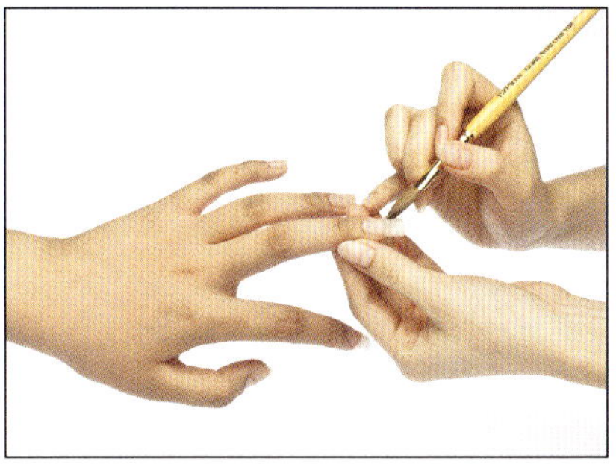

13 아크릴릭 볼 올리기

브러시에 적당량의 리퀴드를 묻혀 아크릴 파우더에 넣고 볼을 만들어 손톱 길이에 맞게 볼을 올린다.

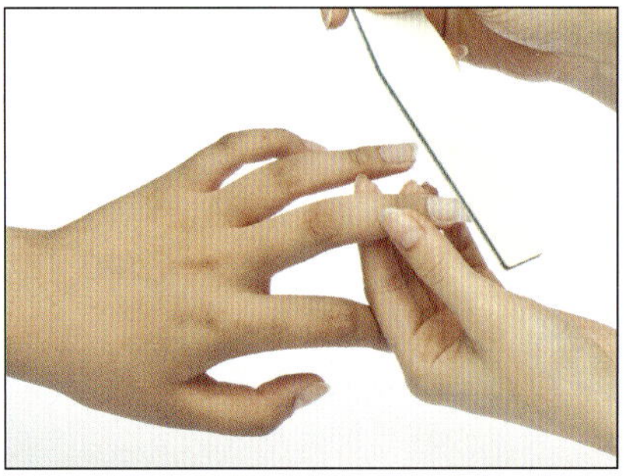

14 파일링 하기

아크릴릭의 표면을 두들겨 청명한 소리가 나면 완전히 굳은 상태이므로 거친 파일(100~150Grit) → 중간파일(180Grit) 순서대로 표면을 매끄럽게 파일링한다.

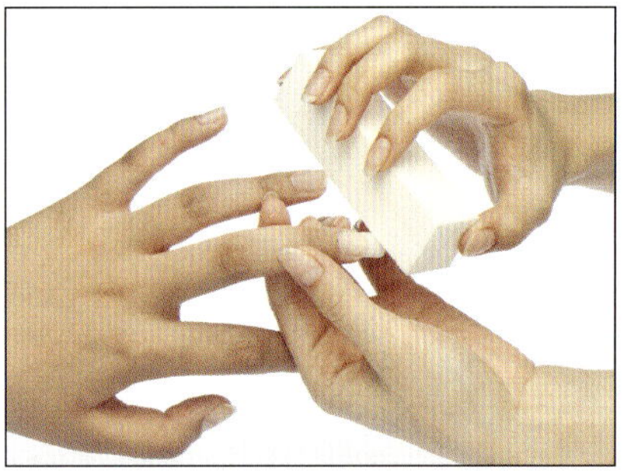

15 샌딩하기

부드러운 파일(240Grit)을 사용하여 표면을 매끄럽게 샌딩한다.

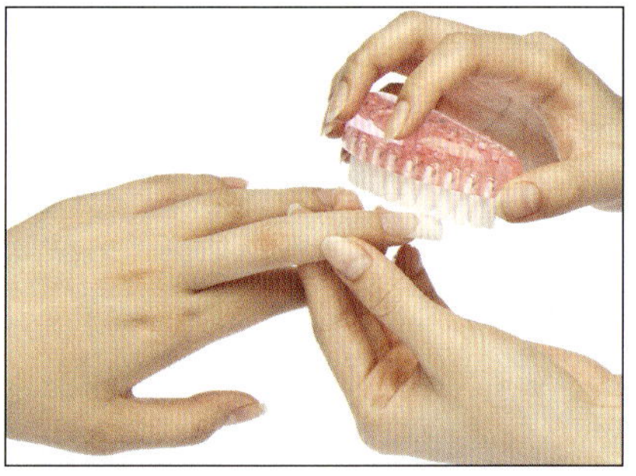

16 잔여물 제거하기

불필요한 이물질 등을 라운드 패드나 더스트 브러시를 이용하여 깨끗이 정리한다.

17 오일 바르기

큐티클 오일을 바른 후 닦아내고 4-way로 광택을 낸다.

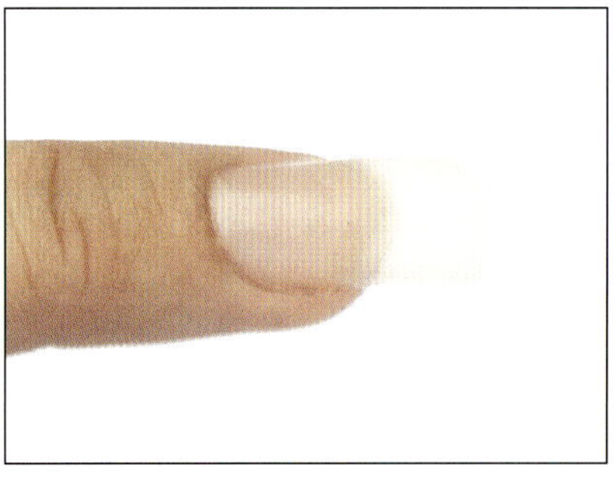

18 완성

4) 프렌치 스컬프처(French Sculpture)

폼 위에 화이트 파우더로 손톱 모양을 만들고 클리어 파우더 또는 핑크 파우더를 올려 손톱을 길게 만들어 주는 아크릴릭 스컬프처(Acrylic Sculpture) 방법으로 신부들이 선호하는 표현기법으로 여성스럽고 우아하며 깨끗한 이미지를 준다.

- **재료 및 도구**

  아크릴릭 리퀴드(Acrylic Liquid), 아크릴릭 파우더(Acrylic Powder) – 클리어, 핑크, 흰색, 프라이머(Primer), 유리볼(Deppen dish), 네일 폼(Nail form), 브러시 크리너(Brush Cleaner), 세이블 브러시(Sable brush), 보호 안경, 비닐 장갑, 마스크

(1) 사전준비 사항

- 작업장의 적절한 온도 유지와 환기를 위해 창문을 열어둔다.
- 페이퍼 타월, 타월을 준비한다.
- 유리 용기에 리퀴드를 준비한다.
- 마스크, 고글을 착용한다.

(2) 시술과정

01 소독제 솜에 뿌리기

솜에 안티셉틱을 충분히 적셔준다.

02 시술자 손 소독하기

안티셉틱을 이용하여 시술자의 손을 소독한다.

03 모델 손 소독하기

안티셉틱을 이용하여 모델 손을 소독한다.

04 큐티클 밀기

푸셔를 이용해서 피부가 손상되지 않게 큐티클을 부드럽게 밀어 올린다.

05 에칭 주기

에칭(Etching) 작업은 손톱 표면을 파일로 긁어 만들어진 깊이가 제품의 접착력을 높여주며 자연 손톱의 손상을 줄이고 흡수하는 역할을 한다.

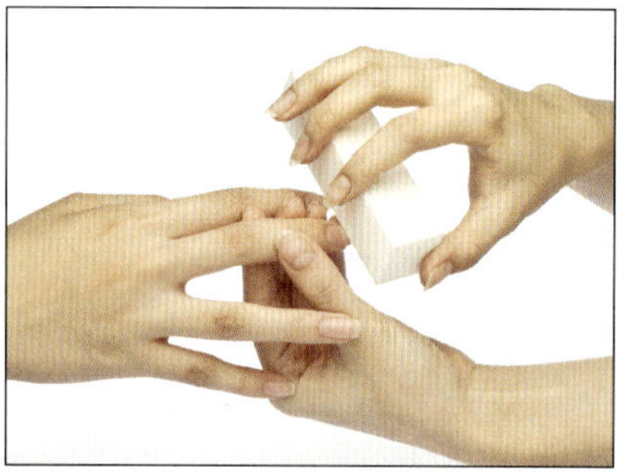

06 표면 정리하기

샌딩으로 표면을 매끄럽게 정리하여 자연 손톱 표면의 유분기를 제거해 접착력을 높이고 박테리아의 번식을 억제한다.

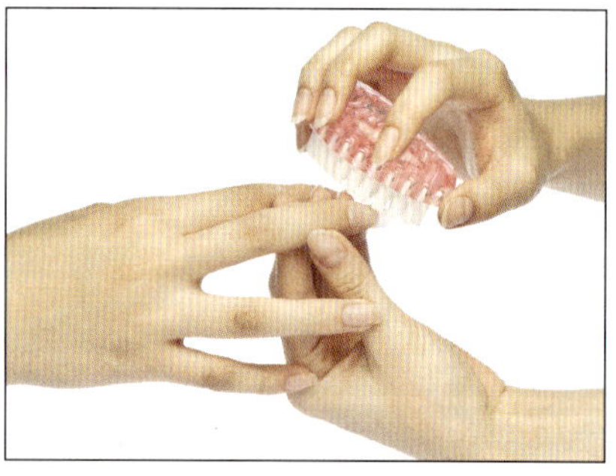

07 잔여물 제거하기

불필요한 이물질 등을 라운드 패드나 더스트 브러시를 이용하여 깨끗이 정리한다.

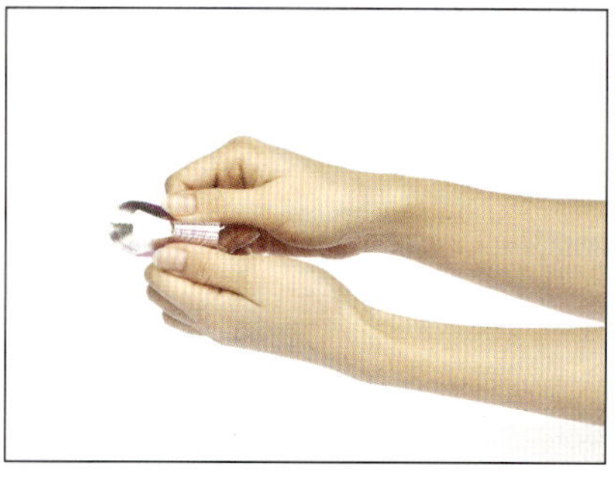

08 네일 폼 선택하기

폼을 선택하여 모델의 손 모양에 맞게 재단한다. 엄지와 검지를 이용하여 고객의 손톱을 끼울 수 있도록 모양을 만들어 준다.

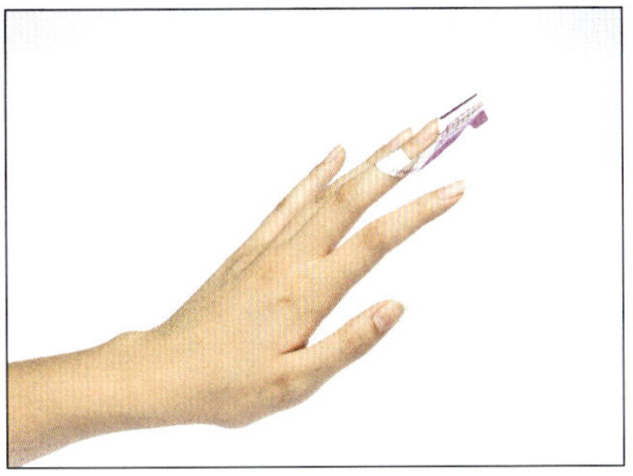

09 네일 폼 끼우기

모델의 손톱 모양에 맞는 폼을 선택한 후 손톱 끝에 잘 맞추어 폼이 프리엣지 밑에 공간 없이 위치를 잘 잡았는지 확인한다.

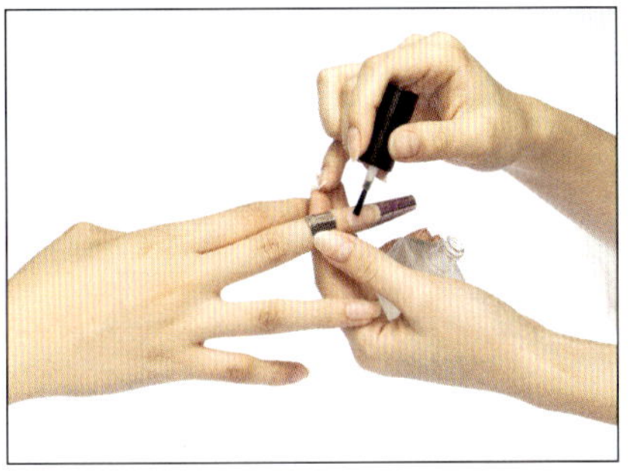

10 프라이머 바르기

자연 네일의 PH밸런스를 맞추고 유분기 제거를 위해 프리 프라이머를 도포한 후 피부에 묻지 않도록 소량의 프라이머를 도포한다.

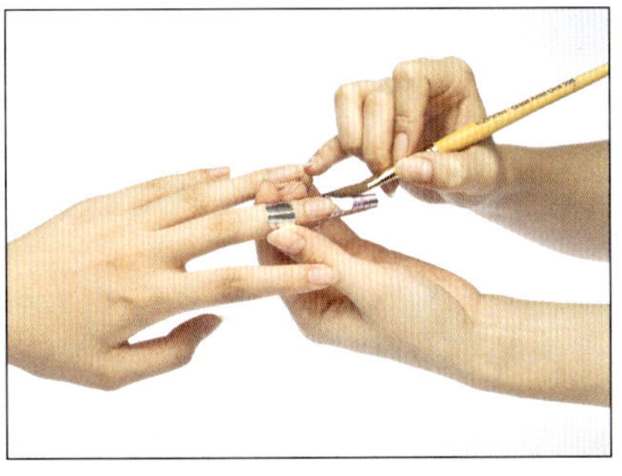

11 아크릴릭 볼 올리기(Ⅰ)

브러시를 리퀴드에 담궈 적당량을 적신 후 화이트 파우더를 묻혀 볼을 만든 다음 프리엣지 위에 올려 옆으로 밀어준다.

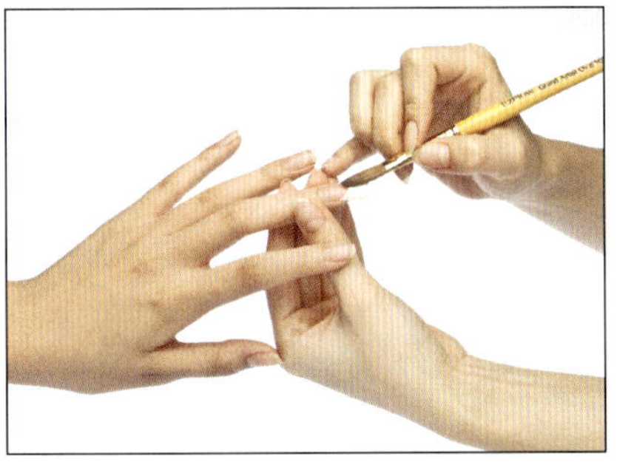

12 아크릴릭 볼 올리기(Ⅱ)

스마일라인 끝쪽은 살짝 붓 끝을 이용하여 올려 주고 옆으로 밀어 이동하면서 붓으로 눌러준다.

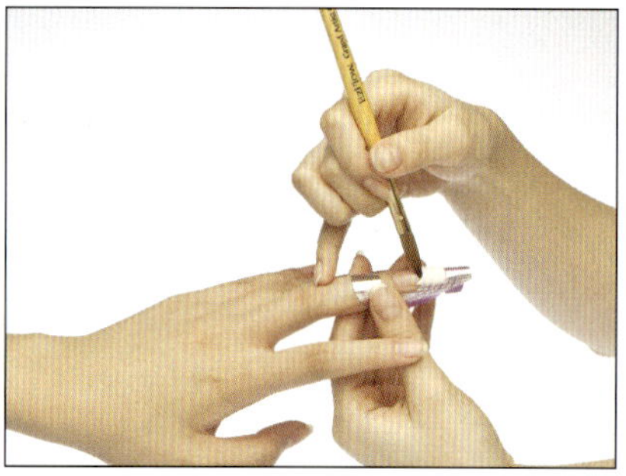

13 스마일 라인 만들기

붓끝을 이용하여 완만한 라운드의 좌우 대칭이 되도록 하여 스마일 라인을 만들어준다.

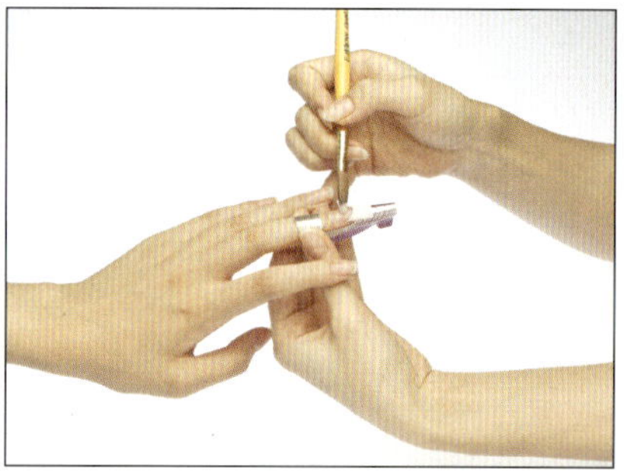

14 아크릴 볼 올리기(Ⅲ)

네일 베드와 스마일라인 사이에 클리어를 놓고 눌러준 후 아래로 쓸어내린다. (양쪽 그루브 위에 붙지 않도록 주의)

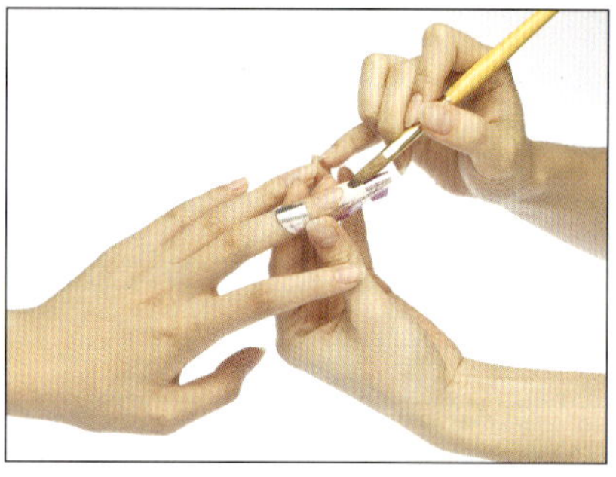

15 아크릴 볼 올리기(Ⅳ)

클리어 파우더로 전체를 매끄럽게 펴주고 기포가 생기지 않도록 가볍게 쓸어내린다.

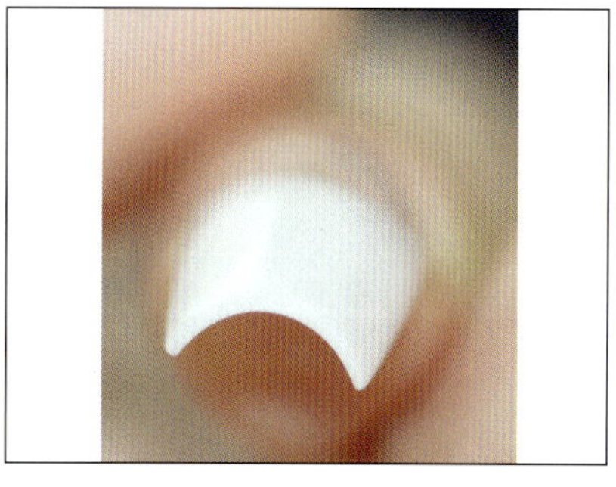

16 C커브 만들기

아크릴릭이 완전 건조되기 전에 스트레스 포인트 부분을 양 엄지로 전체적인 모양과 C커브가 형성되도록 핀치를 준다. 완전히 건조된 후 핀치를 주면 잘 되지 않고 너무 마르지 않으면 밀려 버린다. 손으로 핀치를 주거나 핀치 봉을 사용하여 30~40%의 C커브를 만들어 준다.

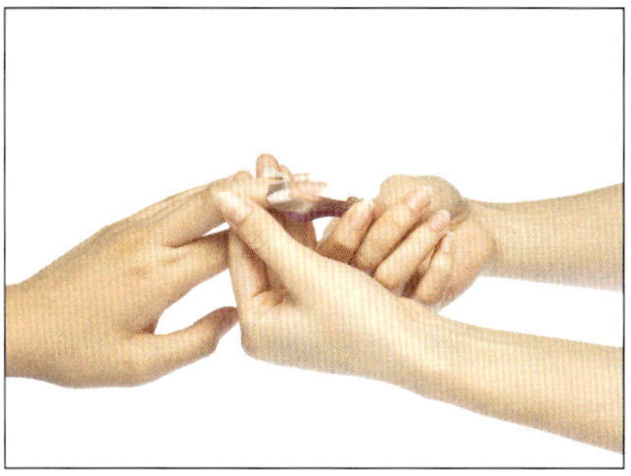

17 폼 제거하기

아크릴릭이 거의 굳어 갈 때 양 엄지 손톱을 사용하여 스트레스 포인트를 눌러 세이프와 C커브가 잘 만들어지도록 핀치를 준 후 폼을 제거한다.

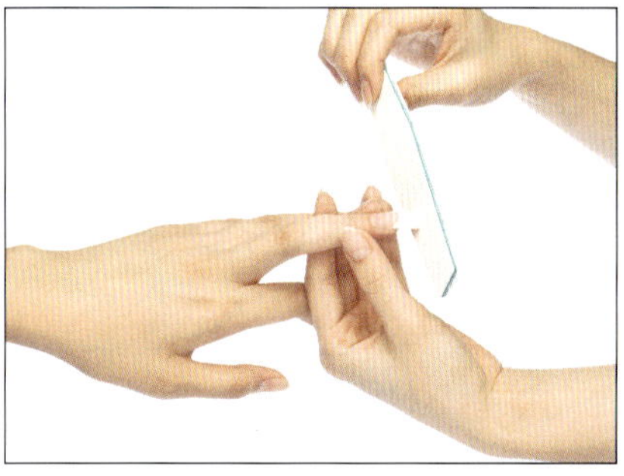

18 길이 및 사이드 조절하기

길이를 조절하고 손톱 모양을 스퀘어로 만들어 준다.

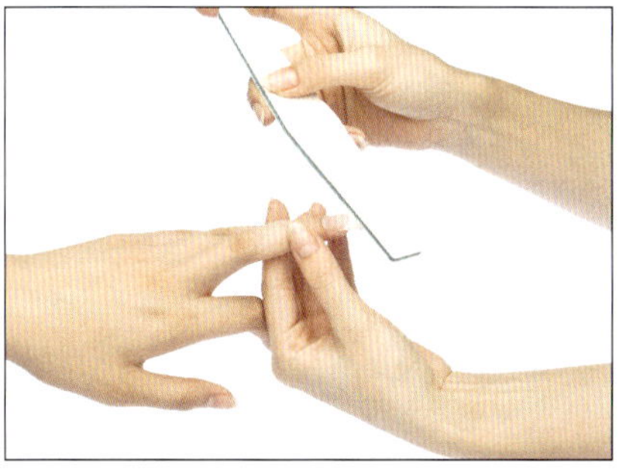

19 파일링 하기

100그릿(Gri)t의 거친 파일로 원하는 모양을 만들어주고 180그릿으로 표면도 매끄럽게 갈아준다. 두께도 일정하게 파일로 정리한다.

20 표면 정리하기

샌딩으로 표면을 매끄럽게 정리한다.

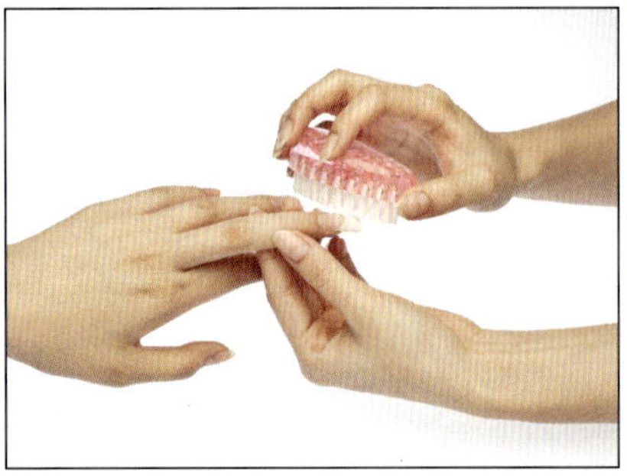

21 잔여물 제거하기

불필요한 이물질 등을 라운드 패드나 더스트 브러시를 이용하여 깨끗이 정리한다.

22 오일 바르기

큐티클 부분에 오일을 바른다.

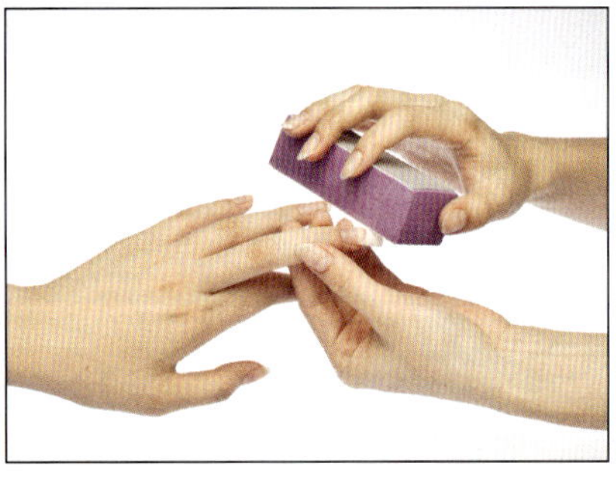

23 광택 내기

4-way를 사용하여 손톱 전체를 투명하게 광을 낸다.

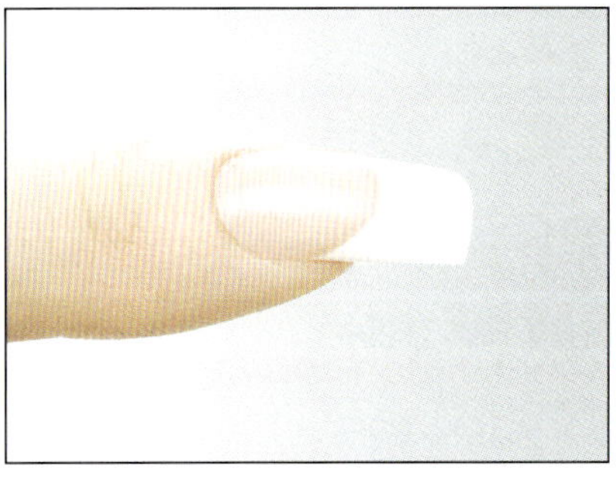

24 완성

4. 젤 스컬프처 Gel Sculpture

1) 젤 스컬프처(Gel Sculpture)의 기초지식

젤 네일은 화학적으로 아크릴릭과 비슷한 밀도를 나타내며 별도의 카탈리스트(Catalyst)인 응고제를 필요로 하고 글루와 성분이 같으며 강도가 조금 강한 접착제라고 할 수 있다. 젤을 붓으로 잘 펴주기만 하면 굳이 파일링 할 필요가 없기 때문에 시술시간이 단축되는 장점이 있으나 반드시 램프에 큐어링 해야 완성이 된다. 아크릴릭에 비해 강한 냄새가 없으며 상당한 투명감을 줄 수 있을 뿐 아니라 투명감이 오래간다. 젤은 농도에 따라 묽은(light) 것과 묽지 않은(thick) 것이 있다. 젤 브러시와 라이트 머신이 기본으로 필요하며 젤을 굳게 하는 방법으로 특수 광선이나 할로겐 램프의 빛에 노출시켜 굳게 하는 라이트 큐어드 젤(Light Cured Gel)과 빛과 광선이 아닌 글루드라이어나 엑티베이터와 같이 스프레이를 뿌리거나 담가 주어 굳히는 두 가지의 방법이 있다. 손톱을 광선에 노출 시킬 때에는 라이트 머신의 적절한 사용 방법을 익혀 고객에게 뜨거움과 같은 사항을 반드시 공지한 후 시행 하여야 한다. 또한 젤의 파일 작업은 큐어링 하고 난 후에 젤의 여분이 표면에 남아 끈적임이 있을 수 있기 때뮤에 젤 클리너를 이용하여 깨끗이 닦은 후 파일 작업을 하도록 한다. 젤 네일은 아크릴릭에 비해 단단함은 조금 떨어지지만 보통 손톱과 굉장한 친화성이 있어서 지속 효과는 좋다. 젤 네일은 퓨어 아세톤(원액)에 녹지 않기 때문에 제거 시 파일 작업을 통해 인조손톱을 분리하였다. 이때 네일 전문가들의 과도한 파일 작업이 고객의 네일 바디를 손상시키는 요인이 되었으나 젤 네일 제품의 발달로 쏙 오프 젤이 출시되어 인조 손톱의 분리가 간편해졌다.

현재 네일테크니션들은 냄새가 없으며 투명도가 높고 UV 젤을 UV 라이트에 노출시키면 수 초 이내에 단단해지는 원리를 이용해 고객의 손톱 형태에 따라 볼륨을 주거나 길게 늘이는 작업을 하여 아름답게 만들어 주고 있다.

(1) 젤의 분류

- **라이트 큐어드 젤(Light Cured Gel)**

  특수한 빛(자외선, 할로겐광)에 노출시켜 젤을 응고시키는 방법이다.

- **노 라이트 큐어드 젤(No Light Cured Gel)**

  물에 담그거나 젤 활성액(Activator)을 사용해 젤을 응고시키는 방법으로 시아노아크릴레이트 성분으로 된 농도가 짙은 글루이다.

(2) UV 젤 램프

젤은 상온에서 마르지 않는 특성이 있어 반드시 UV 빛에 의해 굳혀야 하므로 UV 라이트 기계를 필요로 한다. 이 램프는 UV-A를 발산하며 10시간 이상 이 빛에 피부를 노출시키면 피부 변색이 오게 되는데 네일용 UV 램프는 1회 180초 이상 큐어링 시간이 소요되지않으므로 아무 이상이 없다.

- 램프가 1개 장착된 제품이 9watt 기계이고, 램프가 4개 장착된 제품이 36watt 기계이며 인체에 무해한 자외선 채널은 6watt, 9watt이다.
- 샵에서는 손님의 회전율을 위해 자외선이 강하게 나와 시술 시간이 빠른 36watt 기계를 많이 사용하고 있다.
- 현재 LED램프가 출시되었다.

(3) 젤 네일의 특성 및 주의사항

- 리프팅이 잘 일어나지 않고 상온에서는 모양을 자유자재로 만들 수 있다.
- 부작용 없이 시술을 받을 수 있으며 냄새가 없어 어디서나 사용이 간편하다.
- 젤이 흘러내릴 수 있으므로 정교한 작업은 힘들다.
- 투명도가 좋고 광택이 오래 유지되며 착용감이 자연스러우며 가볍다
- 빛은 오랜 시간 직접 바라보면 실명할 수 있으므로 주의를 요한다.
- 점성이 있고 끈적임이 있기 때문에 먼지가 잘 달라붙는 특성이 있다.
- 36watt 기계를 쓸 경우 썬 크림을 피부에 바른 후 시술한다.
- 손톱이 상해있거나 약한 고객은 뜨거움을 심하게 느끼게 되는데 그럴 경우 손톱을 빼서 눌러주거나 아주 짧게 여러번 큐어링 한다.

(4) 젤 제거 방법에 따른 분류

① 하드 젤(Hard Gel)

- 강한 접착제로 딱딱하고 지속력이 강하며 파일이나 드릴을 사용하여 갈아서 제거한다.
- 탄성이 없고 딱딱하다보니 크랙이 생길 수 도 있다.
- 손톱의 조임 현상과 손상도가 많으며 시간이 오래 걸리는 단점이 있다.

② 소프트 젤(Soft Gel)

- 소프트 젤(Soft Gel)은 하드 젤(Hard Gel)을 묽게 만들어서 탄성이 있다.
- 크랙이 될 염려가 없고 시술하기가 쉬우나 접착성이 하드 젤(Hard Gel) 보다는 떨어진다.

③ 쏙 오프 젤(Soft Off Gel)

- 하드 젤(Hard Gel)과 소프트 젤(Soft Gel)을 합쳐 놓은 것으로 접착력이 강하다.
- 리무버에 손가락을 담그거나 녹여서 쉽게 제거 하는 방법

• 재료 및 도구

라이트 머신, 베이스 젤, 탑 젤, 젤 클리너, 젤 브러시 클리너, 클리어 젤, 핑크 젤, 브러시, 디펜디쉬, 퍼프, 파일, 샌딩 블럭, 안팁셉틱, 화이트 팁, 글루, 팁 커터기

(5) 사전 준비 사항

- 테이블 소독 및 재료를 정리한다.
- 시술자 손 씻기, 손톱 상태를 확인한다.
- 페이퍼 타월, 타월을 준비한다.
- 젤 램프의 전원을 확인한 후 램프의 상태를 확인한다.

(6) 젤 네일 기본재료 설명

큐어링 라이트(젤 램프) 빛을 발산하여 라이트 큐어드 젤을 굳혀주는 할로겐 전구가 들어 있는 기계를 말한다.

- 램프가 1개 장착된 제품이 9watt, 램프가 4개 장착된 제품이 36watt 기계이다.

라이트 큐어드 젤 젤 타입의 폴리머로 오버레이, 길이연장, 네일 컬러로 사용할 수 있다.

- 핑크 젤: 투명 핑크색으로 전체 오버레이나, 베드 부분 오버레이 할 때 사용한다.
- 클리어 젤: 투명한 젤로 전체 오버레이 할 때 사용한다.
- 화이트 젤: 흰색 젤로 젤 프렌치 스컬프처에 사용되는 젤이다.
- 컬러 젤: 디자인을 할 때 사용되는 다양한 컬러로 되어 있는 젤이다.
- 탑 젤: 마무리 젤이며 투명도가 높은 젤 전용 탑 젤이다.

프라이머(본더) 베이스의 역할을 한다.

- 회사마다 다르나 자연 네일에 발라 주고 큐어링 한 후 시술을 시작한다.

젤 크리너 액체로 되어 있어 젤을 닦아주는 역할을 한다.

- 표면에 남아 있는 젤, 이물질, 먼지 등을 제거하는데 사용한다.
- 젤 전용 크리너를 사용하는 것이 좋다.

젤 브러시 젤을 바르는데 사용하는 도구이다.

- 탄력이 있는 합성수지 브러시가 좋다.
- 빛에만 닿지 않으면 굳지 않으므로 페이퍼 타월로 닦기만 하면 계속 사용 가능하다.

퍼프 젤을 닦아내는 재료로 젤 크리너를 묻히는데 사용된다.

• 종이 재질, 스펀지 재질로 만들어져 있다.

폼 프리엣지 부분에 끼워 모양을 만든 후 손톱의 형태를 만들어 주는 틀이다.

• 투명 비닐 재질로 되어 있다.

• 종이 폼은 빛이 잘 투과되지 않아 완전히 굳지 않으므로 투명 폼을 사용한다.

기타 재료 더스트 브러시, 푸셔, 파일, 샌딩, 광 파일, 오일, 소독제, 페이퍼 타월

2) 팁 위드 젤 스컬프처(Tip with Gel Sculpture)

젤 글루를 이용하여 화이트 팁을 부착 후 젤을 이용해 오버레이 하여 주는 방법으로 가볍고 투명도가 좋으며 빠른 시간 내에 완성할 수 있다.

(1) 시술과정

01 시술자 손 소독하기

솜에 안티셉틱을 충분히 적셔 시술자의 손을 소독한다.

02 모델 손 소독하기

안티셉틱을 이용하여 모델 손을 소독한다.

03 큐티클 밀기

푸셔나 오렌지 우드 스틱을 이용해서 피부가 손상되지 않게 큐티클을 부드럽게 밀어 올린다.

04 셰이프(Shape) 만들기

네일 팁 접착을 위하여 자연네일의 모양을 둥근 모양으로 만든다. 프리엣지 길이는 0.5~1mm정도가 적당하다.

05 표면 정리하기

샌딩 블럭이나 부드러운 면의 파일을 이용하여 표면을 매끄럽게 정리하여 자연 손톱 표면의 유분기를 제거하고 샌딩 파일로 팁의 광택을 없애 주어 표면의 마찰 면적을 넓혀서 젤과의 접착을 좋게 한다.

06 네일 팁(Tip) 부착하기

자연 손톱의 모양과 사이즈를 맞춰서 알맞은 팁이나 한 치수 큰 팁을 고른 후 글루나 젤을 이용하여 팁을 접착하고 팁 커터기를 이용하여 규정에 맞게 0.5~1㎝길이로 자른다.

07 셰이프(Shape) 만들기

네일의 길이를 조절하고 손톱의 모양은 규정(스퀘어)에 맞는 모양으로 만든다.

08 표면 정리하기

샌딩블럭을 이용하여 네일의 표면을 매끄럽게 정리하고 먼지를 제거한다.

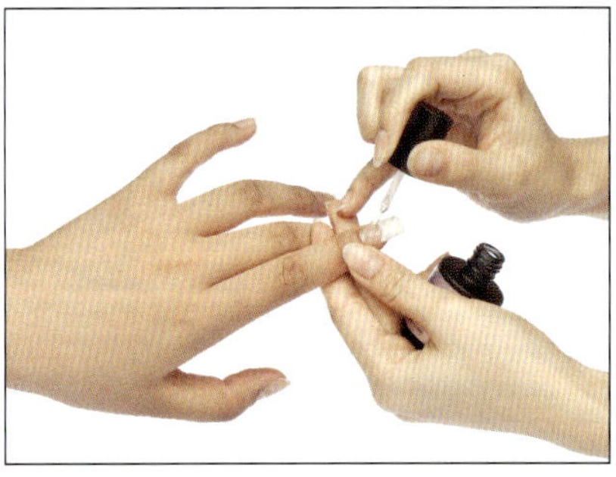

09 베이스 젤 바르기

젤 브러시를 이용하여 적당량의 베이스 젤을 손톱 베드 부분에 바른다.

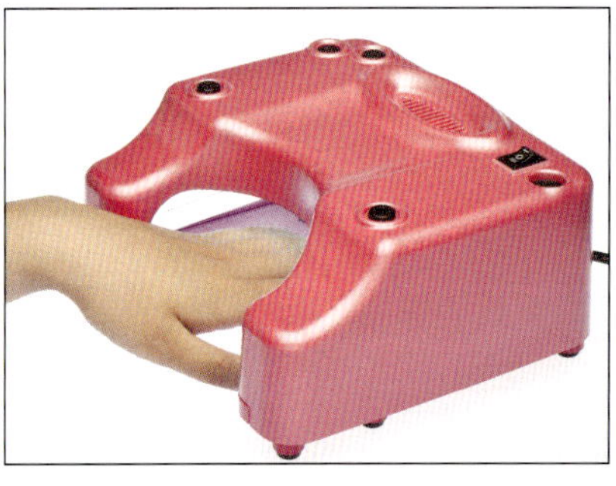

10 큐어링 하기

젤을 얹은 네일을 라이트 머신기에 넣고 1~2분 큐어링한다.

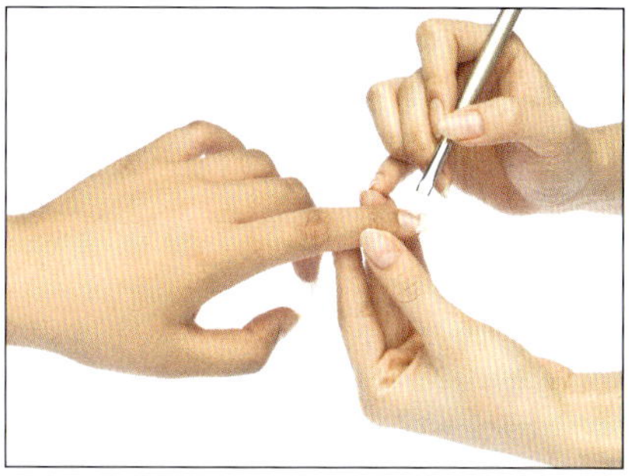

11 클리어 젤 올리기

젤 브러시를 이용하여 적당량의 젤을 떠서 네일 위에 올려준다.

12 큐어링 하기

젤을 얹은 네일을 라이트 머신기에 넣고 2~3분 큐어링 한다.

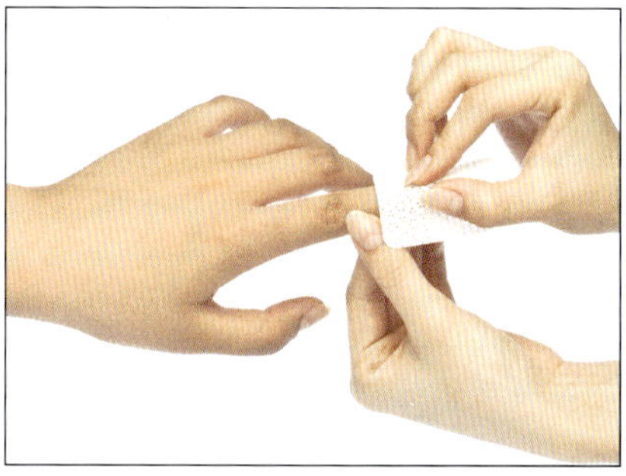

13 젤 클리너로 닦아주기

큐어링한 네일을 퍼프에 젤 클리너를 이용하여 젤 잔여분으로 인한 끈적임을 제거한다.

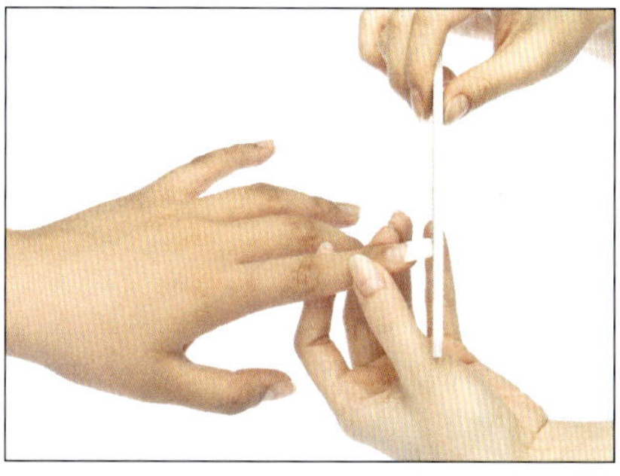

14 길이 조절하기

파일을 90° 각도로 세워 스퀘어 모양으로 만들고 1~1.5㎝가 되도록 길이를 조절해준다.

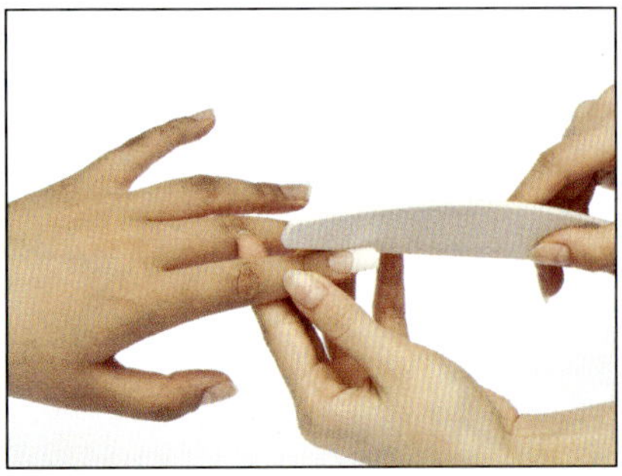

15 사이드 정리하기

양옆 사이드 부분이 일직선이 되도록 파일링 하여 준다.

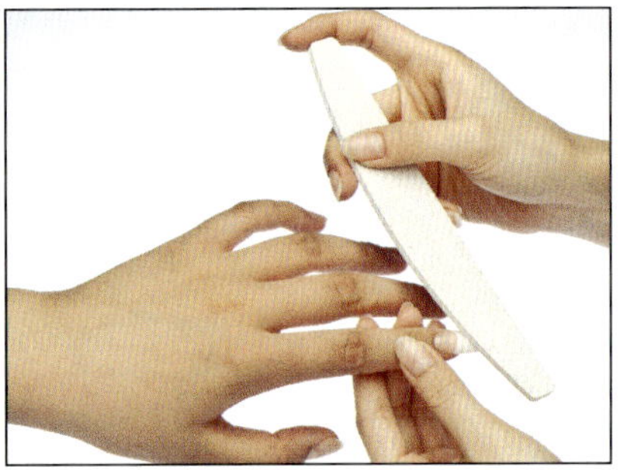

16 표면 파일링하기

젤을 얹은 네일의 고르지 못한 표면을 파일을 사용하여 매끄럽게 갈아 정리한다.

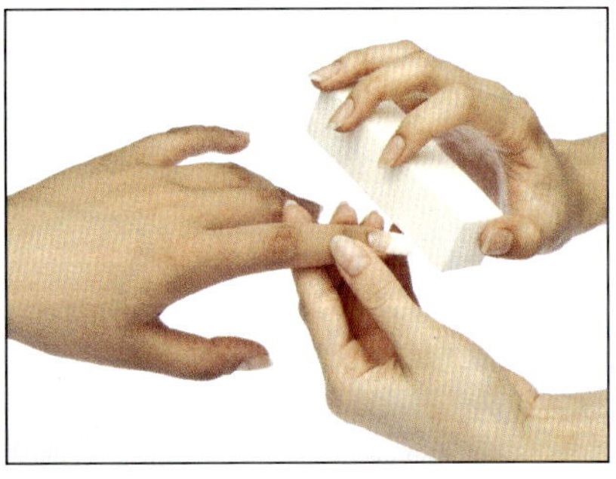

17 표면 정리하기

샌딩으로 표면을 마무리 정리하여 매끄럽게 한다.

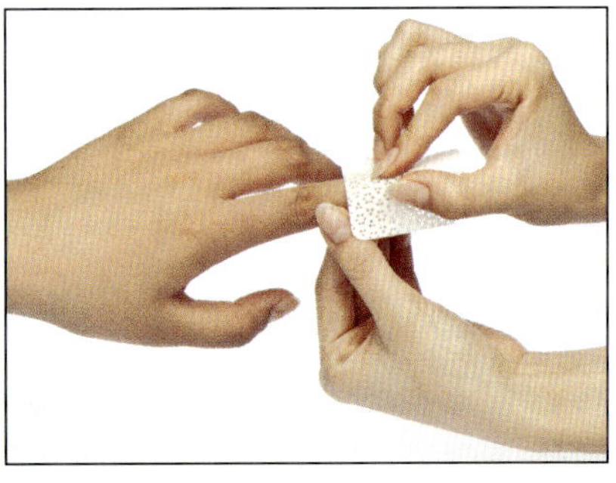

18 젤 클리너로 닦아주기

파일링한 네일을 퍼프와 젤 클리너를 이용하여 먼지, 이물질 등을 깨끗이 제거 한다.

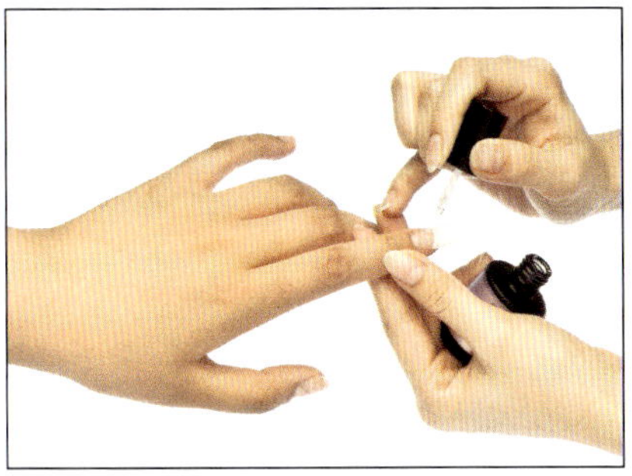

19 탑 젤 바르기

컬러 바르듯이 탑 젤을 얇게 바른다. 탑 젤은 광택 기능까지 함께 하므로 오일, 광 파일로 파일링하지 않아도 된다.

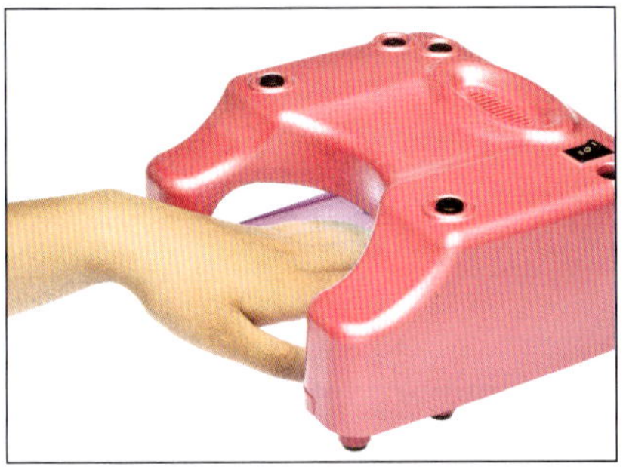

20 큐어링(Curing)하기

탑 젤을 바른 후 라이트 머신기에 넣고 3분 동안 큐어링한다.

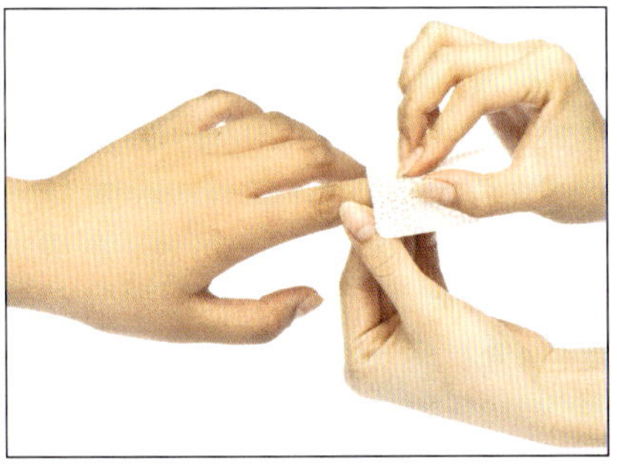

21 젤 클리너로 닦아주기

큐어링 한 네일을 젤 클리너를 이용하여 젤 잔여분으로 인한 끈적임을 제거한다.

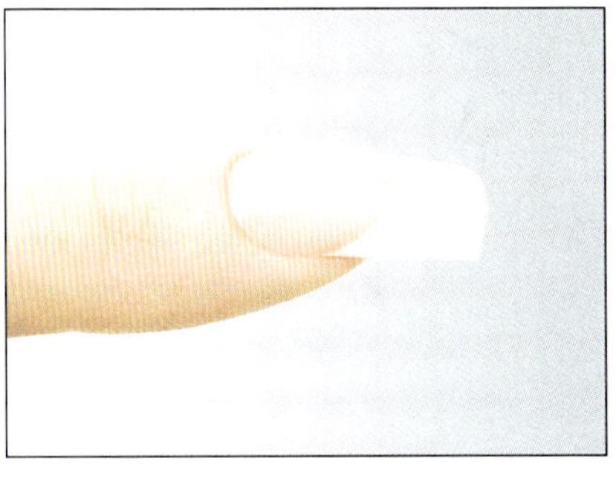

22 완성

3) 젤 원톤 스컬프처(Gel One-Tone Sculpture)

클리어 젤 또는 핑크 젤과 UV 램프를 사용하여 클리어 한 인조손톱을 만들어 주는 기법으로 손톱 보강과 길이 연장이 가능하며 젤의 높은 광택으로 인하여 투명도가 좋다.

- **재료 및 도구**

  더스트 브러시, 젤 브러시, UV 라이트 머신, 투명 젤 폼, 퍼프, 파일, 브러시 크리너, 젤 크리너, 베이스 젤, 탑 젤, 오일, 젤 리무버, 디펜디쉬 볼, 클리어 젤, 핑크 젤, 본더

(1) 사전 준비 및 주의 사항

- 테이블 소독 및 재료 정리
- 시술자 손 씻기, 페이퍼 타월, 타월을 준비한다.
- 젤 시술 전 손톱의 유 · 수분은 반드시 제거한다.(리프팅의 원인)
- 젤 시술 전 손톱의 먼지는 반드시 제거한다.(리프팅의 원인)
- 젤 큐어링 타임은 반드시 지킨다.(리프팅의 원인)
- 젤 시술시 피부에 묻지 않도록 주의한다.(리프팅과 탈락의 원인)
- 손톱의 상태나 젤의 두께에 따라 발열감을 느낄 수 있다.
- 모든 젤 제품은 작업시 램프와 근접하지 않게 보관한다.

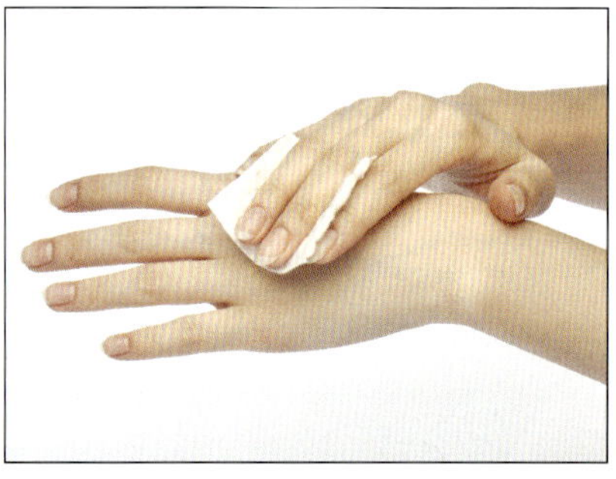

01 시술자 손 소독하기

알코올 또는 안티셉틱을 솜에 충분히 묻혀 시술자의 손을 깨끗이 소독한다.

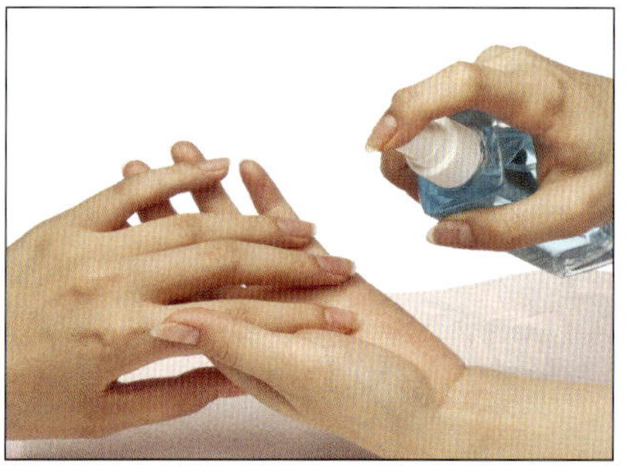

02 모델 손 소독하기

알코올 또는 안티셉틱을 분무하거나 솜에 충분히 묻혀 모델의 손을 깨끗이 소독한다.

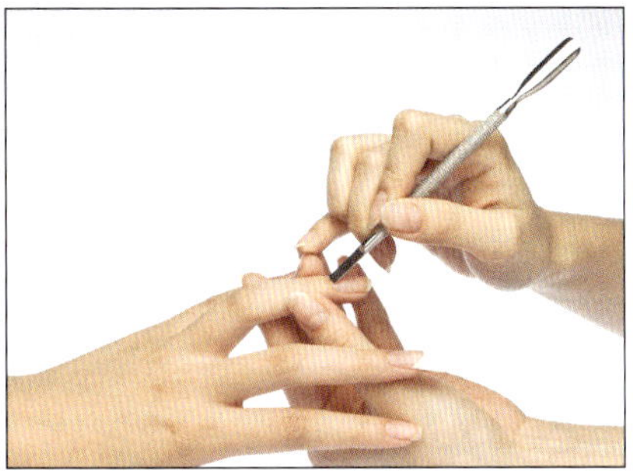

03 큐티클 밀기

오일을 사용하지 않고 오렌지 우드 스틱이나 푸셔를 이용해서 피부가 손상되지 않게 큐티클을 부드럽게 밀어 올린다.

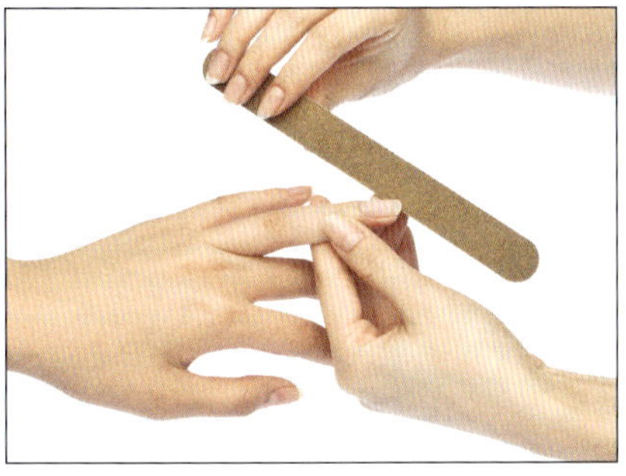

04 에칭 주기

에칭(Etching) 작업은 자연 네일의 표면을 부드러운 파일을 이용하여 자연 네일의 광택과 모양을 잡고 파일링으로 만들어진 깊이는 제품의 접착력을 높여주며 자연 손톱의 손상을 줄이고 흡수하는 역할을 한다.

05 표면 정리하기

샌딩 블럭을 이용하여 표면을 매끄럽게 정리하여 자연 손톱 표면의 유분기를 제거해 접착력을 높이고 박테리아의 번식을 억제한다.

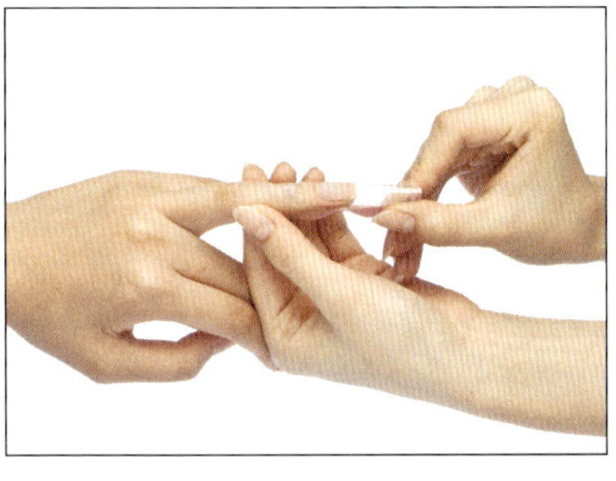

06 젤 폼 끼우기

손톱의 모양에 맞게 투명 폼을 선택하여 손톱과 폼 사이에 공간이 생기지 않게 주의하여 폼을 끼운다.

07 베이스 젤 바르기

유분기가 제거된 손톱에 피부에 닿지 않게 베이스 젤을 바른다.

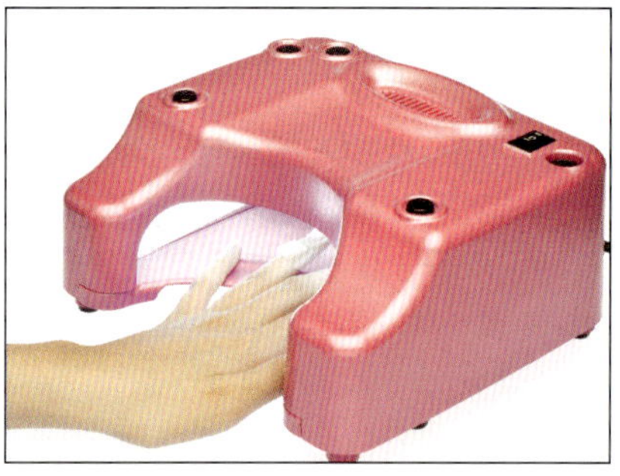

08 큐어링 하기

클리어 젤을 올린 다음 1~2분간 UV 젤 램프에 큐어링하여 클리어 젤을 굳혀준다.

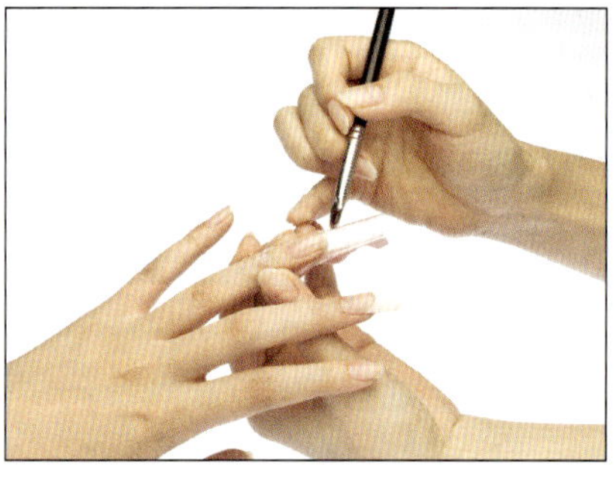

09 클리어 젤 올리기

클리어 젤 도포 시 기포가 생기지 않도록 주의해서 올린다. 클리어 젤을 이용하여 프리엣지 부분을 만들어 큐어링 하고 자연 네일에 클리어 젤을 올린다.

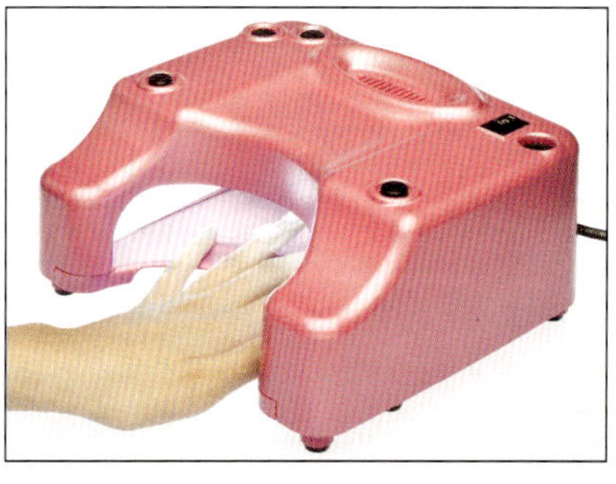

10 큐어링 하기

핀치를 준 후 30초~1분간 UV 젤 램프에 큐어링하여 클리어 젤을 굳혀준다.

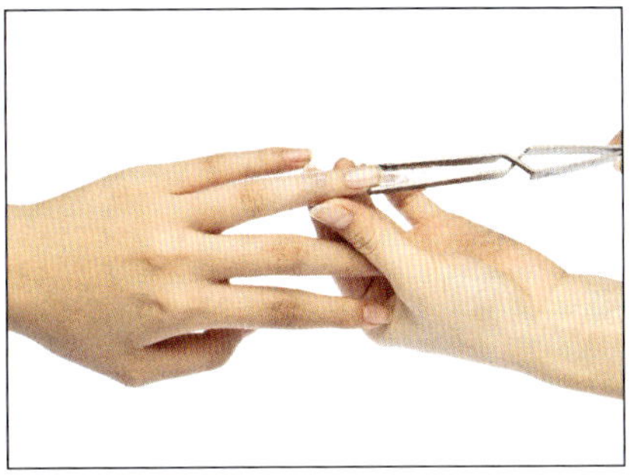

11 핀치 주기

큐어링 30초~1분 후 핀치를 주어 C커브를 만들어 준다.

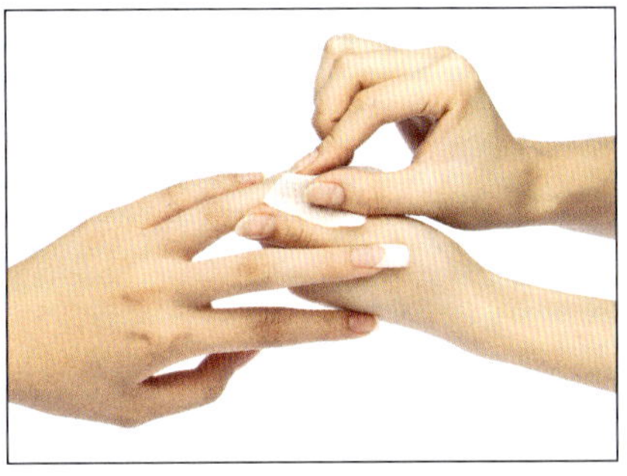

12 젤 클리너로 닦아주기

큐어링 후 젤의 끈적이는 잔여물을 퍼프에 젤 클리너를 묻혀 닦아준다.

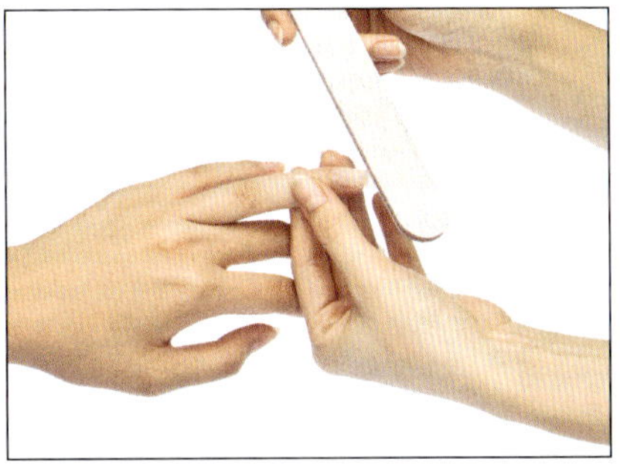

13 모양 만들기

파일을 이용하여 원하는 모양으로 전체표면이 매끄러워질 때까지 파일링한다.

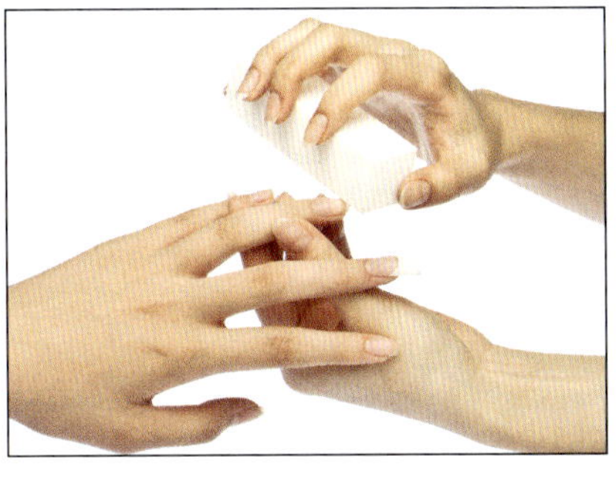

14 표면 정리하기

블록 버퍼나 피니셔 버퍼를 이용하여 표면을 매끄럽게 정리한 후 젤 크리너로 닦아 먼지, 이물질 등을 제거한다.

15 탑 젤 바르기

마무리 단계로 광택과 젤의 지속력을 유지해 준다.

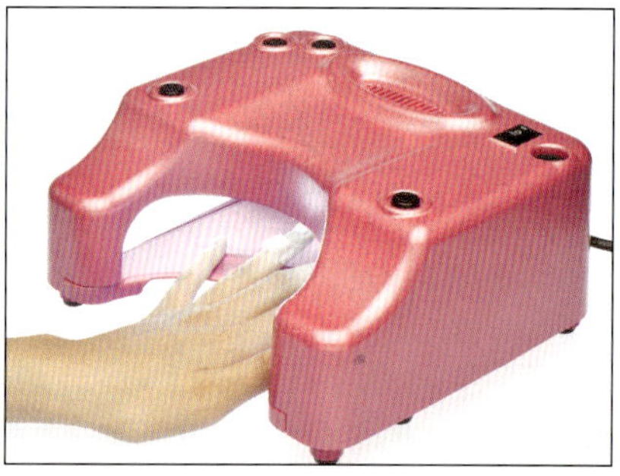

16 큐어링 하기

탑 젤을 바른 다음 3분간 큐어링 한다.

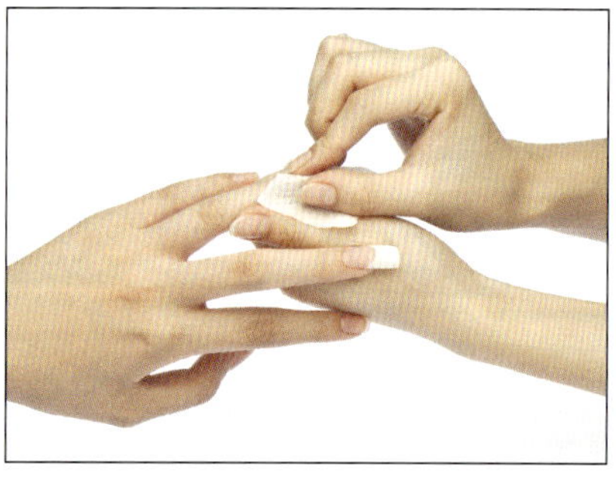

17 젤 클리너로 닦아주기

큐어링 후 젤 클리너와 퍼프를 이용하여 끈적이는 잔여물을 닦아준다.

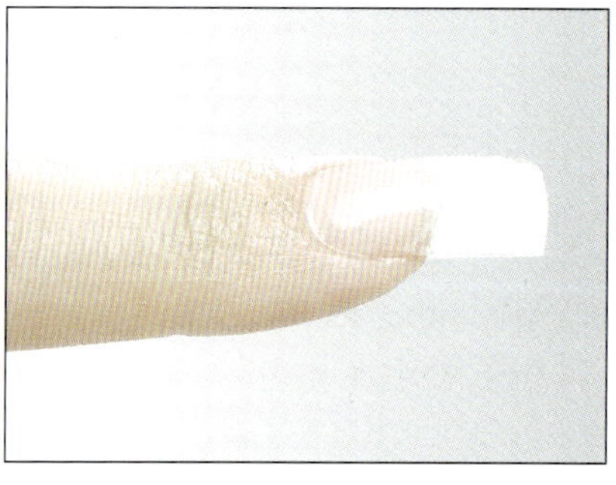

18 완성

4) 젤 프렌치 스컬프처(Gel French Sculpture)

화이트 젤을 사용하여 스마일 라인의 아름다움과 길이를 연장해 준 후 베드 부분에 핑크젤을 도포하고 전체를 클리어 젤을 사용하여 오버레이 하는 시술 방법이다.

• 재료 및 도구

베이스 젤, 탑 젤, 젤 클리너, 브러시 클리너, 클리어 젤, 핑크 젤, 화이트 젤, 브러시, UV 라이트기, 젤 투명 폼, 디펜디쉬, 퍼프, 파일, 샌딩블럭, 본더

(1) 사전 준비 및 주의 사항

- 테이블 소독 및 재료를 정리한다.
- 시술자 손 씻기, 손톱 상태를 확인한다.
- 페이퍼 타월, 타월을 준비한다.
- 젤 램프의 전원을 확인한 후 램프의 상태를 확인한다.

(2) 시술과정

01 시술자 손 소독하기

알코올 또는 안티셉틱을 솜에 충분히 묻혀 시술자의 손을 깨끗이 소독한다.

02 모델 손 소독하기

알코올 또는 안티셉틱을 분무하거나 솜에 충분히 묻혀 모델의 손을 깨끗이 소독한다.

03 큐티클 밀기

오일을 사용하지 않고 오렌지 우드 스틱이나 푸셔를 이용해서 피부가 손상되지 않게 큐티클을 부드럽게 밀어 올린다. 불필요한 루즈 스킨도 제거해 준다.

04 에칭 주기(Etching)

에칭(Etching) 작업은 자연 네일의 표면을 부드러운 파일을 이용하여 자연 네일의 광택과 모양을 잡고 파일링으로 만들어진 깊이는 제품의 접착력을 높여 주며 자연 손톱의 손상을 줄이고 흡수하는 역할을 한다. 모양은 둥근형으로 하고 프리엣지 길이는 0.5~1mm정도가 적당하다.

05 표면 정리하기

샌딩블럭을 이용하여 표면을 매끄럽게 정리하여 자연 손톱 표면의 유분기를 제거해 접착력을 높이고 박테리아의 번식을 억제한다.

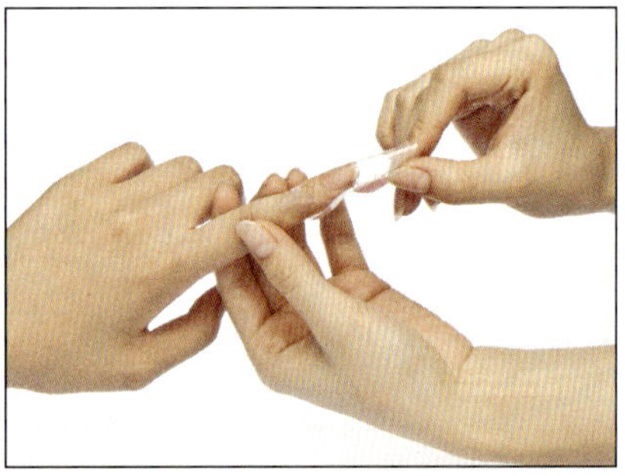

06 젤 폼 끼우기

손톱의 모양에 맞게 폼을 선택하고 폼 뒷면의 접착제를 떼어내고 양손 엄지와 검지를 이용, 프리엣지 밑에 폼을 끼운다. 이때 손톱과 폼 사이에 공간이 생기지 않게 주의하여 폼이 쳐지지 않도록 한다. 화이트 젤은 빛의 반사로 큐어링 시간이 많이 걸리므로 투명 폼을 사용한다.

07 베이스 젤 바르기

유분기가 제거된 손톱에 피부에 닿지 않게 본더 또는 베이스 젤을 바른다. 본더는 많이 바르면 리프팅의 원인이 되므로 소량 발라야 한다.

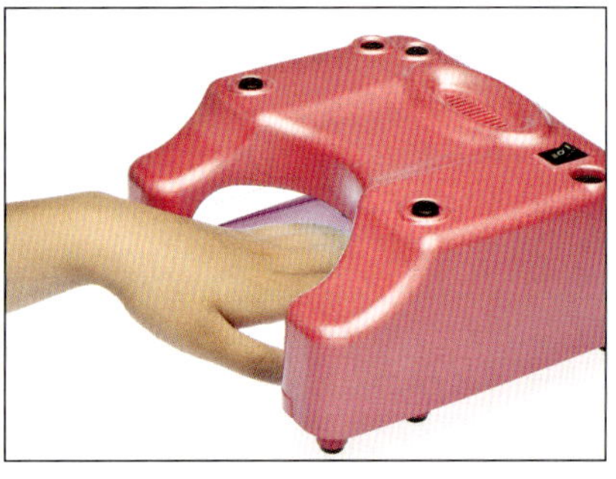

08 큐어링 하기

베이스 젤을 올린 다음 1~2분간 큐어링을 한다.

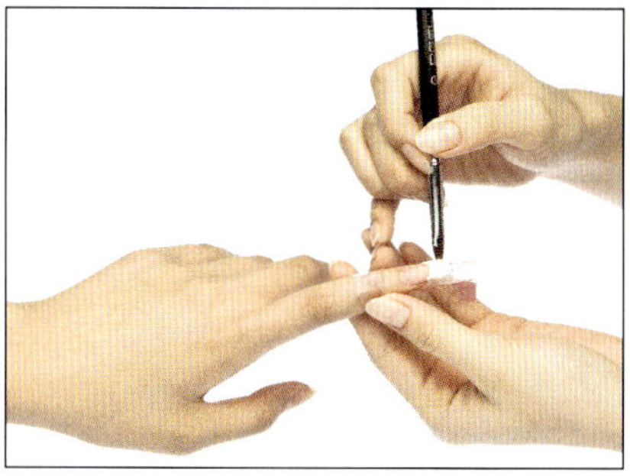

09 화이트 젤 올리기

화이트 젤을 이용하여 기포가 생기지 않게 주의 하여 프리엣지 부분과 손톱길이를 연장한다.

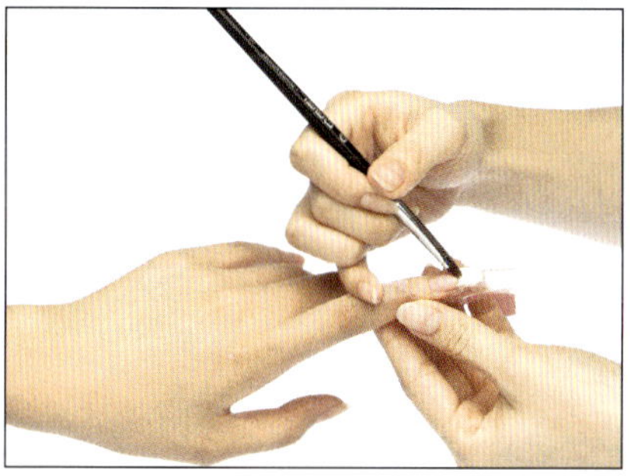

10 스마일 라인 만들기

스마일 라인을 만드는 방법은 실처럼 라인을 그어 만드는 방법도 있고 붓 끝으로 전체를 라운드로 쓸어주어 한번에 만들어 주는 방법이 있다.

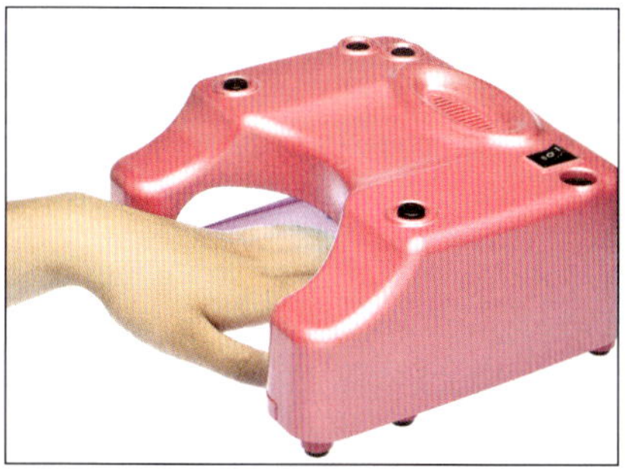

11 큐어링 하기

화이트 젤을 올린 다음 1~2분간 큐어링을 하고 핀치를 주어 C커브를 만들어 준다.

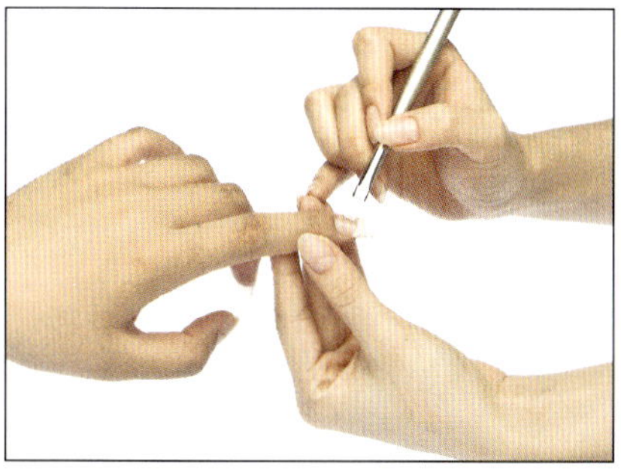

12 클리어 젤 올리기

스캅춰의 경우 빌더 젤의 사용이 좀 더 용이하며 피부에 닿지 않도록 전체 오버레이 한다.

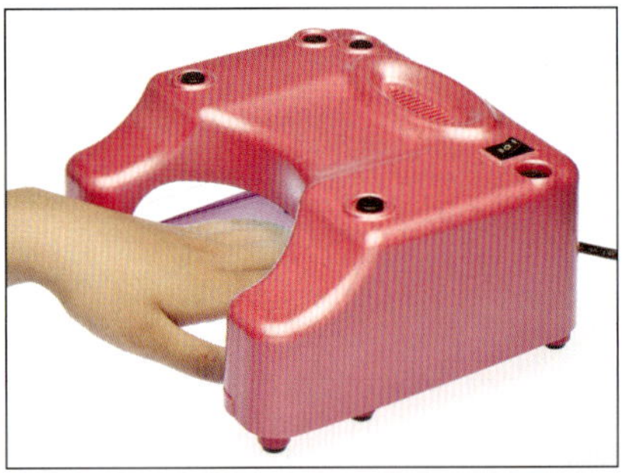

13 큐어링 하기

클리어 젤을 올린 다음 3분간 큐어링 한다.

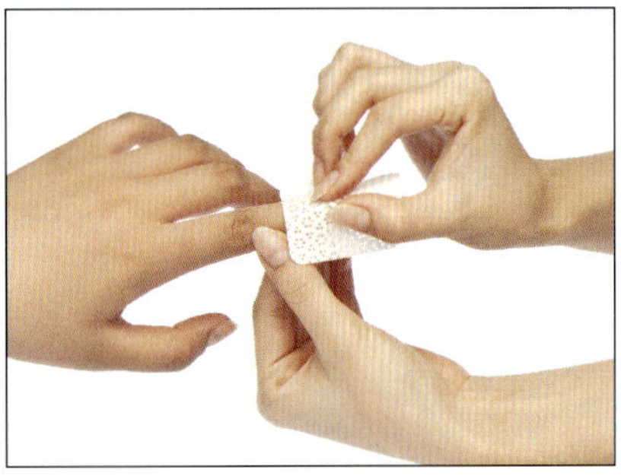

14 젤 클리너로 닦아주기

큐어링 후 젤의 끈적이는 잔여물을 퍼프에 젤 클리너를 묻혀 닦아준다.

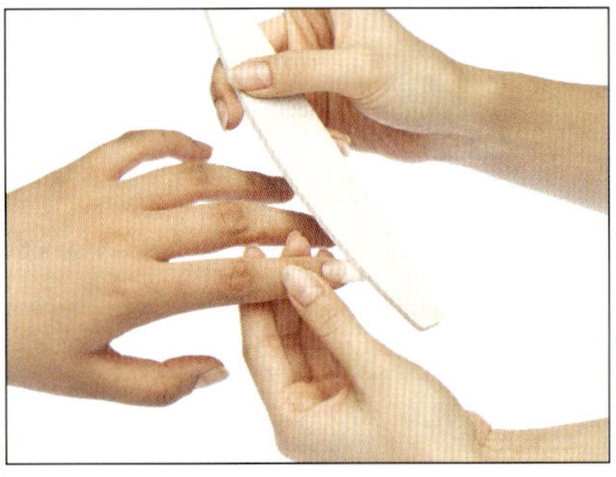

15 모양 만들기

파일을 이용하여 원하는 모양으로 전체표면이 매끄러워질 때까지 파일링한다.

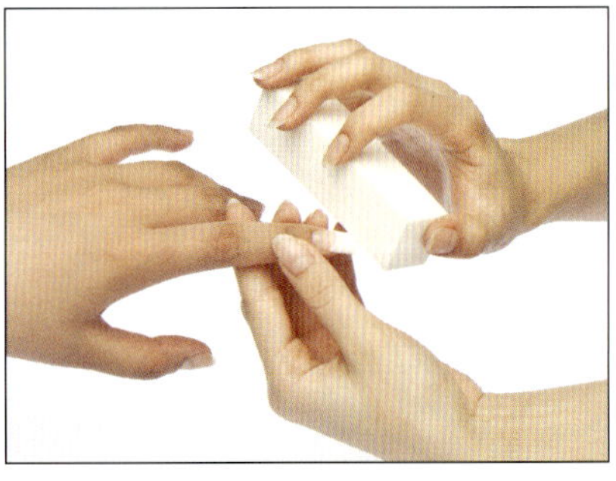

16 표면 정리하기

블록 버퍼나 피니셔 버퍼를 이용하여 표면을 매끄럽게 정리하고 클리너로 먼지를 제거한다.

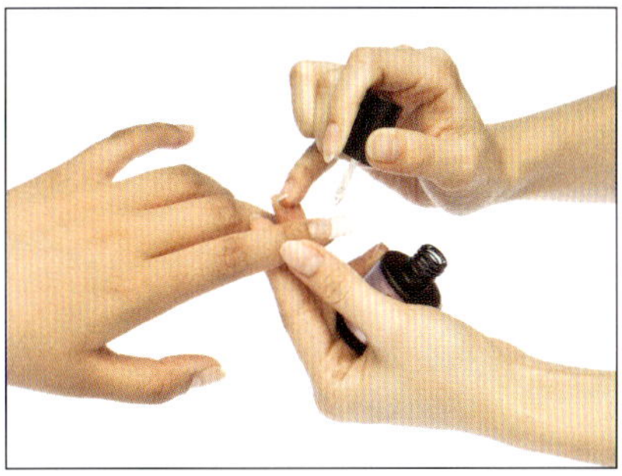

17 탑 젤 바르기

마무리 단계로 광택과 젤의 지속력을 유지해 준다.

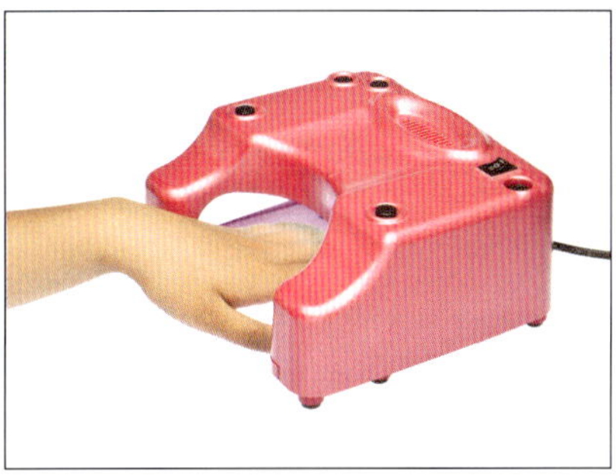

18 큐어링 하기

탑 젤을 올린 다음 3분간 큐어링 한다.

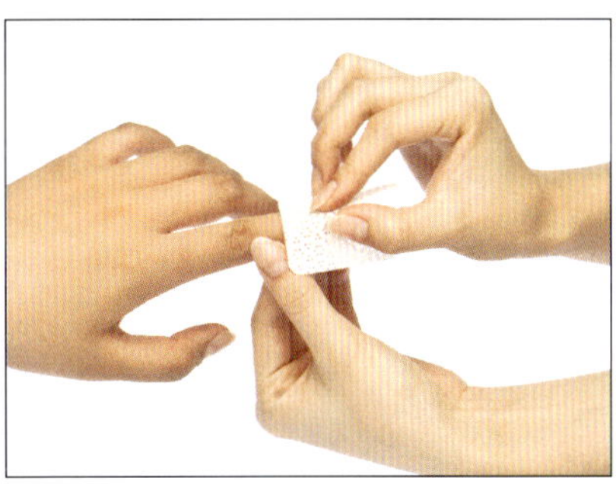

19 젤 클리너로 닦아주기

큐어링 후 젤의 끈적이는 잔여물을 퍼프에 젤 클리너를 묻혀 닦아준다.

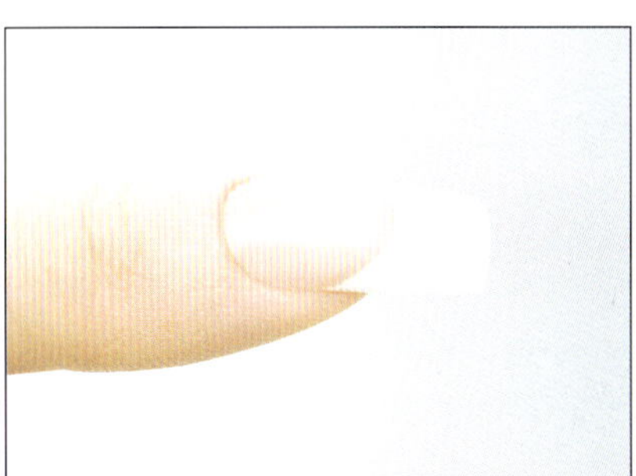

20 완성

chapter 04. 인조 네일 관리

사람마다 환경, 나이, 직업, 손톱모양에 따라 손톱 유지방법은 달라지는데, 오랜 기간 보수를 하지 않아 들뜬 부분을 방치하게 되면 습기가 차고 이물질이 끼어 곰팡이가 생기게 되고 손톱 질병을 유발 할 수 있으므로 항상 신경을 써서 유지 관리하며 인조 네일은 2~3주에 한번씩 보수(re-fill)를 해주어야 한다.

보수 방법은 파일로 들뜬 부위를 갈아내고 그 위에 실크, 아크릴릭, 젤 등을 이용하여 오버레이 하거나 다시 하는 방법이 있다.

1. 인조네일 보수방법

1) 페브릭 랩(Fabric Wraps) 보수

2주 후에 새로 자란 손톱 부분에 필러와 글루를 사용하여 부분 보수를 하고 4주 후에는 접착제와 랩을 함께 채우는 보수를 하게 된다.

컬러제거 → 파일링 → 랩부착 → 글루 → 필러 파우더 → 글루 → 글루드라이 → 파일링 → 샌딩 → 글루 → 젤 글루 → 글루드라이 → 샌딩

2) 네일 팁(Nail Tip) 보수

네일 팁은 관리 후 1~2주에 한번씩 관리해주고 새로 자라 나온 자연 네일과 기존의 네일 팁의 턱을 자연스럽게 갈아주고 필러 파우더를 뿌려 글루와 젤을 바른 후 샌딩으로 표면을 매끄럽게 마무리해준다.

컬러제거 → 파일링 → 팁 보수 또는 팁부착 → 글루 → 필러 파우더 → 글루 → 글루드라이 → 파일링 → 샌딩 → 글루 → 젤 글루 → 글루드라이 → 샌딩

3) 실크 익스텐션(Silk) 보수

2주 후에 새로 자란 손톱부분에 필러와 글루를 사용하여 부분 보수를 하고 4주 후에는 접착제와 랩을 함께 채우는 보수를 하게 된다.

컬러제거 → 파일링 → 랩부착 → 글루 → 필러 파우더 → 글루 → 글루드라이 → 파일링 → 샌딩 → 글루 → 젤 글루 → 글루 드라이 → 샌딩

4) 아크릴릭 네일(Acrylic Nail) 보수

아크릴릭 네일의 보수는 자연손톱이 자라남에 따라 큐티클 주변의 리프팅 되어 있는 부분을 파일링하고 채워주는 것이 좋다. 아크릴릭도 리프팅 된 부분을 그대로 방치해 두면 그 안에 물과 이물질 등이 들어가 몰드와 같은 질환을 가져오게 되므로 2주 안에 보수해 주는 것이 좋다.

컬러 제거 → 에칭 → 리프팅부분 파일링 → 1차 프라이머 바르기 → 아크릴릭 볼 올리기 → 파일링 → 샌딩

5) UV 젤 네일(UV gel Nail) 보수

2주 후에 새로 자란 손톱부분에 젤을 사용하여 부분 보수를 하고 큐어링하여 젤을 구워주며 크리너로 닦아 이물질 등을 제거하며 파일링을 하지 않아도 된다.

컬러 제거 → 에칭 → 리프팅부분 파일링 → 베이스 젤 바르기 → 큐어링 → 클리어 젤 바르기 → 큐어링 → 샌딩 → 컬러 젤 또는 탑 젤 바르기 → 큐어링

2. 인조 네일 제거방법

인조 네일을 제거할 시에는 길이를 클리퍼로 자른 뒤 솜에 아세톤이 휘발되지 않도록 완전히 감싸주고, 10~20분 뒤에 호일과 솜을 제거한 뒤 오렌지 우드 스틱이나 부드러운 파일로 긁어낸다. 마지막으로 샌딩 블럭으로 표면을 매끄럽게 갈아 주는 방법이 일반적이다.

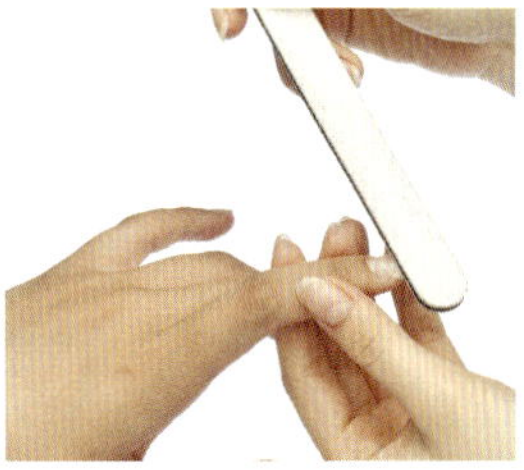

파일로 갈기

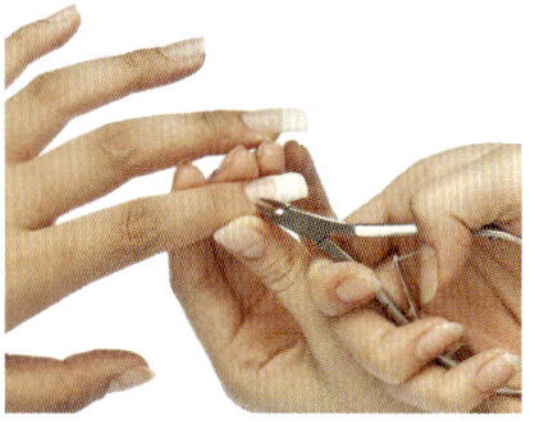

니퍼로 뜯기

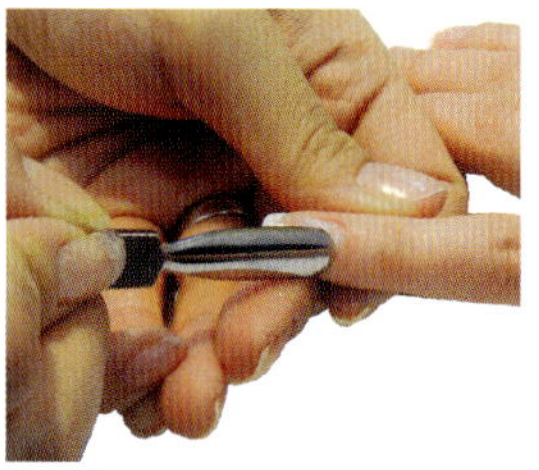

푸셔로 밀기

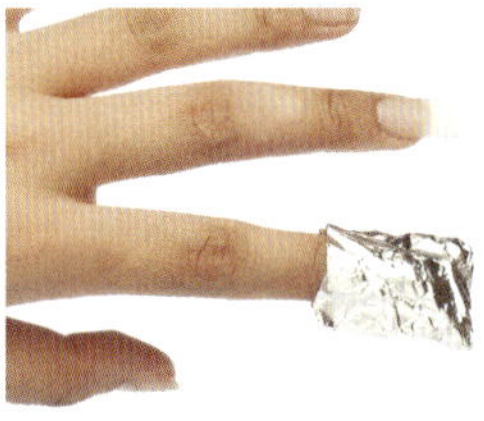

밀폐하기

손가락 한 개 담그기

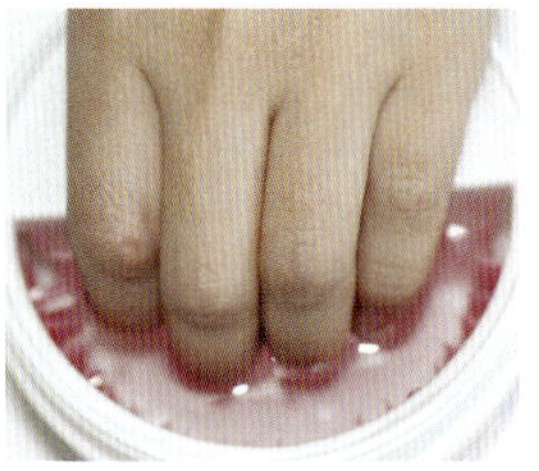

손가락 전체 담그기

• **뜯어내기** 니퍼, 들뜬 부위를 뜯어내어 제거하는 방법으로 자연 네일에 상처가 날 위험이 있고 통증을 유발할 수 있으므로 주의해야 한다.

• **갈아내기** 파일로 갈아내는 방법이나 자연 네일에 상처가 날 위험이 있고 가루가 많이 날리며 시간이 오래 걸리는 단점이 있다. 드릴을 사용하여 손톱을 갈기도 하나 기계 사용으로 인한 숙련된 기술력을 요한다.

• **밀폐하기** 솜에 아세톤을 묻혀 손톱에 올리고 호일로 감싼 뒤 10~20분 후 호일을 벗기면 인조 네일이 녹아 있으므로 퓨셔로 밀어서 제거하면 쉽고 편리하게 제거할 수 있으며 현재 가장 많이 시술되는 방법이다.

• **담그기** 유리용기에 아세톤을 넣은 뒤 인조 손톱 부분을 10~20분가량 담근다. 용기 안에서 녹아 쉽게 제거되나 아세톤에 피부가 오래 노출되면 좋지 않으므로 인조 네일 제거 후 물에 20분 정도 담궈 아세톤을 희석시켜준다. 젤 제거 시에는 젤 전용 리무버를 사용하여 불려 제거하는 방법을 사용하기도 한다.

3. 인조 네일 제거 시술 과정

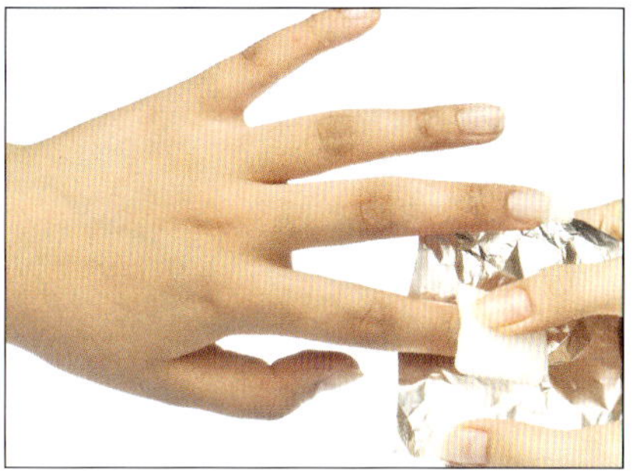

01 솜에 아세톤 묻히기

인조 손톱의 길이를 최대한 짧게 자르고 솜을 작게 자른 후 아세톤을 충분히 묻혀준다.

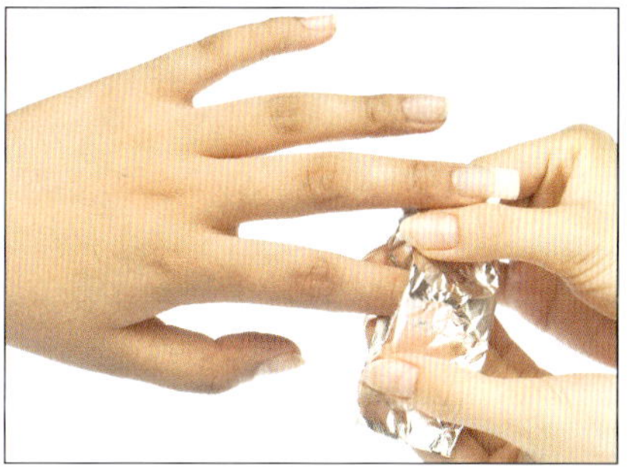

02 호일 준비

호일을 사각으로 자른 후 반으로 접어 솜을 감싸준다.

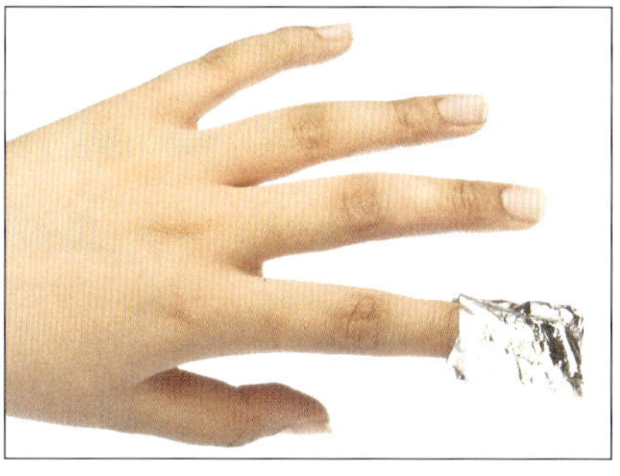

03 밀폐하기

호일을 사용하여 아세톤이 묻은 솜을 공기가 통하지 않도록 10~20분 감싼다.

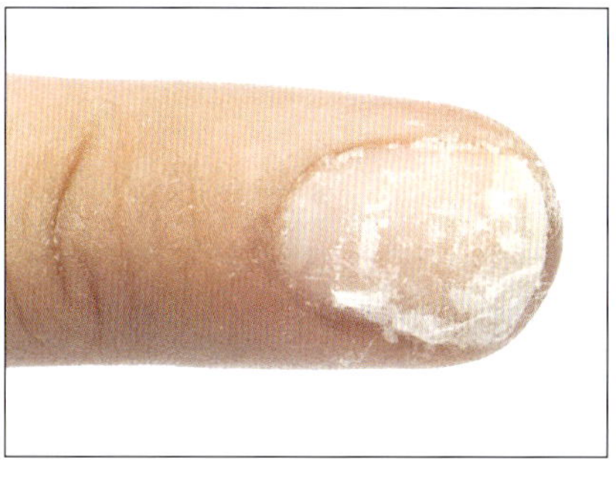

04 인조 손톱 확인하기

호일을 열어 손톱이 녹아 없어졌는지 확인한다. 이때 너무 오래도록 호일을 벗기지 않으면 아세톤이 모두 증발하여 솜이 손톱에 달라붙는 현상이 있으므로 반드시 10~20분 후에 확인을 해준다.

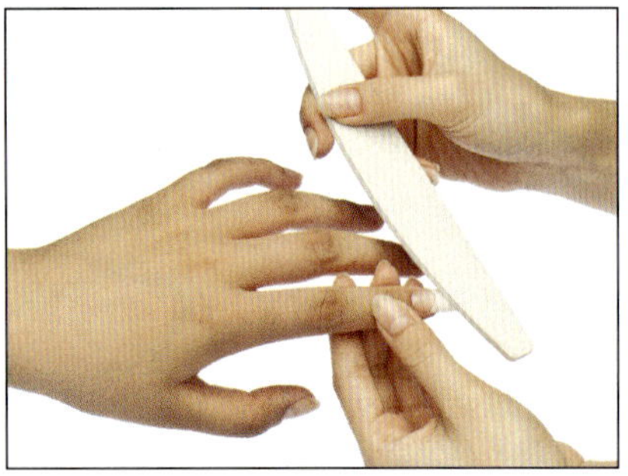

05 파일링 하기

아세톤에 불어 있는 인조 손톱을 파일링 한다.

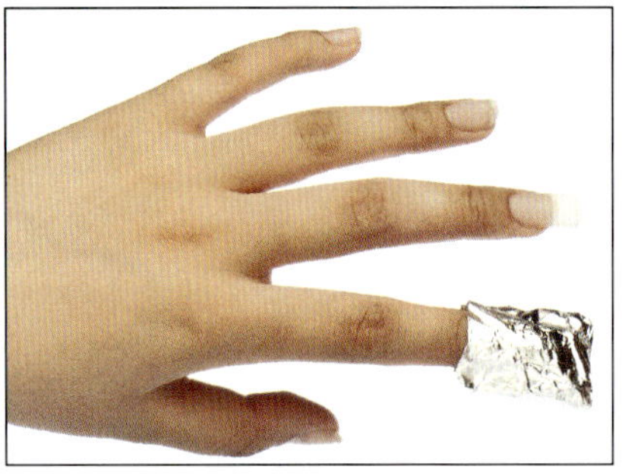

06 밀폐하기

조금 남은 인조 손톱 제거를 위해 호일을 사용하여 아세톤이 묻은 솜을 공기가 통하지 않도록 5~10분정도 다시 감싼다.

07 표면정리

샌딩을 사용하여 매끄럽게 표면 정리를 하고 손톱 강화제를 발라준다.

chapter 05. 왁싱 Waxing

1. 왁싱(Waxing)의 기초 지식

신체 부위에서 원하지 않는 곳의 털을 제거하는 일시적인 제모 방법 중 하나로 허니 왁스(천연송진 99%)를 이용하는 시술이다. 왁싱은 모근까지 제거되므로 털이 나기까지 약 2~4주 정도 유지할 수 있으므로 대중적으로 많이 이용되고 있는 제모 방법이다. 왁싱으로 인한 착색은 무슬린 천을 떼어낼 때 무리한 힘을 가해 진피층까지 상처를 주기 때문에 생긴다. 따라서 체모와 피부의 유 · 수분을 제거하고 피부 자극을 줄이기 위해 파우더나 프리페어링 로션을 발라준 뒤 제모를 하는 것이 중요하다. 왁싱을 반복하면 모근 일부가 파괴되어 점차 털이 적어질 수도 있다.

1) 왁스의 종류

- **Hot wax** 고형의 왁스를 워머기나 전자레인지 등으로 녹여서 액체화 한 후 사용하며 굵은 털을 제거하는데 효과적이다.

- **Cold wax** 이미 사용하기 편리하게끔 부드럽게 되어 있어 열을 가해 녹일 필요가 없다. 데워 쓰지 않아 편리하며 민감성 피부에 좋다.

- **Soft wax** 피부 부위에 왁스를 얇게 펴 바른 후 부직포나 무슬린 천 등을 붙여 떼어내는 타입이다. 넓은 부위 왁싱을 위해 사용되며 팔, 다리 제모에 좋다. 뜨거운 왁스는 모공을 열어주어 모가 더 잘빠지게 도와준다.

- **Hard Wax** 덩어리로 되어 있으며 피부 부위에 왁스를 바를 때 도톰하게 발라 이 왁스 자체가 스트립이 되어 왁스를 떼어내면서 털이 같이 빠져 나오는 타입이다.

2) 왁싱의 방법

■ 일시적인 제모(Temporary)

- **족집게(Tweezing)** 눈썹 겨드랑이 등 좁은 부위의 털 제거에 적합하며 집게로 되어 있어 가장 쉽고 간편한 방법이나 털을 뽑는 방법으로 통증이 동반한다.
- **제모기(A grainer)** 털을 잘라내는 면도기와 달리 모근까지 뽑아내는 원리이다.
- **면도(Shaving)** 빠른 시간에 제모를 할 수 있으며 가장 많은 여성들이 사용하는 손쉬운 제모 방법이나 모근까지 뽑아내지 못하여 털이 빨리 자라는 단점이 있다.
- **실면도(Threading)** 이 방법은 깨끗하고 빠르지만, 특별한 테크닉이 요구된다. 50~60cm 길이의 재봉실을 피부에 최대한 가까이 대고 헤어 둘레를 꼬아놓은 뒤끝에서부터 팽팽하게 잡아 당겨 제거한다.
- **제모 크림(Depilatories-Chemical)** 털의 케라틴 성분을 녹이는 유황 성분 크림을 발라 털을 녹여 제거하는 방법이다. 통증 없이 한꺼번에 많은 양의 털을 손쉽게 제거할 수 있으며, 팔과 다리, 겨드랑이에 사용할 수 있다.
- **탈색(Bleaching)** 과산화수소를 이용한다(2배정도 희석). 털이 가늘고 부드러울 경우 효과적이다.
- **왁스 스트립(Wax strip)** 왁스가 붙어 있는 테이프를 붙여 털을 제거하는 방법이다.

■ 영구 제모(Permanent)

- **레이저 제모술(Laser)** 모근을 파괴해서 영구적으로 제모하는 원리이다.
- **갈바닉 트위저(Tweezer)** 갈바닉 트위저는 피부 조직을 해치지 않으며, 영구 제모를 바늘 없이 할 수 있는 방법이다.
- **전기분해요법 (Electrolysis)** 얇은 살균된 정밀조사기가 각 모공 안에 삽입된 후 순간적으로 미세한 전류가 흘러 모근과 털의 성장을 파괴시키는 방법이다.

3) 왁싱 시술 전·후 관리

- 제모는 샤워 후 하는 것이 가장 효과적이다.
- 냉타월로 시술부위를 진정시킨다.

- 소염제를 바른다.
- 향이 있는 로션, 향수의 사용은 금지한다(특히 겨드랑이 부위 주의).
- 땀과 먼지가 많은 곳은 피하도록 한다.
- 왁싱 제모는 털이 너무 길거나 짧으면 안 되므로 3mm이상은 길러야 한다.
- 피부에 자극을 주기 때문에 아토피나 알레르기, 상처가 있는 부위는 피한다.
- 왁싱 후엔 반드시 진정 크림이나 오일을 바르고 가볍게 마사지 한다.
- 왁싱 후 당일 샤워나 강한 자외선을 쬐는 것은 금물이다.

4) 왁싱을 금하는 경우

당뇨병 환자, 정맥류 등 혈관 이상이 있는 경우, 간질 환자, 피부질환 부위, 생리 전 · 후 민감한 상태, 알레르기성(아토피) 피부, 민감한 피부, 태닝 후에는 왁싱을 금해야 한다.

- 왁싱 시술 순서

손 소독 → 시술부위 소독 → 파우더 바르기 → 왁스 덜어내기 → 온도테스트 → 왁스 바르기 → 무슬린 천 부착 → 무슬린 천 떼어내기 → 피부진정 → 오일 바르기 → 소독 → 파우더 바르기

- **재료 및 도구**

왁스 워머기, 허니, 오일, 안티셉틱, 솜, 스파츌라, 무슬린 천, 파우더, 족집게, 비닐팩

(1) 사전준비 사항

- 왁스는 시술 20~30분 전에 전원을 켜 예열하여 적정 온도를 확인한다.
- 페이퍼타월, 타월을 준비한다.
- 쓰레기를 담을 비닐 팩을 준비한다.
- 피부상태를 확인한다.

(2) 재료설명

- 스파츌라(Spatula): 허니 왁스를 바를 때 사용하는 1회용 나무막대이다.
- 허니 왁스(Honey Wax): 제모에 사용되는 꿀이다.
- 왁스 온도: 60~130°F(16~54°)사이를 유지할 수 있는 것이 좋다.
- 가장 시술하기 좋은 왁스의 온도는 60~75°F(16~25°)이다.
- 왁스 워머기(Wax Warmer): 제모용 꿀을 녹여주는 전기 기계로 자동온도 조절이 있는 것이 편리하다.
- 왁스 카라: 왁스를 녹일 때 워머기 둘레에 카라를 끼워 넣는 것으로 왁스를 워머기에 넣는 종이 받침대이며 왁스를 꺼내고 집어넣을 때 용이하다.
- 무슬린 천(Muslin): 허니 왁스를 바른 후 제모를 할 때 사용되는 천이다.
- 팔 무슬린 천 길이: 가로 15cm×세로 8cm(길이 6인치, 폭 3인치)
- 입술 위 무슬린 천 길이: 가로 10cm×세로3cm(길이 4인치, 폭 1인치)
- 눈썹 무슬린 천 길이: 가로 10cm×세로3cm(길이 4인치, 폭 1인치)
- 안티셉틱(Antisepitc): 손 소독, 시술부위를 소독할 때 사용되는 소독제이다.
- 오일(Oil): 남아있는 유분, 허니 왁스를 제거하기 위해 사용된다.
- 파우더: 피지제거, 털 방향 체크, 피부의 유 · 수분을 제거하기 위하 파우더이다.
- 솜: 소독, 파우더, 오일을 발라줄 때 사용하는 솜이다.
- 족집게: 털을 뽑아주는 철제로 된 집게이다.

2. 팔의 제모

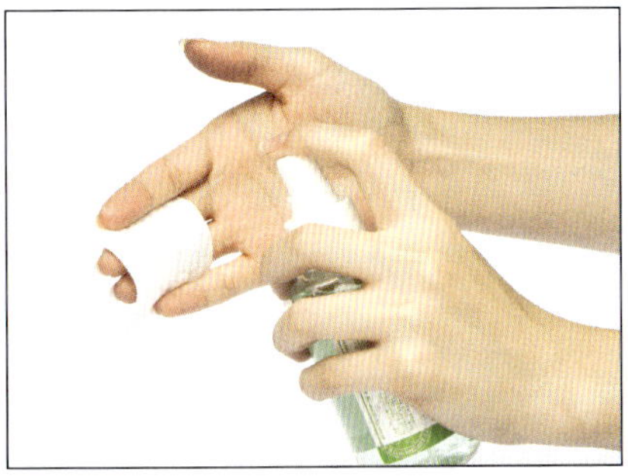

01 솜에 소독제 묻히기

솜에 안티셉틱을 충분히 적셔준다.

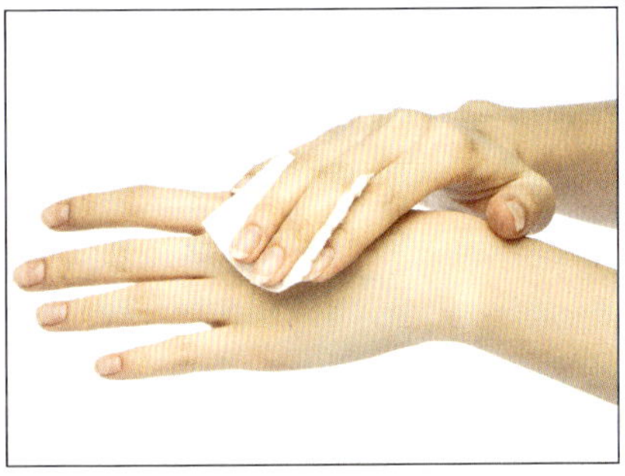

02 손 소독하기

시술자의 손을 안티셉틱으로 소독한다.

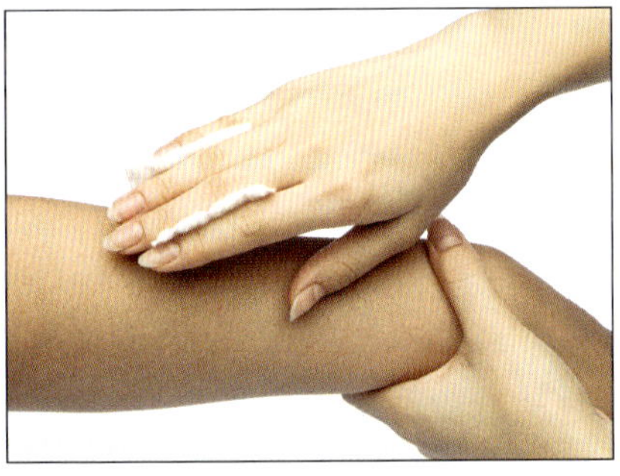

03 시술 부위 소독하기

고객의 팔을 털이 자란 방향으로 소독한다.

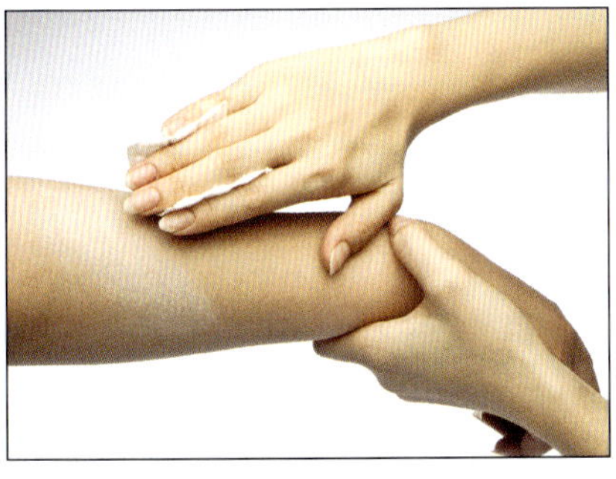

04 파우더 도포하기

피부에 남아있는 유 · 수분의 제거를 위해 파우더를 털이 자란 방향으로 펴 발라 털이 왁스에 잘 붙도록 한다.

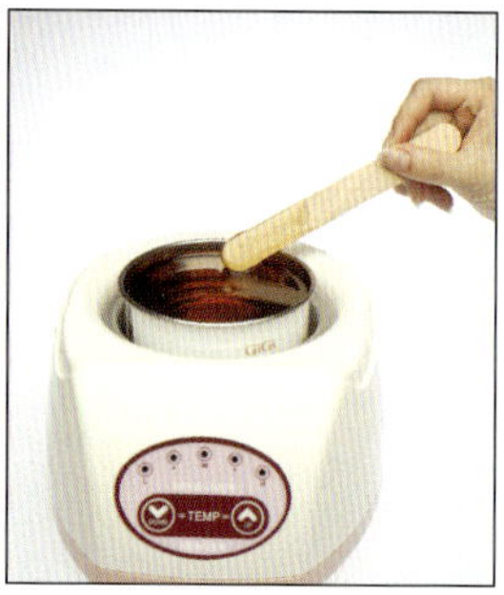

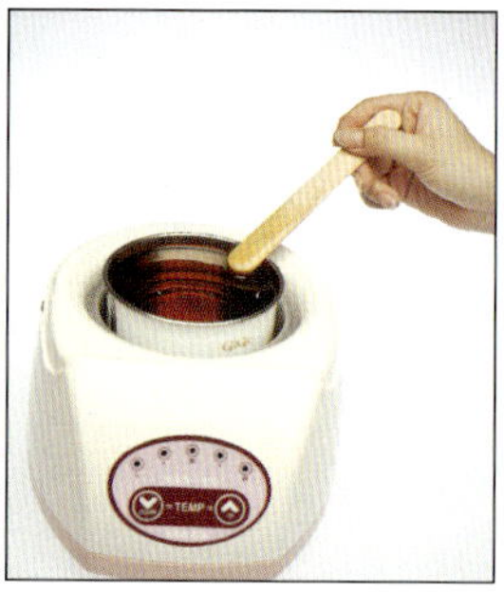

05 왁스 덜기

면이 넓은 스파츌라를 비스듬이 깊게 담궈 왁스를 떠야 넓은 팔의 털을 쉽게 제거할 수 있으며 스파츌라 한쪽 면의 허니 왁스를 덜어내고 양 옆면의 허니 왁스를 훑어내고 스파츌라 한쪽 면(아래)의 허니 왁스를 덜어낸다.

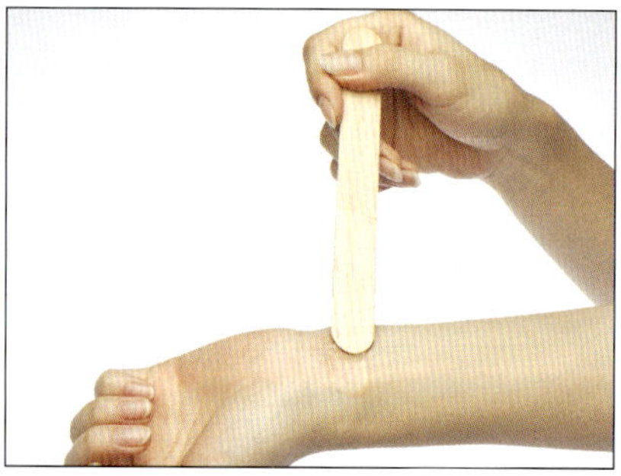

06 온도 테스트하기

시술자의 손목 안쪽에 왁스의 온도를 테스트 한다.

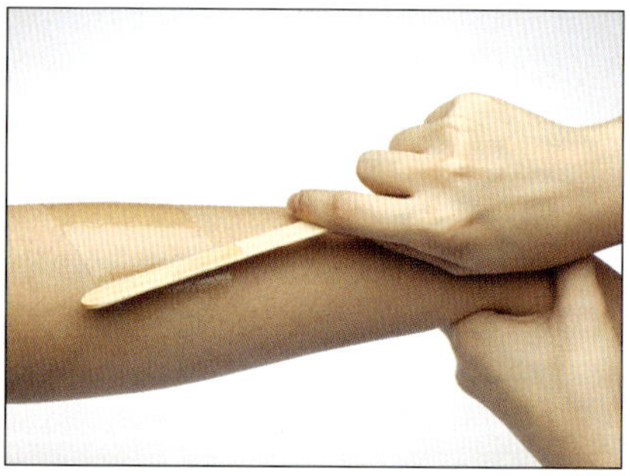

07 왁스 도포하기

적절한 온도로 데워지면 시술 부위에 스파츌라의 각도를 45˚로 하고 허니 왁스를 털이 자라는 방향으로 얇게 펴 바른다.

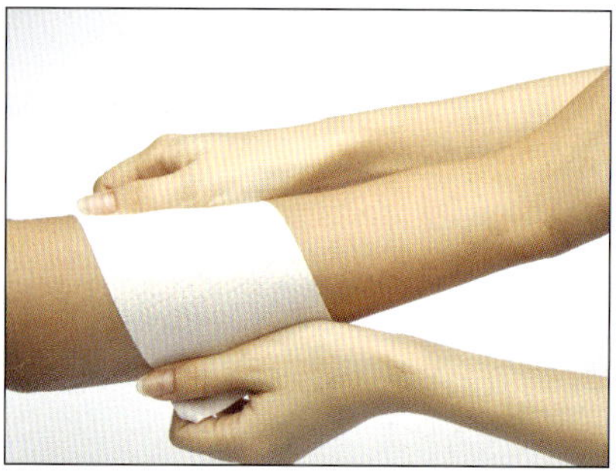

08 무슬린 천 접착하기

무슬린 천을 허니가 도포된 피부 부위에 얹고 엄지손을 이용하여 옆으로 밀면서 잘 눌러준다. 떼어낼 때 잡을 수 있도록 천을 충분히 남겨둔다. 가로 15cm×세로 8cm(길이 6인치, 폭 3인치)

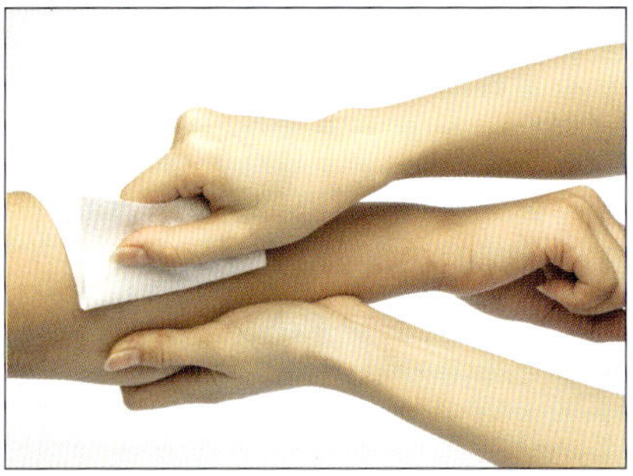

09 무슬린 천 떼기

한 손으로 피부를 잡아당겨 텐션을 주고 다른 한 손으로 천 끝을 잘 잡은 다음 털이 자라는 반대 방향으로 천을 재빨리 낮은 각도로 잡아뗀다.

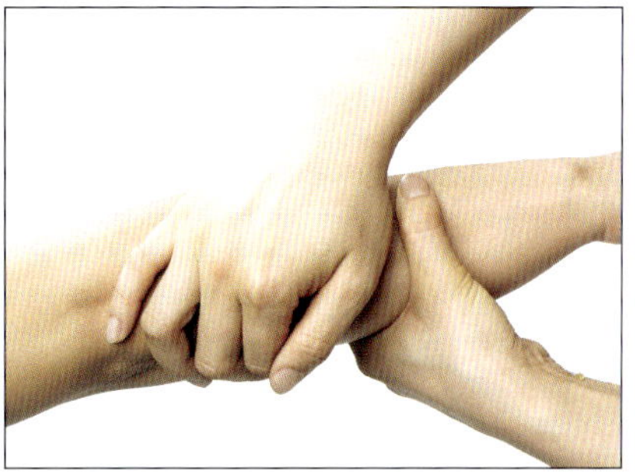

10 피부 진정하기

제모 부위를 가볍게 눌러 주어 피부를 진정시킨다.

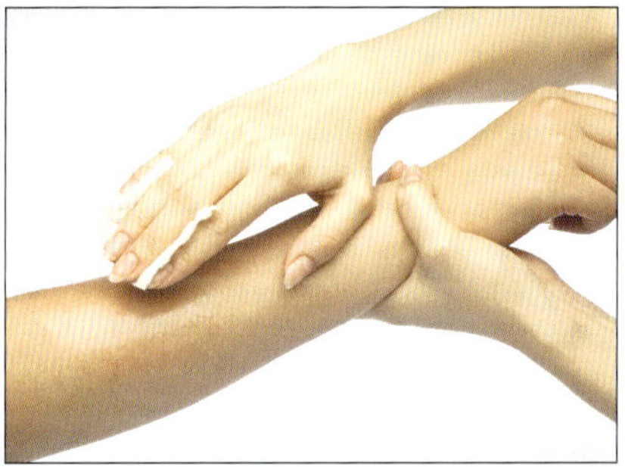

11 시술 부위 오일 도포하기

오일을 발라 왁스의 잔여물을 제거한다. 제거되지 않은 털은 족집게로 털이 자란 방향으로 뽑아준다.

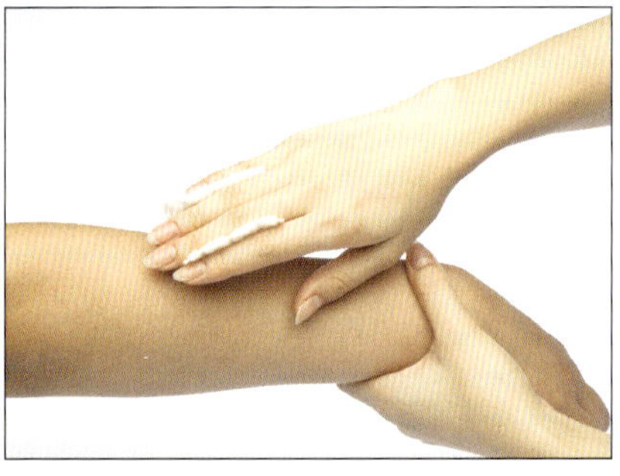

12 시술 부위 소독하기

안티셉틱으로 소독해 준다.

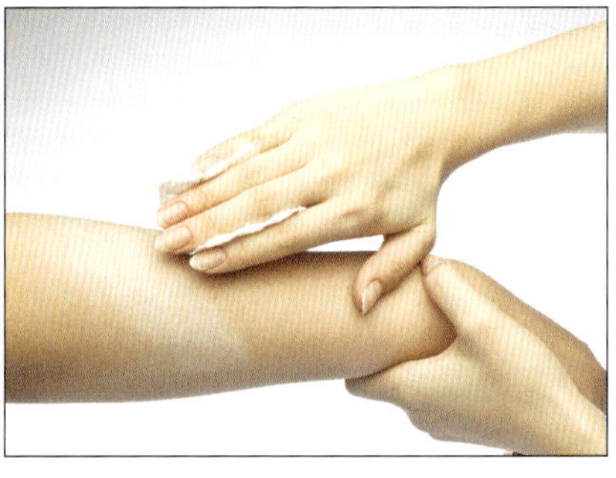

13 시술 부위 파우더 바르기

파우더를 발라 피부의 끈적임을 없애주고 마무리 한다. 피부진정제를 발라도 된다. 사후처리 입욕 시 이물질로 인한 피부염증(모낭염)이 유발할 수 있으므로 제모 후에는 가벼운 샤워 정도가 적당하다.

3. 입술 위 제모

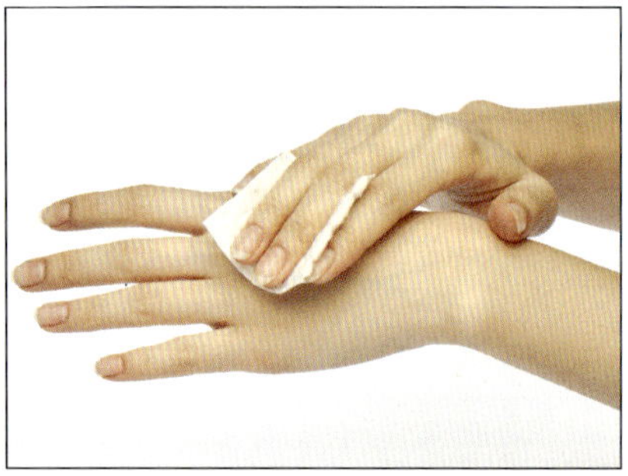

01 시술자 손 소독하기

시술자의 손을 소독한다.

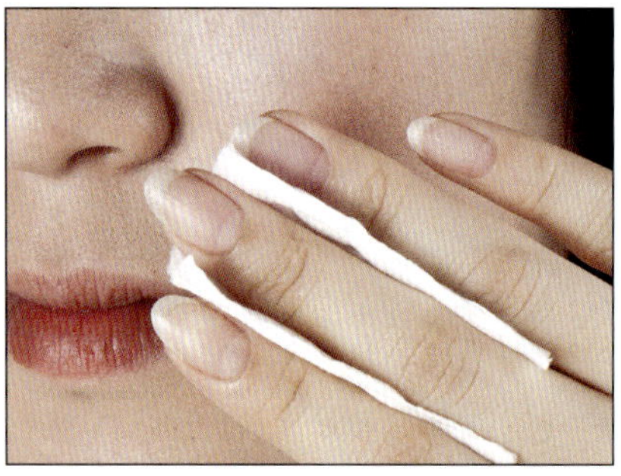

02 시술 부위 소독하기

고객의 입술 위를 털이 자란 방향으로 소독한다.

03 파우더 도포하기

피부에 남아있는 유 · 수분의 제거를 위해 파우더를 털이 자란 방향으로 펴 발라 털이 왁스에 잘 붙도록 한다.

04 왁스 뜨기

면이 얇은 스파츌라를 조금만 허니에 담갔다가 들어올린다.

05 왁스 덜어내기

스파츌라 한쪽 면의 허니왁스를 덜어내고 옆면과 아래의 허니왁스를 훑어낸다.

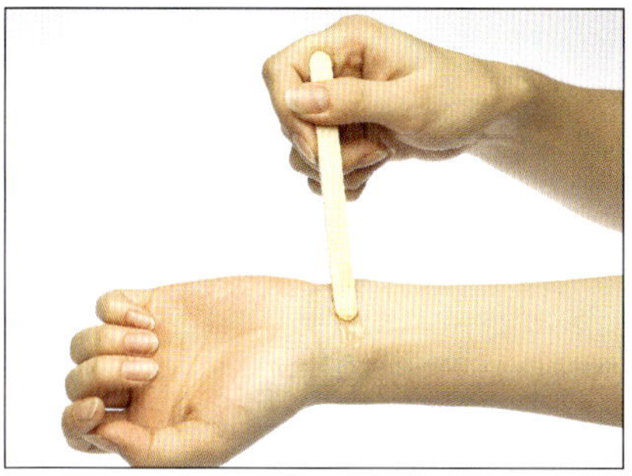

06 온도 테스트하기

시술자의 손목 안쪽에 왁스의 온도를 테스트하고 왁스의 적정 온도는 60~75° (F16~25°)로 한다.

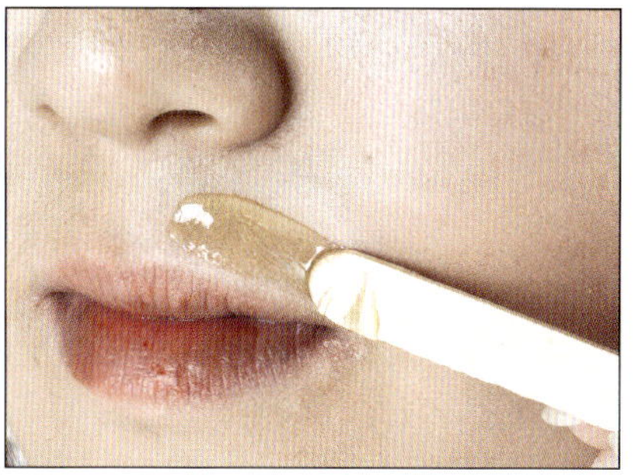

07 왁스 도포하기

적절한 온도로 데워지면 시술 부위에 스파츌라의 각도를 45°로 하고 허니 왁스를 털이 자라는 방향으로 얇게 펴 바른다.

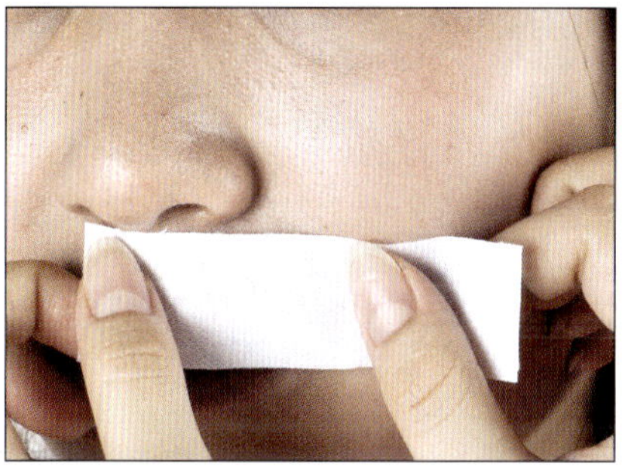

08 무슬린 천 접착

무슬린 천을 허니가 도포된 피부 부위에 얹고 엄지손을 이용하여 옆으로 밀면서 잘 눌러준다. 떼어낼 때 잡을 수 있도록 천을 충분히 남겨둔다. 가로 10cm×세로 3cm (길이 4인치, 폭 1인치)

09 무슬린 천 떼기

한 손으로 피부를 잡아당겨 텐션을 주고 다른 한 손으로 천 끝을 잘 잡은 다음 털이 자라는 반대 방향으로 천을 재빨리 낮은 각도로 잡아뗀다.

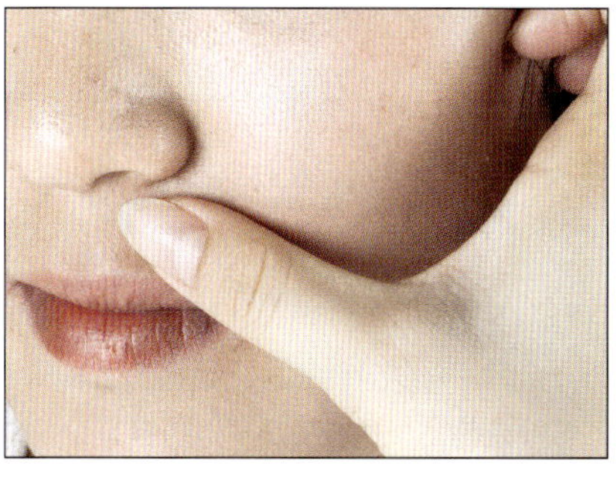

10 시술 부위 진정하기

제모 부위를 가볍게 눌러주어 피부를 진정시키고 피부의 예민한 부위의 통증을 일시적으로 줄인다.

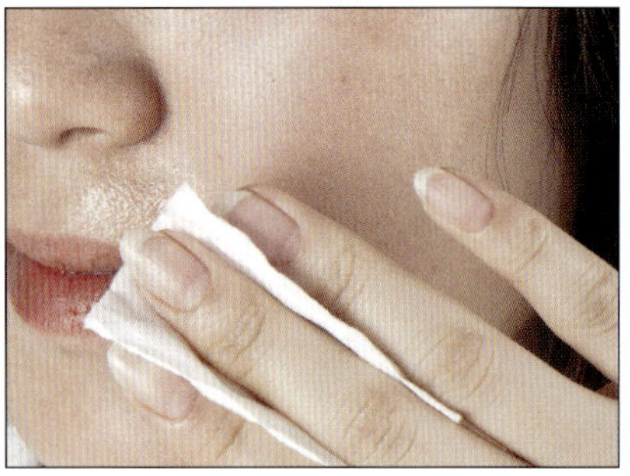

11 시술 부위 오일 도포하기

오일을 발라 왁스의 잔여물을 제거한다. 제거되지 않은 털은 족집게로 털이 자란 방향으로 뽑아준다.

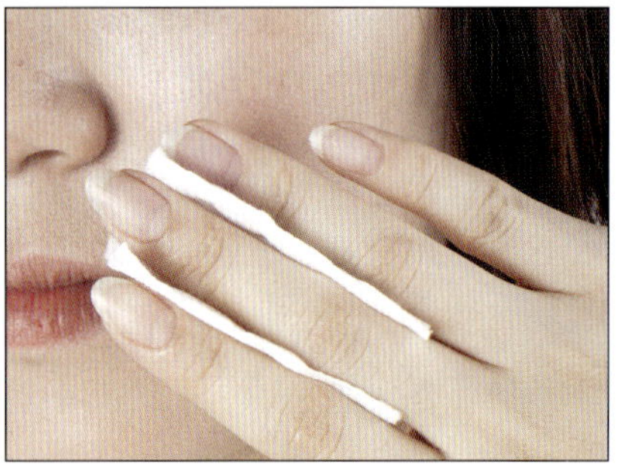

12 시술 부위 소독하기

안티셉틱으로 소독해 준다.

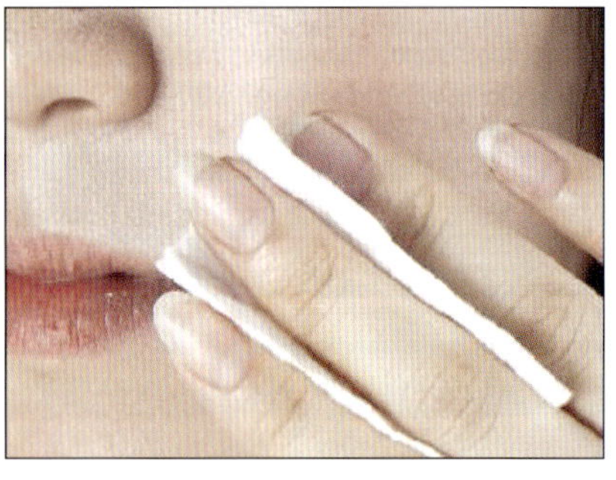

13 시술 부위 파우더 바르기

파우더를 발라 피부의 끈적임을 없애주고 마무리 한다. 피부진정제를 발라도 된다.

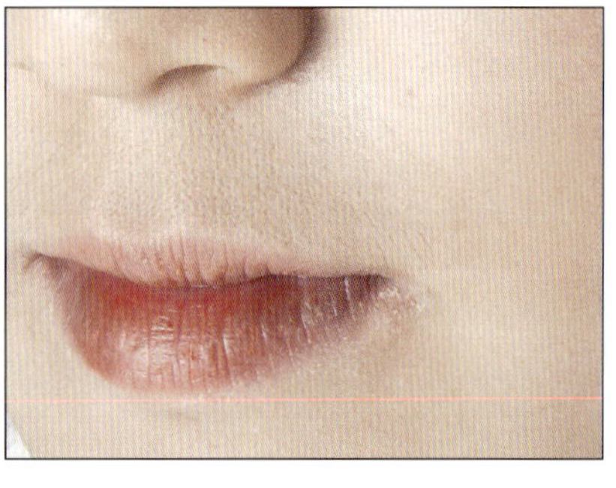

14 완성

사후 처리: 입욕시 이물질로 인한 피부염증(모낭염)이 유발할 수 있으므로 제모 후에는 가벼운 샤워 정도가 적당하다.

4. 눈썹 제모

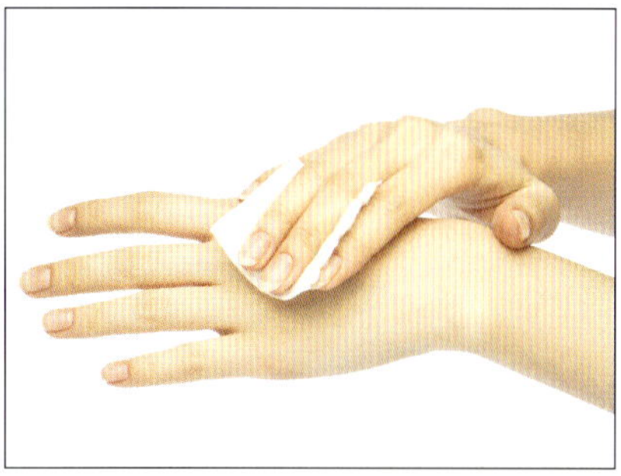

01 시술자 손 소독하기

시술자의 손을 소독한다.

02 시술 부위 소독하기

고객의 눈썹 아래 털이 자란 방향으로 소독한다.

03 파우더 도포하기

피부에 남아있는 유 · 수분의 제거를 위해 파우더를 털이 자란 방향으로 펴 발라 털이 왁스에 잘 붙도록 한다.

04 왁스 뜨기

면이 얇은 스파츌라를 조금만 허니에 담갔다가 들어올린다. 왁스의 적정 온도는 60~75˚(F16~25˚)로 한다.

05 왁스 덜어내기

스파츌라 한쪽 면의 허니왁스를 덜어내고 옆면의 허니왁스를 훑어낸다.

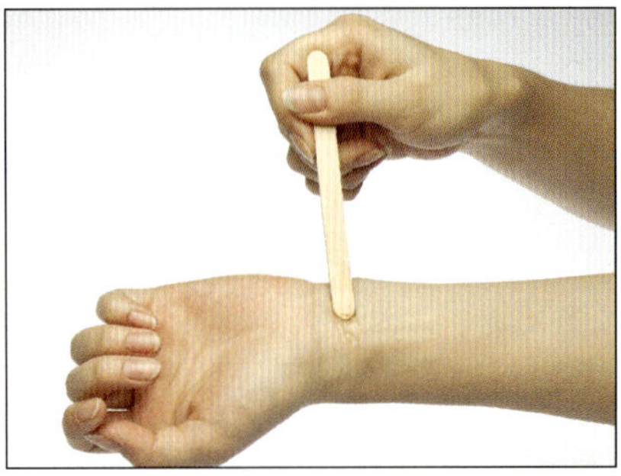

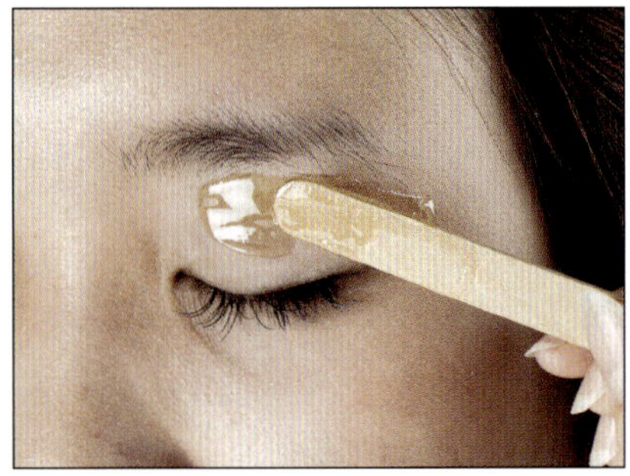

06 온도 테스트하기

시술자의 손목 안쪽에 왁스의 온도를 테스트 하고 왁스의 적정 온도는 60~75˚(F16~25˚)로 한다.

07 왁스 도포하기

적절한 온도로 데워지면 시술 부위에 스파츌라의 각도를 45˚로 하고 허니 왁스를 털이 자라는 방향으로 얇게 펴 바른다.

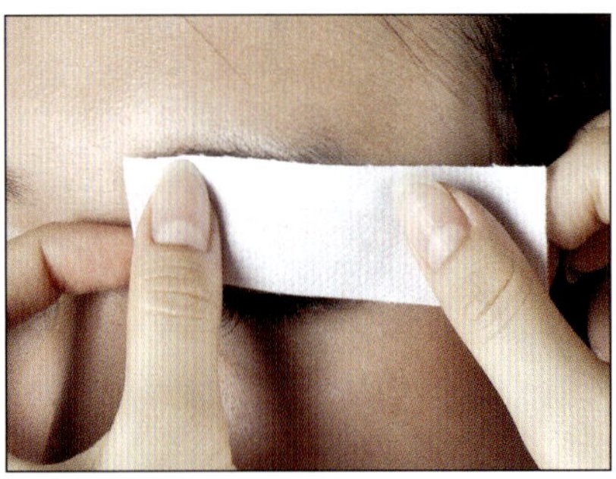

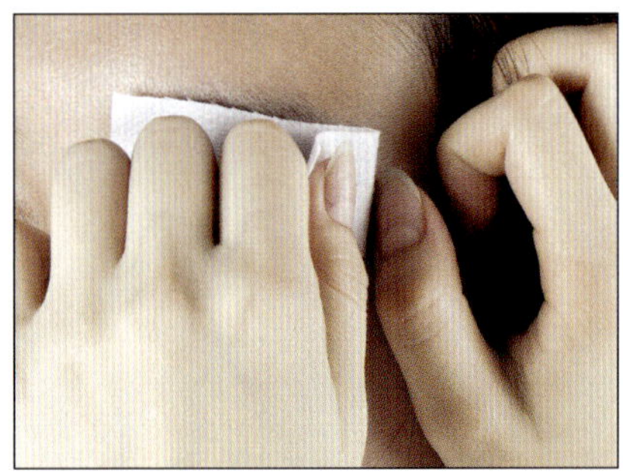

08 무슬린 천 접착하기

무슬린 천을 허니가 도포된 피부 부위에 얹고 엄지손을 이용하여 옆으로 밀면서 잘 눌러준다. 떼어낼 때 잡을 수 있도록 천을 충분히 남겨둔다. 가로 10cm×세로 3cm(길이 4인치, 폭 1인치)

09 무슬린 천 떼기

한 손으로 피부를 잡아당겨 텐션을 주고 다른 한 손으로 천 끝을 잘 잡은 다음 털이 자라는 반대 방향으로 천을 재빨리 낮은 각도로 잡아뗀다.

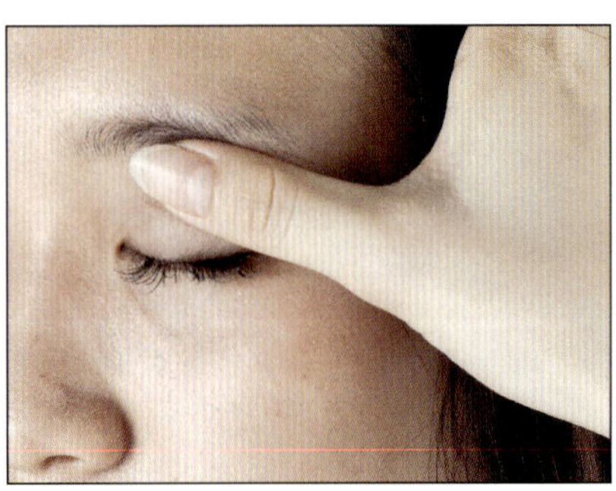

10 시술 부위 진정하기

제모 부위를 가볍게 눌러 주어 피부를 진정시키고 피부의 예민한 부위의 통증을 일시적으로 줄인다.

11 오일 도포하기

오일을 발라 왁스의 잔여물을 제거한다. 제거되지 않은 털은 족집게로 털이 자란 방향으로 뽑아준다.

12 시술 부위 소독하기

안티셉틱으로 소독해 준다.

13 시술부위 파우더 바르기

파우더를 발라 피부의 끈적임을 없애주고 마무리 한다. 피부진정제를 발라도 된다.

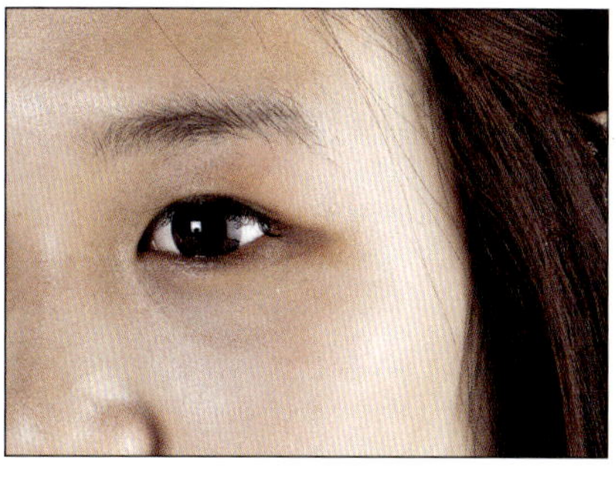

14 완성

사후처리: 입욕시 이물질로 인한 피부염증 (모낭염)이 유발할 수 있으므로 제모 후에는 가벼운 샤워 정도가 적당하다.

Lesson 4

chapter 01. 아트

1. 네일 디자인의 기초지식

네일아트는 고객의 환경, 개성에 따라 아름다움을 부여하기 위하여 다양한 컬러와 네일아트 재료를 사용하여 풀 컬러, 그러데이션, 응용 프렌치 컬러, 마블 등의 아트를 할 수 있는 기법으로 개성과 미를 창조할 수 있는 표현 방법이다.

시대적 유행과 개성, 사회 활동 등을 위하여 다양한 컬러를 선택함에 있어 피부색과 손톱의 모양을 잘 파악하고 조화를 이루는 색을 선택하여 적용하면 건강해 보이거나 아름답게 보이므로 상대방에게 호감을 주거나 감동을 줄 수 있으며 유대관계가 좋아질 수 있으므로 상당한 주의가 필요하다.

1) 색채의 선택

손톱에 맞는 색채의 선택은 계절과 유행 패턴 등을 고려하여 피부색, 립스틱 색, 의상색 등에 따라 어울리는 색상을 선택하게 된다.

색상환 원을 이용해 연속적인 질서를 가지는 색의 관계를 나타내 준 것이다.

보 색 색상환의 정 반대에 놓인 색이다.

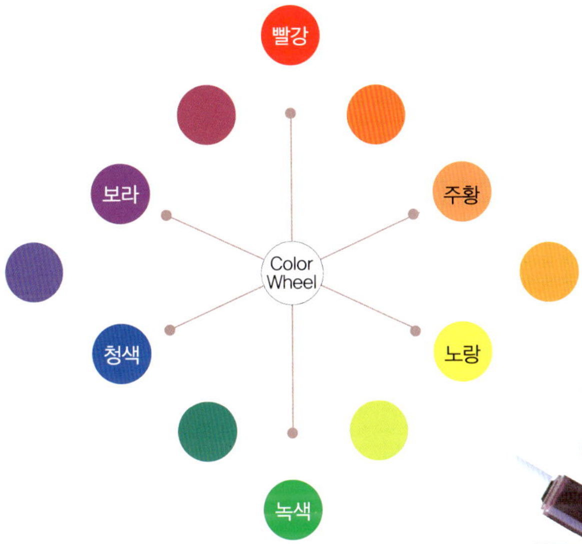

2) 색의 분류

채도가 0인 상태로 채도가 없는 색을 무채색이라 하여 흰색, 검은색, 회색을 말하며 채도가 있는 빨강, 파랑 등을 유채색이라 한다. 유채색에 무채색이 많으면 채도가 낮아지고 색의 3속성에는 색상, 명도, 채도가 있다.

■ **유채색과 무채색**

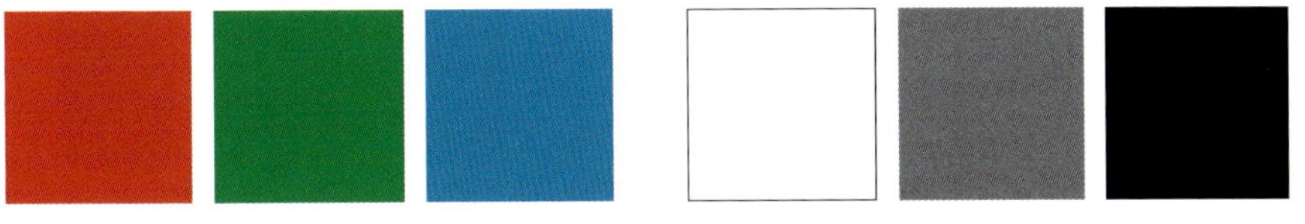

3) 피부에 따른 컬러선택

손이 흰 피부는 빨강, 보라가 잘 어울리고 핑크 계열이나 화사한 피부는 핑크, 파스텔 계열이 잘 어울린다. 노란 피부는 난색 계열이 어울리며 검은 피부는 파스텔 계열은 피하고 갈색 계열을 선택한다.

Light Yellow

황색빛을 띠는 흰 피부의 사람이다. 이미지는 후레쉬하고 젊은 이미지이다.

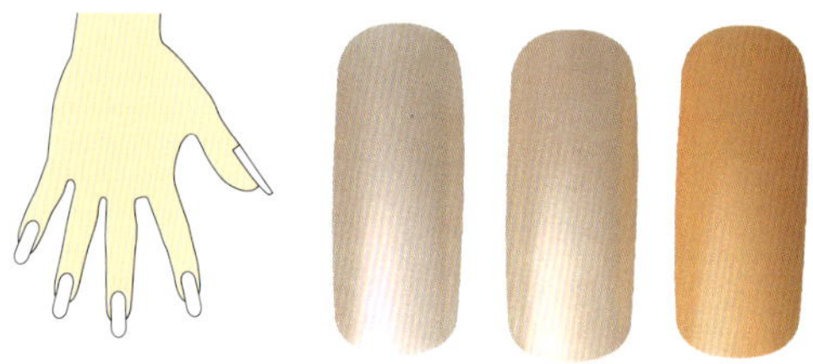

Dark Yellow

황색빛을 띠는 검은 피부의 사람이다. 이미지는 온화하고 깊이가 있다.

Light Red

붉은빛을 띠는 흰 피부의 사람이다. 우아하고 평온한 이미지이다.

Dark Red

붉은빛을 띠는 검은 피부의 사람이다. 매우 샤프하고 명쾌하다.

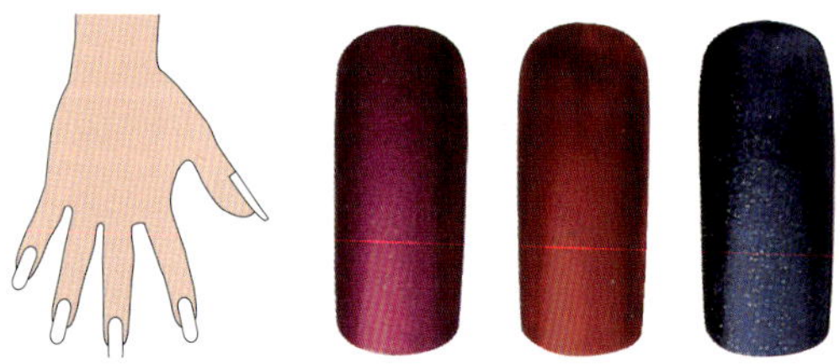

2. 네일 디자인 발상 및 표현

손 · 발톱은 크기가 작으므로 디자인 발상은 주로 자연, 우주, 생활공간, 이미지 사진, 잡지 등에서 모티브를 정하며 작가의 창의적인 방법에 의해 특정이미지를 단순화 시키는 방법으로 많이 표현되고 있다. 네일아트에서는 주로 동물, 꽃, 과일, 캐릭터 등이 가장 많이 표현되고 있다.

1) 디자인의 표현 과정

주제를 설정하여 자료 조사를 한 후 손톱에 맞는 디자인을 스케치한다. 디자인한 스케치 위에 작품을 살릴 수 있는 컬러를 선택하여 드로잉한다.

2) 작품 완성 과정

- 얼룩말을 주제로 설정한다.
- 얼룩말에 대한 이미지 사진을 수집하고 특징 및 표정을 파악한다.
- 베이스를 바른다.
- 평 붓을 사용하여 흰색을 전체 도포한다.
- 세필 붓을 사용하여 눈과 줄무늬 표현을 섬세하게 그려준다.
- 탑 코트를 바른다.

3. 응용 네일아트

네일 재료의 활용으로 인한 네일 디자인 분야는 고객 만족도를 높일 수 있는 중요한 표현 기법이며 표현 예술이다. 재료와 디자인을 활용한 표현 방법은 창의성, 예술성을 바탕으로 손을 아름답고 개성 있게 하는 예술로 고객 만족도를 더욱 상승 시킬 수 있는 효과를 가지고 있으며 네일아트의 분류 중 대중화되어 알려져 있는 표현 기법으로는 다음과 같다.

(1) 워터 마블 Water Marble

물에 2~3가지의 컬러를 떨어뜨린 후 핀으로 무늬를 내어 디자인하는 기법으로 추상적인 무늬나 대리석 무늬를 연출하기 좋으며 빨리 마르는 장점이 있으나 기포가 생기지 않게 주의해야 하는 단점이 있고 물기가 완전히 마른 후 탑 코트를 발라야 한다.

• 재료 및 도구

물, 컵, 베이스 코트, 다양한 컬러, 탑 코트, 핀, 오렌지 우드 스틱, 솜, 리무버

■ 시술 과정

- 시술 시 손톱 주변에 바세린을 바른다.
- 베이스 코트를 바른다.
- 선명한 색상을 위해 흰색을 손톱 전체에 바른다.
- 물에 두 가지 이상의 컬러를 떨어뜨리고 핀으로 섞는다.
- 물 안으로 넣을 때는 15° 각도로 비스듬히 넣어준다.
- 수면 위의 막을 깨끗이 걷어낸 후 물에서 꺼낸다.
- 물기를 제거하고 탑 코트를 바른다.

시술과정

완 성 작

(2) 마블 Marble

두 가지 이상의 색을 섞어 다양한 연출을 할 수 있으며 물결 모양, 회오리, 하트, 꽃모양 등을 연출할 수 있고 베이스 코트를 도포한 후 다양한 네일 컬러(Nail Color)를 떨어뜨려 핀으로 문양을 만든다. 그 후 컬러가 섞이며 디자인되는 표현 기법으로 컬러의 양이 많아야 예쁜 모양이 되나 컬러의 양으로 인해 마르는 속도가 오래 걸리는 단점이 있는 컬러 마블은 반드시 베이스 코트가 마르기 전에 디자인을 완성해야 하는 단점이 있다.

• 재료 및 도구

베이스 코트, 다양한 컬러, 탑 코트, 핀, 오렌지 우드 스틱, 솜, 리무버, 챰, 구슬, 스톤

■ 시술 과정

- 베이스 코트를 바른다.
- 컬러를 손톱 전체 바른다.
- 두 가지 이상의 컬러를 떨어뜨린다.
- 컬러가 마르기 전에 선명한 색상을 위해 흰색 점을 찍거나 선을 긋는다.
- 단시간 내에 핀으로 모양을 내거나 섞어주어야 제대로 된 문양을 표현할 수 있다.
- 구슬, 챰, 스톤 등을 부착하고 탑 코트를 바른다.

시술과정

완 성 작

(3) 워터 데칼 Water Decal

물에 불린 스티커를 손톱에 얹어 표현하는 방법으로 디자인되어 있는 기존의 제품을 이용해 그림이나 문양을 손톱에 간편하게 표현할 수 있는 아트다.

이미 완성된 그림이 스티커 형태로 되어 있어 그 문양을 물에 30초 불린 후 떼어내어 손톱에 부착하여 물기를 제거하고 탑 코트를 발라 주는 워터 데칼은 탑 코트를 전체 도포 할 때 힘을 최대한 빼야하는 단점이 있으므로 주의를 요해야 문양이 쓸려 내려오거나 녹아 없어지지 않는다.

• 재료 및 도구

물, 컵, 베이스 코트, 다양한 컬러, 워터 데칼, 탑 코트, 오렌지 우드 스틱, 솜, 리무버, 핀셋, 가위

■ 시술 과정

- 베이스 코트를 바른 후 컬러를 바른다.
- 스티커를 물 안에 넣어 30~40초 동안 불린다.
- 핀셋을 사용해 종이와 스티커를 분리하여 부착한다.
- 물기를 가볍게 제거한다.
- 데칼이 녹지 않게 주의하여 탑 코트를 바른다.

시술과정

완 성 작

(4) 엠보 데칼 Embo Decal

데칼의 반입체적인 방법으로 도톰한 엠보 느낌으로 된 접착 스티커 형태로 되어 있으며, 문양을 쉽고 편리하게 손톱에 바로 부착하여 표현하는 기법으로 탑 코트로 마무리하는 간편한 입체 스티커 데칼 기법이다.

• 재료 및 도구

베이스 코트, 다양한 컬러, 엠보 데칼, 탑 코트, 오렌지 우드 스틱, 솜, 리무버, 핀셋, 가위, 스톤

■ 시술 과정

- 베이스 코트를 바른다.
- 컬러를 바른다.
- 핀셋을 사용해 종이와 스티커를 뗀 후 부착한다.
- 스톤을 부착해 준다.
- 탑 코트를 바른다.

시술과정

완 성 작

(5) 스톤 아트 Stone art

스톤은 우리가 흔히 큐빅이라고 하는 크고 작은 다양한 색상의 인조 보석을 붙여주는 방법으로 화려한 광택과 손쉬운 연출로 여성들의 인기를 받고 있는 디자인이다. 핸드페인팅과 함께 응용하거나 라인 스톤 자체만으로 고급스러운 느낌을 연출할 수 있다. 다양한 컬러의 반짝이는 효과가 있는 인조 보석으로 손톱 위에 부착하는 반입체적인 기법이며 반짝임이 있어 시선을 집중 시켜주는 효과가 있고 다양한 크기와 종류 중 원형이 가장 대중적으로 사용되며 스톤의 접착제는 글루, 젤, 탑 코트를 이용해 보석을 부착하고 탑 코트로 마무리한다. 손, 발의 노출이 많은 여름에 손 · 발톱에 포인트 효과로 많이 표현되는 기법이며 그 외 다양한 모양으로 생긴 액세서리나 반짝이 조각들을 손톱에 부착하는 방법으로 챰(Charm), 스팽글(Spangle) 등이 있다.

• 재료 및 도구

베이스 코트, 다양한 컬러, 스톤, 탑 코트, 오렌지 우드 스틱, 솜, 리무버, 핀셋, 글루

■ 시술 과정

- 베이스 코트를 바른다.
- 컬러를 바른다.
- 핀셋을 사용해 모양을 내어 스톤을 부착한다.
- 스톤 부착은 글루, 젤 글루, 탑 코드 등으로 접착한 후 스톤을 눌러준다.
- 탑 코트를 바른다.

시술과정

완 성 작

(6) 콘페티 Confetti

여러 가지 모양과 색상의 조각을 이용한 아트이며, 한쪽 면이 납작하게 되어있으며 여러 가지 다양한 조각문양의 반입체적인 디자인 기법으로 단순한 컬러링에 포인트를 줄 수 있다. 짧은 실, 원, 세모, 네모, 해, 달, 별, 하트 모양 등이 있고 반 입체 문양을 부착하는 접착제로는 탑 코트를 사용하며 주로 색상은 파스텔 계열이 많다.

• 재료 및 도구

베이스 코트, 다양한 컬러, 다양한 조각모양 콘페티, 탑 코트, 오렌지 우드 스틱, 솜, 리무버, 핀셋, 글루

■ 시술 과정

- 베이스 코트를 바른다.
- 컬러를 바른다.
- 핀셋을 사용해 다양한 조각 모양 콘페티를 부착한다.
- 탑 코트를 바른다.

시술과정

완 성 작

(7) 프로트랜스 Pro-trans

잡지나 종이위에 인쇄되어 있는 특정 그림이나 사진을 그대로 네일에 옮겨내는 방법으로 디자인의 소재가 다양하고 원하는 느낌을 그대로 표현할 수 있다. 문양 위에 탑 코트를 발라 코딩 처리를 한 후 물에 불려야 하며 종이를 물에 불리는 것은 종이를 부드럽게 만들어서 손톱에 착 달라 붙는 효과를 주기 위한 것이다. 코팅된 뒷면을 샌딩으로 벗겨 내어 얇은 필름지만 손톱에 부착하는 기법으로 이미지가 밝은 색상이면 화이트를 베이스로 손톱에 바른 후 코팅된 이미지를 손톱에 부착하면 더욱 선명한 이미지를 표현할 수 있다. 종이를 제거하는 과정에서 쉽게 찢기는 등의 어려움이 있지만, 디자인 소재가 다양하고 원하는 느낌 그대로 표현할 수 있는 장점이 있다.

- **재료 및 도구**

물, 컵, 베이스 코트, 다양한 컬러, 사진, 잡지, 탑 코트, 오렌지 우드 스틱, 솜, 리무버, 핀셋, 글루

■ 시술 과정

- 옮기고자 하는 그림 부분에 탑 코트를 발라 코팅한다.
- 베이스 코트를 바른 후 흰색 컬러를 바른다.
- 탑 코트가 마른 후에 디자인을 물에 담궈 불린다.
- 디자인 뒷부분을 샌딩으로 긁어내 원하는 디자인을 얻는다.
- 물기를 제거한 후 핀셋을 사용해 코팅된 문양을 부착한다.
- 탑 코트를 바른다.

시술과정

완 성 작

(8) 그러데이션 Gradation

2~3가지 이상의 컬러와 스펀지를 이용하여 컬러를 섞어 주는 표현 기법으로 글리터나 스톤을 부착시 은은함과 화려함을 줄 수 있는 표현 기법이며 컬러를 섞어줄 때는 힘을 최대한 뺀 후 스펀지로 톡톡 두드려 주어야 자연스러운 색상이 표현된다.

• 재료 및 도구

베이스 코트, 다양한 컬러, 탑 코트, 오렌지 우드 스틱, 솜, 리무버, 글루, 스톤, 스펀지, 파레트

■ 시술 과정

- 베이스 코트를 바른다.
- 두 가지 이상 컬러를 이용하여 직선 문양을 그린다.
- 스펀지를 이용하여 두드려서 그러데이션을 한다.
- 펄 글리터를 바른다.
- 탑 코트나 글루를 이용하여 스톤을 부착한다.
- 탑 코트를 바른다.

시술과정

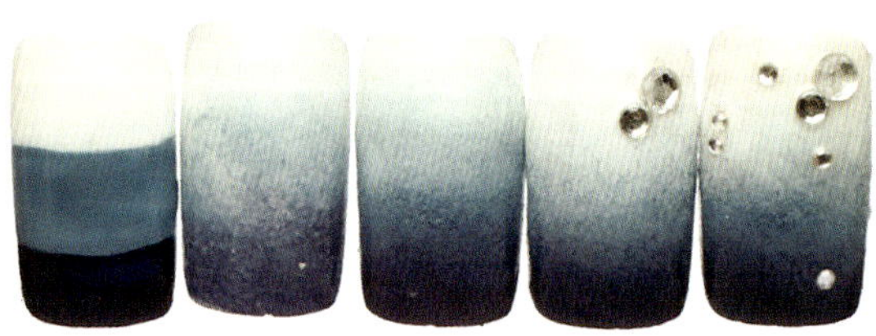

완 성 작

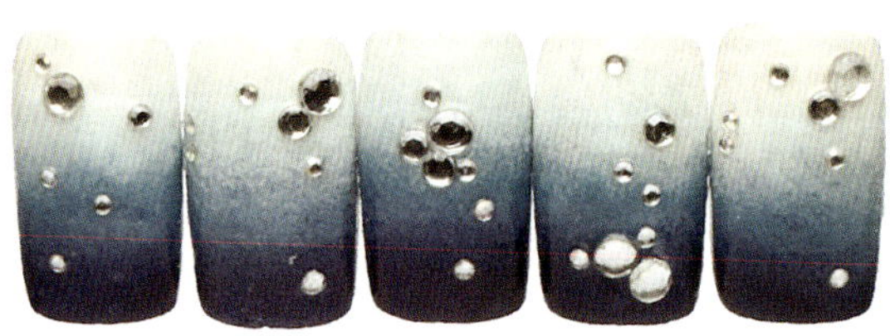

(9) 크랙 아트 Crack art

바탕에 컬러를 전체 코트로 바른 후 크랙 컬러를 가로나 세로로 전체에 바르면 깨지거나 갈라지는 듯한 기법이 표현되는 독특한 기법이다. 아름다운 무늬를 위해서는 적당한 힘 조절이 필요하며 크랙 전용 컬러를 사용하여야 문양이 표현된다.

• 재료 및 도구

베이스 코트, 다양한 크랙 전용 컬러, 탑 코트, 오렌지 우드 스틱, 솜, 리무버

■ 시술 과정

- 베이스 코트를 바른다.
- 흰색 컬러를 바른다.
- 크랙 컬러를 발라 문양을 표현하여 준다.
- 탑 코트를 바른다.

시술과정

완 성 작

(10) 스트라이핑 테이프 Striping tape

접착제가 부착되어 있는 다양한 컬러의 얇은 띠 테이프로 사선, 직선 모양을 표현하기 좋으며 곡선의 표현도 가능하다. 선으로 표현되는 세련미와 통일감을 주는 표현 방법이며 스톤, 글리터 등과 함께 사용하면 더욱 세련됨과 화려함을 연출할 수 있다.

• 재료 및 도구

베이스 코트, 흰색 펄 컬러, 다양한 컬러, 탑 코트, 스트라이핑 테이프, 오렌지 우드 스틱, 랩 가위, 솜, 리무버

■ 시술 과정

- 베이스 코트를 바른다.
- 흰색 펄을 손톱 전체에 바른다.
- 두 가지 이상의 컬러로 문양을 내어 바른다.
- 스트라이핑 테잎으로 문양을 내어 부착 후 랩 가위로 자른다.
- 탑 코트를 바른다.

시술과정

완 성 작

(11) 스테인드 글라스 Stained Glass

면 분할을 하여 다양한 색을 채우고 검은 선으로 라인을 그려 주어 표현하는 기법으로 교회 또는 성당 유리창에서 많이 볼 수 있으며 여러 가지 원색이나 펄 등을 사용하여 환상적인 느낌이 드는 디자인 기법이다.

• 재료 및 도구

베이스 코트, 아크릴릭 물감, 아크릴 붓, 글리터, 검은색, 다양한 컬러, 탑 코트, 오렌지 우드 스틱, 솜, 리무버, 탑 코트, 파레트

■ 시술 과정

- 베이스 코트를 얇게 바른다.
- 흰색 물감을 전체 도포한다.
- 다양한 컬러 물감을 이용하여 형이상학적 문양을 그려준다.
- 검은색으로 라인을 그려준다.
- 탑 코트를 바른다.

시술과정

완 성 작

(12) 핸드 페인팅 Hand Painting

아크릴 물감 또는 수성 물감을 이용하여 브러시를 사용해 손으로 직접 디자인하는 방법으로 기법에 따라 핸드 페인팅과 포크 아트로 분류하기도 한다. 캐릭터의 표현이나 선과 면을 사용해 그리는 섬세한 터치가 필요한 기법으로 시술자의 해석에 따라 표현 방법이 달라지며 개성을 표현할 수 있는 가장 기본적인 아트 기법이다. 아크릴 물감과 브러시를 사용해 정교한 그림을 그려 놓은 듯 표현하는 것이 특징이고 회화적인 표현을 그대로 손톱에 디자인하거나 색상의 덧칠 효과를 표현하기 좋고 물기가 너무 많으면 번지는 현상이 있어 주의를 요하며 손으로 직접 그리는 표현 기법이므로 붓의 터치감이 그대로 살아나 섬세하고 신중한 작업이 필요한 표현 기법이다.

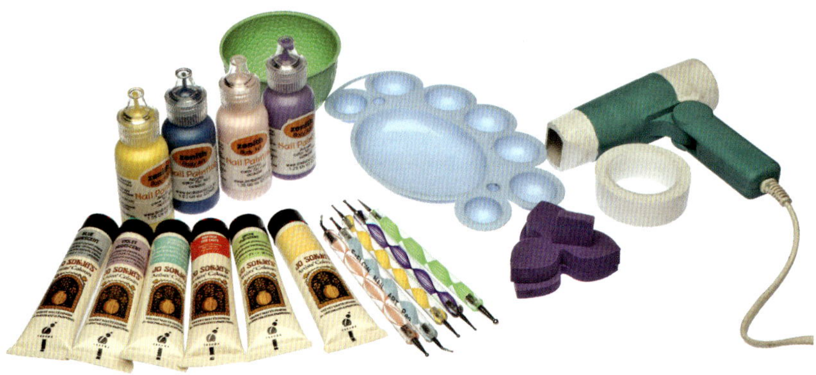

• 재료 및 도구

베이스 코트, 아크릴 물감, 붓, 물, 물통, 탑 코트, 오렌지 우드 스틱, 솜, 리무버, 아트대, 파렛트, 도트, 드라이기

■ 시술 과정

- 베이스 코트를 바른다.
- 컬러나 물감을 전체 바른다.
- 물감으로 캐릭터 문양을 그린다.
- 곰돌이 문양에 섀딩으로 음영을 주어 명암을 넣어준다.
- 검은색, 갈색 등으로 라인을 그려준다.
- 탑 코트를 바른다.

시술과정

완 성 작

(13) 포크 아트 Folk Art

아크릴 물감을 사용하여 어두운 바탕에 화려한 장미나 꽃무늬를 철재, 목재, 유리, 생활용품 등에 자유롭고 다양한 표현 기법으로 유럽과 미국에서 발전되어 왔던 것을 네일에 접목 시킨 아트다.

손으로 직접 그리는 회화적인 표현 기법으로 붓 끝에 2~3가지의 아크릴릭 물감을 바른 후 그러데이션하여 쉽고 빠르게 그릴 수 있으며 깊이감 있게 그릴 수 있는 특징이 있는 표현 기법이다. 물과 물감의 비율은 1:1로 해야 번지는 현상이 없고 주로 꽃, 동물, 과일 등을 모티브로 다양한 컬러를 사용하며 여성스럽고 우아한 표현을 나타낼 수 있는 표현 기법이다.

• 재료 및 도구

베이스 코트, 아크릴 물감, 붓, 물, 물통, 탑 코트, 오렌지 우드 스틱, 솜, 리무버, 아트대, 파렛트, 도트, 드라이기

■ 시술 과정

- 베이스 코트를 바른다.
- 손톱 전체에 컬러 또는 물감을 바른다.
- 물과 물감을 1:1 비율로 한 번에 장미 문양을 그린다.
- 장미 잎을 그려준다.
- 라인을 그려준다.
- 탑 코트를 바른다.

시술과정

완 성 작

(14) 댕글 Dangle

손톱 끝부분 프리엣지 부분에 구멍을 뚫어 고리를 달아준 후 고리 안에 액세서리를 달아주는 기법으로 고리와 댕글 연결 부위는 글루, 젤글루, 탑 코트 등으로 틈을 채워 조여준다.

• 재료 및 도구

댕글, 탑 코트, 글루, 젤 글루, 댕글 드릴, 팬치, 연결고리 반지

■ 시술 과정

- 베이스 코트를 바른 후 컬러를 바른다.
- 손톱을 뒤집은 후 프리엣지 부분에 댕글 드릴을 사용하여 구멍을 뚫어준다.
- 손톱을 바로하고 다시 위에서 한 번 더 구멍을 뚫어 깨끗하게 정리해 준다.
- 연결고리를 팬치와 연결고리 반지를 이용해 손톱 끝부분에 걸어준다.
- 연결고리 부분에 댕글을 달아주고 연결 고리 부분에 탑 코트 또는 젤 글루를 바른다.

시술과정

완 성 작

(15) 에어브러시 Air Brush

컴프레셔와 에어브러시 건을 이용하여 에어브러시 전용 물감을 분사시켜 스텐실 문양에 색감을 표현하는 평면 아트 기법으로 디자인을 빠르고 쉽게 표현할 수 있는 장점이 있으며 자연스러운 그러데이션이 가능한 기법이다. 반드시 에어브러시 전용 제품을 사용하여야 하며 흰색으로 먼저 도포한 후 문양을 표현하여야 선명한 아트가 된다.

• 재료 및 도구

에어브러시 전용 베이스 코트, 탑 코트, 에어브러시 물감, 스텐실, 컴프레셔, 건, 건홀더, 클림 팟, 리무버, 알콜, 건 청소 도구

베이스 코트

탑 코트

흰색 물감

컬러 물감

□ 스텐실을 이용하는 방법

디자인을 오려 문양을 제작한 다음 그 위치대로 에어브러시 물감을 분사하는 방법을 포지티브라하고 오려진 부분을 붙인 후 물감을 분사시키는 방법을 네거티브라고 한다.

□ 에어브러시 특징

작업 시간의 단축과 자연스러운 그러데이션이 가능하며, 원근감과 명암을 내는데 효과적이다.

■ 시술 과정

- 에어브러시 전용 베이스 코트를 바른다.
- 에어브러시 전용 흰색 물감을 진하게 분사한다.
- 스텐실과 에어브러시 전용 물감을 사용하여 문양을 만들어준다.
- 에어브러시 전용 탑 코트를 바른다.

시술과정

완 성 작

(16) 디자인 실크 익스텐션 Desingn Silk Extension

실크 위에 아크릴 물감을 사용하여 다양한 그림을 그려 디자인 실크를 만든 후 글루, 필러 파우더를 이용해 손톱 길이 연장을 해주는 가볍고 자연스러운 느낌의 표현방법이다.

• 재료 및 도구

디자인 실크, 글루, 필러 파우더, 오렌지 우드 스틱, 아세톤, 글루 드라이어, 파일, 랩 가위, 클리퍼, 아크릴 물감, 붓, 은색 글리터

■ 시술 과정

- 흰색 물감이나 컬러를 손톱 전체에 도포 한다.
- 실크에 핑크 색으로 문양을 만든다.
- 검은색과 흰색으로 라인을 그려준 후 은색 글리터로 포인트를 준다.
- 필러 파우더를 뿌리고 글루를 도포한다.
- 파일링 후 광택을 낸다.

시술과정

완 성 작

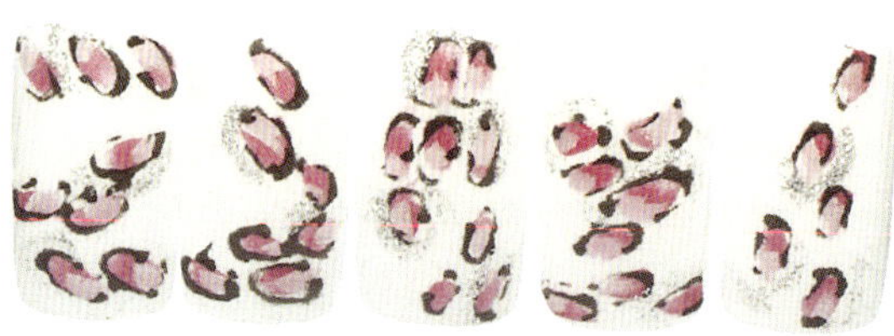

(17) 디자인 스컬프처 Desingn Sculpture

아크릴릭 파우더와 리퀴드를 사용하여 반입체로 문양을 만들어 준 후 클리어 파우더로 전체 오버레이 하는 기법으로 투명한 유리 안에 문양이 갇힌 느낌이 표현되는 아크릴릭 스컬프처 기법이다.

• 재료 및 도구

브러시 크리너, 리퀴드, 리퀴드 볼, 아크릴릭 붓, 종이 폼, 오일, 파일, 더스트 브러시, 화이트, 클리어, 컬러 파우더, 핀칭 봉, 아크릴 붓, 붓 세척용기, 소독제, 스포이드

■ 시술 과정

• 흰색, 빨강, 초록색 선을 아크릴릭 파우더로 표현한다.
• 흰색, 핑크색 파우더로 꽃잎 모양을 표현한다.
• 흰펄을 은은하게 윗 부분에 도포한다.
• 검정색으로 선과 테두리를 표현한다.
• 클리어를 전체 도포한다.

시술과정

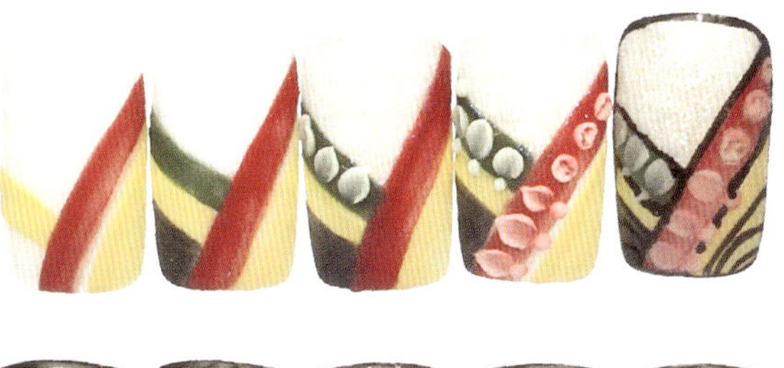

완 성 작

(18) 엠보 디자인 스컬프처 Embo Desingn Sculpture

올록볼록 입체감이 있게 다양한 컬러 파우더로 디자인 하는 표현기법으로 엠보 스컬프처 또는 2D 스컬프처라고 한다.

• 재료 및 도구

브러시 크리너, 리퀴드, 리퀴드 볼, 아크릴릭 붓, 종이 폼, 오일, 파일, 더스트 브러시, 화이트, 클리어, 컬러 파우더, 핀칭 봉, 붓 세척용기, 소독제, 스포이드

■ 시술 과정

• 손톱 전체에 펄 컬러 파우더로 그러데이션 한다.

• 보라색, 핑크색, 흰색 파우더로 손톱 바탕에 원을 그려준다.

• 보라색, 핑크색 파우더를 사용하여 리본을 만들어 준다.

• 흰색 파우더를 사용하여 리본을 겹쳐서 만들어 준다.

시술과정

완 성 작

(19) 3D 아트 Three-Dimension Art

와이어, 컬러 파우더, 조형물 등을 이용하여 실제 모양과 흡사하게 입체적으로 만드는 표현 기법으로 네일 컨테스트나 쇼 등에 활용되며 시각적 아름다움이 큰 표현 기법이다.

• 재료 및 도구

호일, 오일, 아세톤, 리퀴드, 리퀴드 볼, 브러시 크리너, 아크릴릭 붓, 팁, 와이어, 화이트 파우더, 컬러 파우더, 아크릴 물감, 물감 붓, 물통, 물, 페이퍼 타월, 마감제, 핀셋

□ 시술시 주의 사항

온도변화에 민감하여 숙련된 기술을 요하며 온도가 더울 때는 파우더가 빨리 굳고 온도가 차가울 때는 모양이 잘 만들어지지 않고 흘러내린다. 반죽을 너무 얇게 해서 모양을 만들면 쉽게 부서질 수 있으니 주의를 요하며 리퀴드와 아크릴릭은 같은 제품을 쓰는것이 가장 바람직하다.

■ 시술 과정

• 팁에 펄 컬러를 이용하여 그러데이션을 한다.
• 와이어로 사람 몸통 뼈대를 만든다.
• 화이트 파우더와 리퀴드로 반죽을 하여 얼굴, 머리, 치마, 꽃 모양을 만든다.
• 아크릴 물감으로 채색을 한다.
• 포크아트 마감제로 전체를 발라 광택을 부여한다.
• 완성된 여인들을 팁 위에 젤 글루, 젤 등을 이용하여 부착한다.

시술과정

완 성 작

(20) 디자인 젤 Desingn Gel

클리어 젤, 화이트 젤, 컬러 젤을 사용하여 문양을 그린 후 큐어링하여 완성하는 기법으로 아크릴릭처럼 바로 굳지 않으므로 반드시 큐어링 해야 한다. 온도가 높으면 젤이 넘치거나 끈적임이 있으므로 용기는 알콜로 닦아주며 뚜껑을 열어 놓으면 먼지가 들어가므로 반드시 닫아 놓아야 하며 반짝이는 젤은 투명도가 높다.

• **재료 및 도구**

소독제, 핀칭 봉, 퍼프 또는 스펀지, UV 램프, 브러시 크리너, 젤 크리너, 베이스 젤, 화이트 젤, 클리어 젤, 컬러 젤, 탑 젤, 팁, 투명 폼, 젤브러시, 샌딩, 더스트 브러시

■ 시술 과정

- 베이스 젤을 얇게 바른 후 큐어링 한다.
- 노랑, 주황, 보라 젤을 그러데이션을 한 후 큐어링 한다.
- 검은 선을 믹스해 산을 표현하고 큐어링 한다.
- 흰색 젤로 꽃과 사슴을 표현한 후 큐어링 한다.
- 검정으로 곡선 테두리를 표현한 후 큐어링 한다.
- 탑 젤을 바른 후 큐어링 한다.

시술과정

완 성 작

(21) 엠보 디자인 젤 Embo Desingn Gel

아크릴릭처럼 바로 굳지 않으므로 반드시 큐어링 해야 하며, 젤처럼 흐르지 않으므로 브러시 클리너와 함께 사용하여 디자인한 후 큐어링 한다. 올록볼록 엠보 느낌이 나는 반 입체 기법으로 냄새가 없다.

• 재료 및 도구

소독제, 핀칭 봉, 퍼프 또는 스펀지, UV 램프, 브러시 크리너, 젤 크리너, 클리어 젤, 컬러 젤, 탑 젤, 투명 팁, 베이스 젤, 엠보 젤, 샌딩

■ 시술 과정

- 베이스 젤을 얇게 바른 후 큐어링 한다.
- 노랑, 주황, 빨강 젤을 그러데이션을 한 후 큐어링 한다.
- 펄글리터를 전체 도포 후 큐어링 한다.
- 흰색 엠보젤을 이용하여 5장 꽃잎을 만든 후 큐어링 한다.
- 흰색 엠보젤을 이용하여 겹꽃을 만든 후 큐어링 한다.
- 나뭇잎과 줄기를 표현한 후 큐어링 한다.
- 탑 젤을 바른 후 큐어링 한다.

시술과정

완 성 작

(22) 액세서리 Accessory

일상생활에서 흔히 사용할 수 있는 소품에 네일 재료를 활용하여 표현 하는 기법으로 주로 핸드폰, 열쇠고리, 화장품 케이스, 거울, 핀, 반지 등에 창의적이고 예술적 감각을 다양하게 표현하고 있으며 네일 살롱의 부수적 매출에 도움을 줄 수 있는 아이템이다.

KIM YOUNG OK • KIM SIN HEE

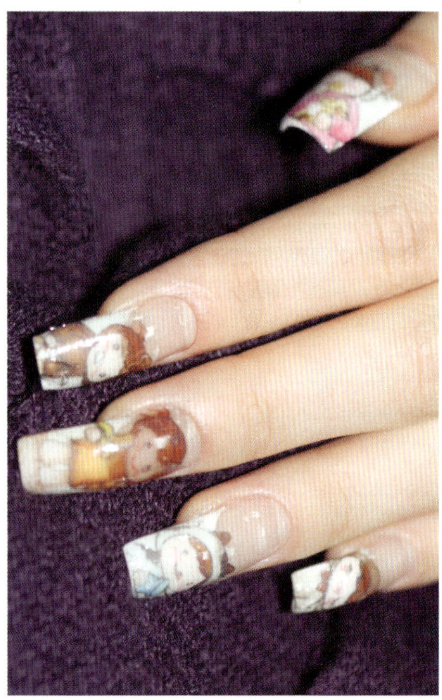

KIM YOUNG OK • KIM SIN HEE

KIM YOUNG OK • KIM SIN HEE

KIM YOUNG OK • KIM SIN HEE

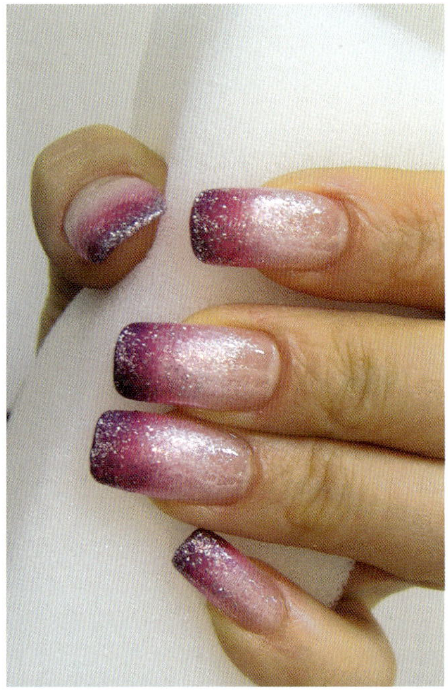

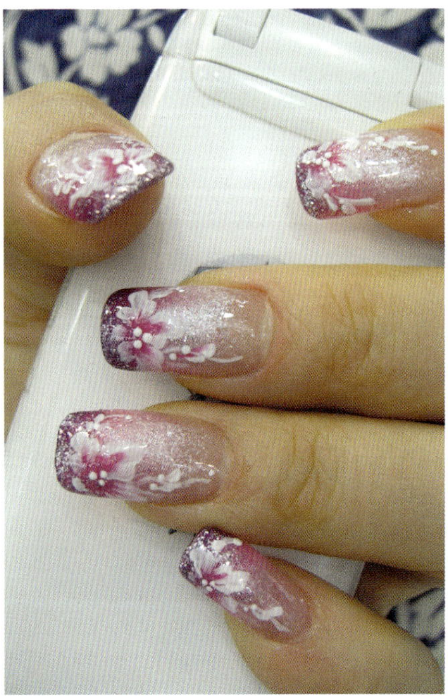

KIM YOUNG OK • KIM SIN HEE

＊ 살롱 응용작품

2013 Fashion Show nail

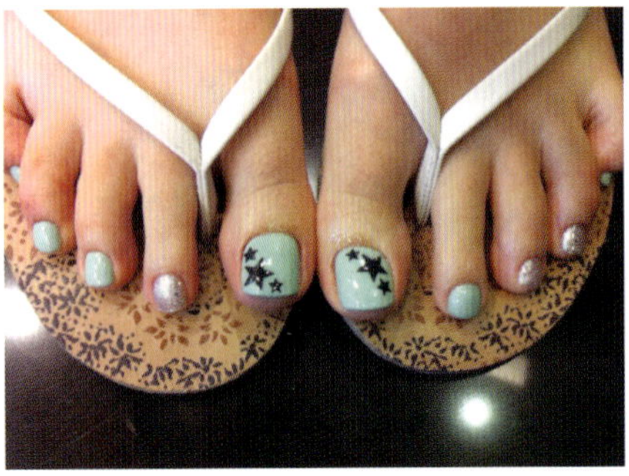

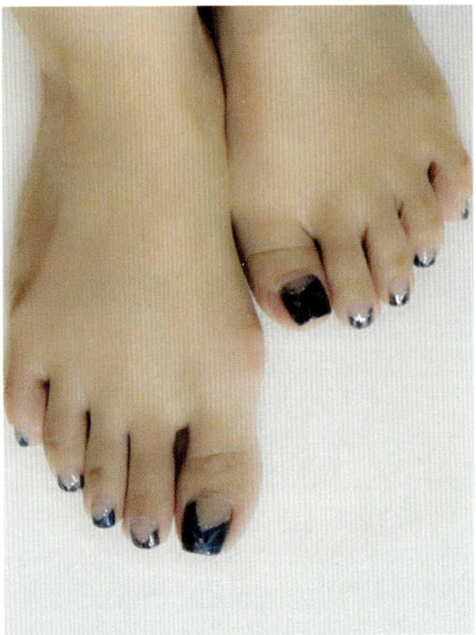

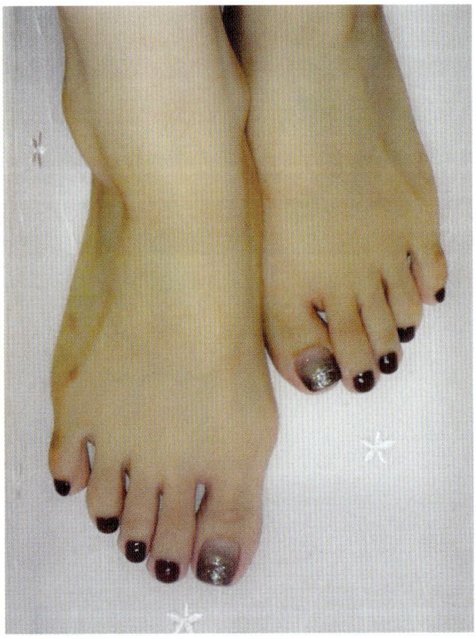

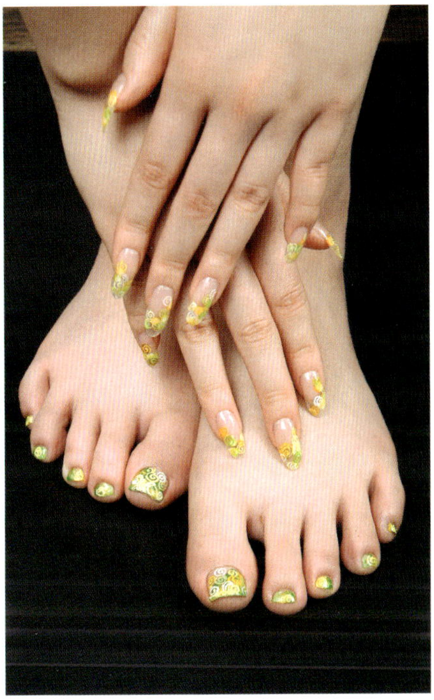
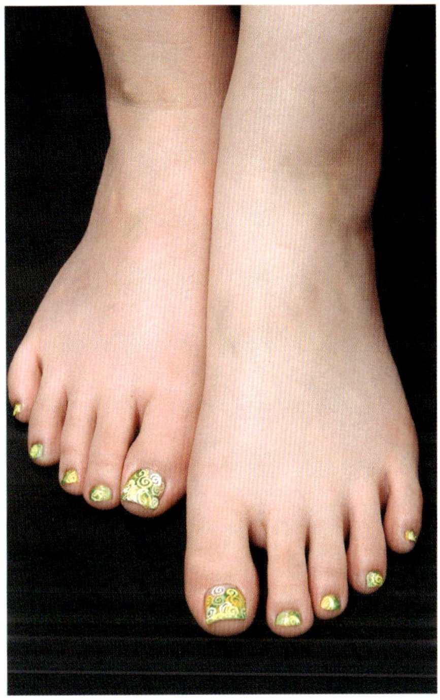

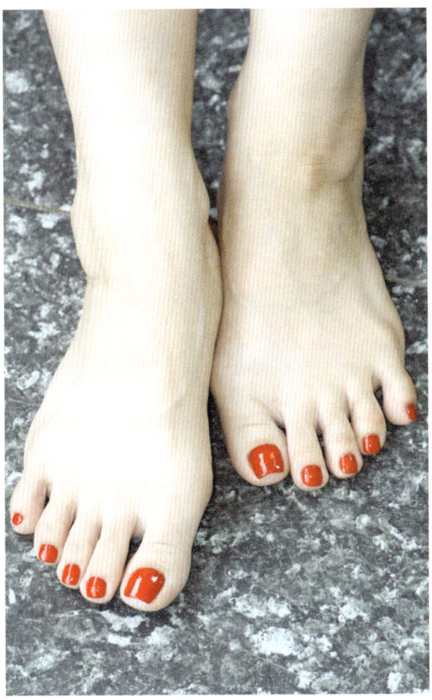

KIM YOUNG OK • KIM SIN HEE

참고문헌

강경화, 네일케어 & 디자인, 서울 : 신정, 2003

강은주 외, 네일케어 & 네일아트, 현문사, 2006

권태일 외, 네일갤러리, 지구문화사, 2011

김광옥 외, 네일케어와 아트, 학문사, 2002

김경미 외 5명, NALA ART MANUAL BOOK . 광문각, 2009.

김나영 외, 네일아트 Technology, 광문각, 2007

김동연 외, 뷰티스타일리스트 네일 아트북, 삼성북스, 2006

김미원 외1, NEW Exam Review Nailart Technology, 서울 : 성화, 2008

김진이, UV젤 아발리코 교육지침서, 서울 : 아발리코아시아, 2011

김해남 외, Nail care & Art technique, 훈민사, 2003

김희선 외, 색채디자인, 광문각, 2009

남미옥, 실전 네일아트의 정석, 서울 : 정문각, 2011

박소정 외, 매니큐어테크닉, 훈민사, 2004

박소정 외, 네일케어실무, 훈민사, 2009

송미영, Nail Art, 현문사, 2000

송미영 외 1, Nail Art, 청구문화사 2010

양진희 외, 네일 아트, 훈민사, 2009

이미선, 트렌드를 만드는 Nailart & Technic, 교학사, 2007

이미선, 원스톱 Nail Art, 교학사, 2012

이성옥 외, EBS 피부 미용학, 느낌이 좋은 책, 2008

이숙연 외, 네일케어 & 디자인 청구문화사, 2003

이영순 외, 네일관리학, 고문사, 2005

이은경 외, 네일아트, 광문각, 2003

유숙희 외, 네일관리학, 동일출판사, 2004

유숙희 외, 네일케어실무, 현문사, 2011

윤태연 외5, 네일테크니션 기술이론 및 실기, 서울 : 한국네일디자인협회, 2011

장희진 외, Nail Art design, 훈민사, 2011

한경애 외1, 뷰티디자인의 기초, 경북 : 대경대학 산학협력단, 2011

한채정 외, 피부 미용학, 훈민사,

홍지은 외, 네일테크닉, 훈민사, 2003

Tammy Bigan, Nail Art & Design, Milady Publishing Company, 1994

Nail Professional, International Nail Asociation, イソターメディカル, 2003

Milady, Art & Science of Nail Technology, Milady Publishing Company, 1997

野尻早苗　ネイルバイブル　2002年　パルコ

野尻早苗　3D ネイル 2003年 パルコ

松田ようこ　ネイル　バイブル　2005年 パルコ

小笠原　彌生　ネイルアートェアブラシ バイブル 河出書房新社

中曾根　幸子 きもの　ネイル 2008年　河出書房新社

http://www.naver.com

The Nail Art

2013년 2월 25일 초판인쇄
2013년 2월 28일 초판발행

판 권
소 유

저 자 김영옥 김신희 정연자
발행인 석종환
발행처 도서출판 예림
편 집 안다혜

서울특별시 광진구 광장동 184-11 한강빌딩 207호
Tel: 02) 921-6045~6 Fax: 02) 921-4524
E-mail: yaelim21c@hanmail.net
http://www.yelimbook.com
등록번호 제 1-2685호
ISBN 978-89-6475-052-0

정가 23,000원

● 잘못된 책은 바꾸어 드립니다.

THE NAIL ART